空中交通管理系列教材

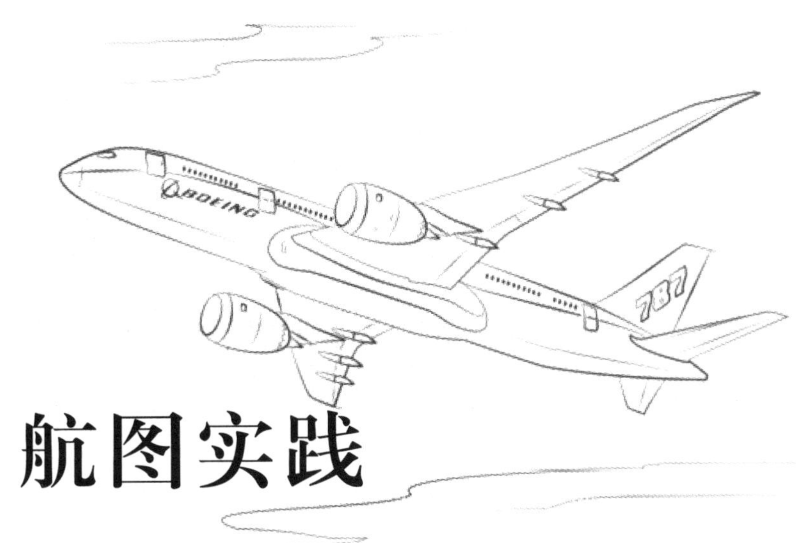

航图实践

主 编 ◎ 赖 欣

副主编 ◎ 李 夏 曾婧涵

西南交通大学出版社
·成 都·

图书在版编目（CIP）数据

航图实践 / 赖欣主编. —成都：西南交通大学出版社，2020.6
ISBN 978-7-5643-7461-7

Ⅰ. ①航… Ⅱ. ①赖… Ⅲ. ①航空导航－导航图
Ⅳ. ①V249.3

中国版本图书馆 CIP 数据核字（2020）第 099648 号

Hangtu Shijian
航图实践

主编　赖　欣

责任编辑　刘　昕
封面设计　何东琳设计工作室

出版发行　西南交通大学出版社
（四川省成都市金牛区二环路北一段 111 号
西南交通大学创新大厦 21 楼）
发行部电话　028-87600564　028-87600533
邮政编码　610031
网　　址　http://www.xnjdcbs.com
印　　刷　四川森林印务有限责任公司
成品尺寸　185 mm × 260 mm
印　　张　13.75
字　　数　295 千
版　　次　2020 年 6 月第 1 版
印　　次　2020 年 6 月第 1 次
书　　号　ISBN 978-7-5643-7461-7
定　　价　48.00 元

课件咨询电话：028-81435775
图书如有印装质量问题　本社负责退换
版权所有　盗版必究　举报电话：028-87600562

前　言

航图是保证航空器运行以及其他航空活动所需要的有关规定、限制、标准、数据和地形等，以一定的图表形式集中编绘、提供使用的各种图的总称，是重要的航空情报资料。航图一般由国家民航当局情报服务部门根据飞行规则、空域结构、航空器性能等内容统一绘制并发布，具有很强的时效性、针对性。航图是飞行员实施飞行过程、航空公司运控人员组织航班运行、管制人员进行管制指挥的重要参考资料，对航图正确的判读使用是航空相关专业人员应具备的专业技能。本书旨在通过教学内容使读者掌握我国航图的种类、编制发布的一般工作流程、各类航图的布局、重要航图元素，以及各民航岗位对航图的使用要点。

本书以国际民用航空公约附件 4 为基础，依据我国航图相关规章与规范，以大量航图实例展示形式编写。本书内容包括航图概述与各类航图详细介绍，其中航图概述部分介绍了目前的航图类型，以及与航图使用、编绘相关的数学基础。其余各章节包括航图布局、航图要素、航图应用与航图编绘 4 部分内容，分别介绍一种类型航图，其中航图应用部分针对民航主要专业岗位对该航图的使用过程与使用要点进行了详细说明，航图编绘部分对比了我国航图资料汇编（AIP）与国内航图资料汇编（NAIP）航图在航图符号编绘上的差异。通过本书内容让读者能充分了解我国各类航图的特点与使用要点。

本书第 1、2、4、8、9 章由赖欣编写，第 3、7 章由李夏编写，第 5、6 章由曾婧涵编写，全书由赖欣修订统编、何光勤教授审定。本书在编写过程中得到中国民航飞行学院空管学院情报教研室全体教师提出的诸多宝贵建议，也获得中国民用航空局空中交通管理局（简称空管局）情报中心、各地区空管局飞服中心的大力支持。民航各专业岗位一线专家对本书的编写提供了大量素材与宝贵意见，在此一并感谢。

需要说明的是，我国航图分为 AIP 航图与 NAIP 航图，书中以 AIP 航图为实例。本书中所有航图资料仅供教学使用，不做他用。

由于本书涉及面广，编写时间仓促，且编者水平有限，难免存在不足以及疏漏之处，恳请专家与广大读者批评指正。

编　者

2019 年 12 月

目 录

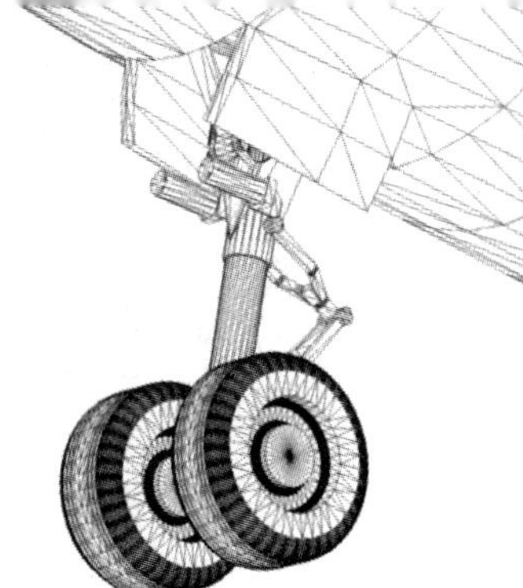

1 航图概述

【导 读】

航图是重要的航空情报产品，我国航图由中国民用航空局空中交通管理局航行情报服务中心负责编辑发行。航图是组织航空运行各项工作的重要参考资料，航空运行各专业人员都应掌握航图的种类、特点以及应用方法。我国《民用航空航行情报员执照管理规则》第二十二条、二十四条、三十四条更明确提出了对航行情报从业人员航图使用与编辑的具体要求，比如熟悉民航航行情报的法规、规定，航行资料及航图的制作标准和规范，能够独立编辑中国民航规定出版的航行资料和航图；能够使用计算机系统进行航行情报编辑或航图的编辑制作等。本章将从航图定义、航图类型、航图基本要求等方法对航图相关基础知识进行介绍。

1.1 航图定义与种类

传统意义上的航图（Aeronautical Chart，AC）是一种用于辅助飞机导航的地图，一般由民航情报服务部门根据飞行规则、飞机性能、空域情况等内容统一绘制并发布，具有很强的时效性、针对性，由国家民航当局颁布的航图是具有法律效力的公文。

国际民用航空公约附件 4《航图》中对航图的定义：专为满足空中航行需要而绘制的地球的一部分及其地物和地形的图像。

我国颁布的《民用航空情报工作规则》（第 198 号令）第六十一条中定义：航图是保证航空器运行以及其他航空活动所需要的有关规定、限制、标准、数据和地形等，以一定的图表形式集中编绘、提供使用的各种图的总称。

由上述定义可见，航图的主要任务是为飞行实施全过程提供必须的相关数据，并保证数据的准确性、现实性从而保障飞行全过程的运行安全。航图的使用涉及飞行的每个阶段，可以从特定机场设施的地图到涵盖整个大陆的仪表路线。

航图一般由各国民航当局收集原始资料并编辑出版，但也有航空商业服务机构，如杰普逊公司、汉莎公司，根据各民航当局出版航图结构、各自机构的航图编绘规则进行重新编辑并出版。

各国民航当局颁布航图一般会依据国际民航组织的航图编制规则编绘 ICAO 格式的航图，基于 ICAO 附件 4 的建议，在航图布局、航图元素的含义、航图数据的标注上都具有一致性，因此此类航图在国际航空信息交互过程中具有易于识读、信息易于共享的优势。附件 4 中整个飞行分为以下几个阶段：

第 1 阶段—从飞机站到起飞点的滑行；

第 2 阶段—起飞并爬升至 ATS 航路；
第 3 阶段—ATS 航路；
第 4 阶段—下降至进近起始；
第 5 阶段—进近至着陆或复飞；
第 6 阶段—着陆、滑行至停机位。

为对应每个飞行阶段的使用，国际民航组织给出了如下航图种类的建议：

① 机场障碍物图—ICAO A 型（运行限制）；
② 机场障碍物图—ICAO B 型；
③ 航空地形与机场障碍物图—ICAO（电子）；
④ 精密进近地形图—ICAO；
⑤ 航路图—ICAO；
⑥ 区域图—ICAO；
⑦ 标准仪表离场图（SID）—ICAO；
⑧ 标准仪表进场图（STAR）—ICAO；
⑨ 仪表进近图—ICAO；
⑩ 目视进近图—ICAO；
⑪ 机场/直升机场图—ICAO；
⑫ 机场地面活动图—ICAO；
⑬ 航空器停放/停靠图—ICAO；
⑭ 世界航图—ICAO 1∶1 000 000；
⑮ 航空图—ICAO 1∶500 000；
⑯ 航空领航图—ICAO 小比例；
⑰ 作业图—ICAO；
⑱ 电子航图显示器—ICAO；
⑲ ATC 监视最低高度图—ICAO。

各国航图编绘的标准都会在航空资料汇编（AIP）总则（GEN）“前言”部分中说明，如图 1.1 所示为比利时和卢森堡 AIP 中航图编制的规则说明。

总则（GEN）“表格和代码”部分会给出该国航图中出现的各类航图要素的图例，如图 1.2 为比利时和卢森堡 AIP 中航图元素的图例。

AIP Belgium and Luxembourg　　GEN 0.1-1
25-MAY-2017

PART 1-GENERAL (GEN)

GEN 0 INTRODUCTION

GEN 0.1 Preface

1　NAME OF THE PUBLISHING AUTHORITY

The AIP of the Kingdom of Belgium (hereinafter “Belgium”) and the Grand Duchy of Luxembourg (hereinafter “Luxembourg”) is published by AIM Belgium under the authority of the Belgian and Luxembourg Civil Aviation Authority and Belgian Defence respectively.

2　APPLICABLE ICAO DOCUMENTS

The AIP is prepared in accordance with the SARPS of *ICAO Annex 15* and *ICAO Doc 8126*. Charts contained in the AIP are produced in accordance with *ICAO Annex 4* and *ICAO Doc 8697*. Differences from ICAO SARPS and Procedures are given in subsection GEN 1.7.

图 1.1　比利时和卢森堡 AIP 中航图编制的规则说明

GEN 2.3 Chart Symbols

Aerodromes	
	Civil aerodrome
	Military aerodrome
	Joint civil and military aerodrome
	Private aerodrome
	Military aerodrome with civilian concession
	Military reserve aerodrome
	Aerodrome for ULM use only
	Heliport
	Hospital heliport
	Aerodrome on which the procedure is based
	Aerodrome affecting traffic on the aerodrome on which the procedure is based

Air Traffic Services	
	Flight information region
	Contral zone
	Contral area
	Aerodrome traffic zone
	Final approach fix
087° 30.7	Route segment with track and distance
	Route compressed (not to scale)
	Additional prooedure track
FL 195 / 4500	Upper and lower limit
4000	"At or above" altitude/ level (on SID/STAR)
4000	"At or below" altitude/ level (on SID/STAR)
4000	Mandatory altitude/level (on SID/STAR)
4000	Recommended altitude/ level (on SID/STAR)

Miscellaneous	
	International boundary
	Prominent transmission line
23	Area minimum altitude (AMA), expressed in 100 FT (e.g. 2 300 FT)

Radio Navigation Aids	
	Basic radio navigation aid symbol
	Non-directional beacon (NDB)
	VHF omnidirecional radio range (VOR)
	Distance measuring equipment (DME)
	Collocated VOR and DME (VOR/DME)
	UHF tactical air navigation aid (TACAN)
	Collocated VOR and TACAN (VORTAC)
0 / 9 / 18 / 27	Compass rose, oriented to the magnetic north. Used in combination with the symbols for VOR, VOR/DME, TACAN and VORTAC
	Radio marker beacon
	Profile view symbols (from left to right): marker beacon, navigation aid, marker beacon and navigation aid combined, DME fix
B	ILS course (plan view)
Y	ILS course (profile view)
10.9 NM / IBR	DME distance
R-251 BUN	VOR radial

Obstacles	
	Obstacle
	Obstacle, lighted
	Group of obstacles
	Group of obstacles, lighted
	Exceptionally high obstacle (≥1 000 FT AGL)
	Exceptionally high obstacle, lighted
	Wind turbine
	Wind turbine, lighted
	Area of wind turbines
351 / (312)	Obstacle with elevation (in italic) and height (between parentheses)

Airspace Restrictions	
	Restricted airspace (P.R or D area): military exercise or training area; area for aerial sporting or recreational activities

图 1.2　比利时和卢森堡 AIP 中航图元素的图例

在各国航空资料汇编中以 ICAO 建议格式出版的航图，都会在航图标题上标注“ICAO”文字予以说明航图格式。如附图 1.1 与附图 1.2 所示为比利时和卢森堡 AIP 中以 ICAO 航图标准出版的航路航线图与特种航图。

各国际民航组织缔约国根据附件 4 建议与自身使用需求，分别颁布了能保证运行需求的各类航图，我国目前颁布的航图种类主要包括

（1）机场图；

（2）停机位、停机位置图；

（3）标准仪表进离场图；

（4）仪表进近图；

（5）目视进近图；

（6）放油区图；

（7）机场障碍物 A 型图；

（8）精密进近地形图；

（9）航路图；

（10）区域图。

但也有部分国家在航图编制流程中并未采用 ICAO 格式标准，而采用本国制定的绘图标准，比如美国，航图编制与出版工作由联邦航空局（FAA）下设的航空情报机构负责，编制出版的航图类型包括航空计划图、VFR（Visual Flight Rules）航图（VFR 终端区航图、海湾区域 VFR 航图、峡谷区域 VFR 航图、加勒比区域航图）、IFR（Instrument Flight Rules）航图（终端区程序汇编、高空航路图、低空航路图）。航图出版的类型和格式、航图元素说明都在 *Aeronautical Information Services Aeronautical Chart User's Guide* 中说明。

目前还有诸如杰普逊公司和汉莎航空等商业集团出版的商业航图，如杰普逊航图与 Lido 航图等如附图 1.3 ~ 附图 1.12 所示。这些航图主要是在各国民航当局出版航图的基础上，进行了基于使用需求的二次编辑与排版，其航图提供的各类航行要素仍来源于各国民航当局提供的航图资料。

1.2　航图基本要求

虽然航图种类众多，各国出版航图也存在差异，但都要求各种类型的航图必须提供与其飞行阶段相关的资料，以保证航空器安全、快捷地运行。航图在排版编制出版过程中必须遵守一些基本要求。

（1）资料的编绘必须准确、清晰、不变形、不杂乱，在所有正常使用条件下均易于判读。

（2）所用的颜色或色调和字体大小，必须使飞行驾驶员能在不同的自然或人工光

线的条件下看懂。航图尽量减少所用色彩的数量或直接使用单色制作与印刷。如用彩色，一般只采用黑、灰和蓝色。

（3）编排形式必须使飞行驾驶员能在一个与其工作量和工作条件相适应的合理时间内获取有关资料。在制作过程中，将所有与飞行无直接关系的要素都略去，以减少负载量，突出航行有关要素。

（4）航图上内容与实际事物相一致的程度，必须确保航图上资料的现实性和准确。

（5）确保图与图之间的平稳过渡。

（6）建议采用“真北方向布局”，即航图中的所有地物和符号都采用真北定位，而需要注明方向的数据，都以磁北进行注记，同时，在图上注明磁差，并加注年变率。

（7）航图中的地形一般使用等高线、分层设色、标高点和地貌晕渲法。对使用标高点表示地形特点，必须标出选定的突出标高点。如果对标高点数值的准确性有怀疑时，在数值后用“±”符号注明。

（8）航图图幅的基本尺寸应为 210 mm × 148 mm（8.27 in × 5.82 in），即国际民航组织规定的 A5 尺寸。

（9）距离必须以 km 或 NM 单位符号表示，或两者兼用，但两种单位要有明显的区分。高度、标高、高必须以 m 或 ft 表示，或两者兼用，但两种单位要有明显的区分。机场长度尺寸和短距离必须以 m 表示。表示距离、高度、标高和高的计量单位必须在每一幅图的正面清楚标明。

1.3 航图相关数学基础

1.3.1 投影方式

航图一般使用高斯-克吕格投影，其中航路图、区域图使用兰伯特投影。

1. 高斯-克吕格投影

该投影法由法国数学家高斯 19 世纪 20 年代拟定，后经克吕格改进。根据横墨卡托投影的特点，取可以限制投影的经度范围，将地球表面按照经度差分成不同的投影带单独投影，各自建立坐标网，就可以将失真限制在较小的范围内。比如我国 1：25 000 地形图采用 6° 分带法，如图 1.3 所示，如果为 1：10 000 或更大的比例尺地形图有对制图精度的要求，采用 3° 分带法。

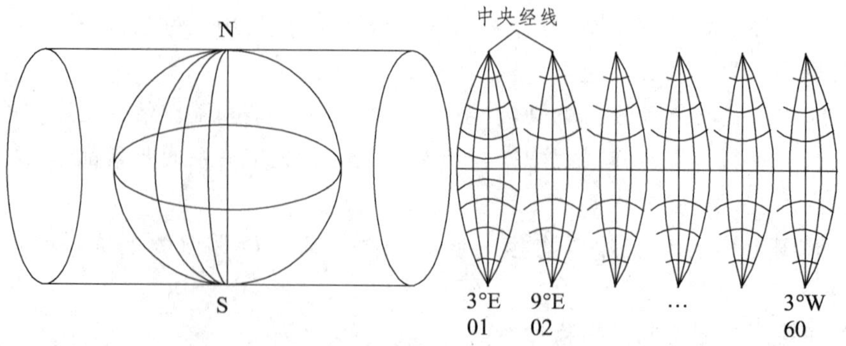

图 1.3　高斯-克吕格 6° 分带法

这种投影方式的每个投影带上，中央经线和赤道为直线；其他经线关于中央经线对称，凹向中央经线；纬线凸向赤道。此种投影下，大圆航线近似为直线，等角航线是曲率极小的螺旋曲线，领航实施中近距离可以近似认为直线。因此大比例尺航图多采用此种投影绘制机场专用航图和涉及仪表飞行程序的基础用图。另外国家大地测量和 1∶500 000 及更大比例尺的国家基本地形图也采用此种投影方式。

2．兰伯特投影

兰伯特投影有两种投影方式：等角圆锥投影与等积方位投影。其中等角圆锥投影常用于航图绘制。该投影方式中，设想用一个正圆锥切于或割于球面，应用等角条件将地球面投影到圆锥面上，然后沿一母线展开成平面。投影后纬线为同心圆圆弧，经线为同心圆半径，没有角度变形，经线长度比和纬线长度比相等，投影方式如图 1.4 所示。兰伯特投影适用于制作沿纬线分布的中纬度地区中、小比例尺地图。国际上用此投影编制 1∶1 000 000 地形图和航空图。

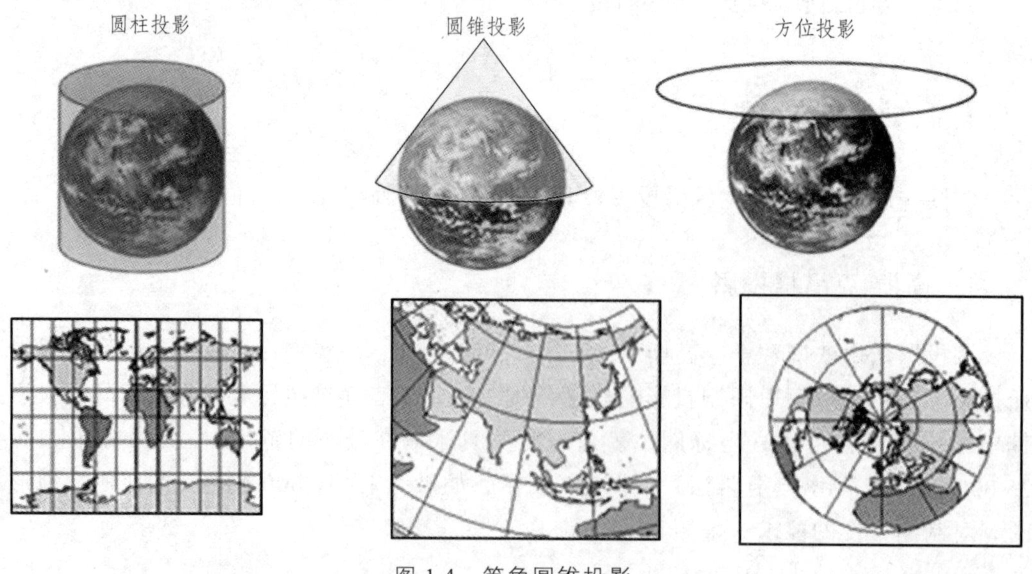

图 1.4　等角圆锥投影

1.3.2 坐标系统

基准是地图、航图测绘的依据，大地测量是为了建立国家平面基准、国家高程基准和国家重力基准的一门学科。测绘地面上某个点的位置时，需要两个基准起算点，一个是平面位置，另一个是高程。计算平面位置和高程所依据的系统，就叫坐标系统和高程系统。其中坐标系统又分为地理坐标系、大地坐标系、航空坐标系三类坐标系统。

1. 地理坐标系统

地理坐标系（Geographic Coordinate System），是使用三维球面来定义地球表面位置，以实现通过经纬度对地球表面点位引用的坐标系。一个地理坐标系包括角度测量单位、本初子午线和参考椭球体三部分。地理坐标系定义了地表点位的经纬度，并且根据其采用的参考椭球体参数还可求得点位的绝对高程值。地理坐标系可以确定地球上任何一点的位置。首先将地球抽象成一个规则的逼近原始自然地球表面的椭球体，称为参考椭球体，然后在参考椭球体上定义一系列的经线和纬线构成经纬网，从而达到通过经纬度来描述地表点位的目的。经纬度通常分为天文经纬度、大地经纬度和地心经纬度。常用的经度和纬度是从地心到地球表面上某点的测量角。通常以度或百分度为单位来测量该角度，如图 1.5 所示。

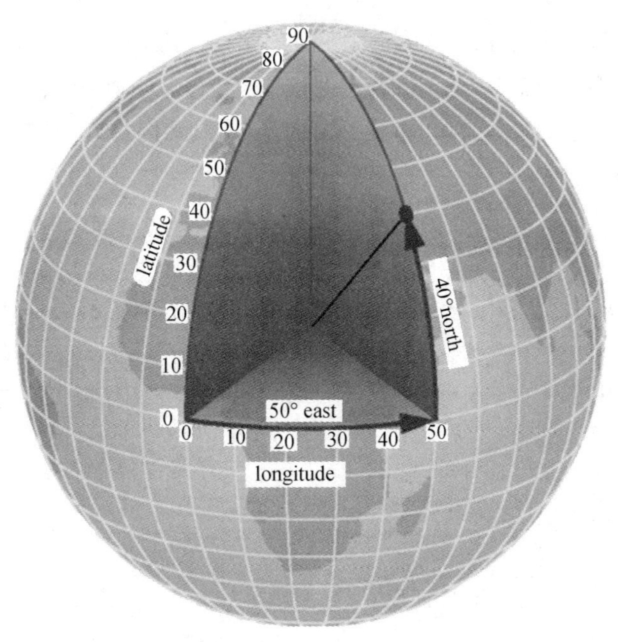

图 1.5　经纬度示意图

2. 大地坐标系

大地坐标系是大地测量中以参考椭球面为基准面建立的坐标系。地面点的位置用大地经度、大地纬度和大地高度表示。大地坐标系的确立包括选择一个椭球、对椭球进行定位和确定大地起算数据。一个形状、大小和定位、定向都已确定的地球椭球叫参考椭球。参考椭球一旦确定，则标志着大地坐标系已经建立。大地坐标系是一种伪地理坐标系。大地坐标系为右手系。上面介绍的地理坐标系为球面坐标，其参考平面地是椭球面，坐标单位采用经纬度。而大地坐标系为平面坐标，其参考平面地是水平面，坐标单位采用 m、km 等。地理坐标转换到大地坐标的过程即为投影过程。早期我国航图编制采用了 54 北京坐标，随着卫星定位系统在航空领域的普遍应用，目前航图编制已启用 WS84 坐标。

（1）1954 年北京坐标系。

“1954 年北京坐标系”，是采用苏联克拉索夫斯基椭圆体，在 1954 年完成测定工作的，我国地形图上的平面坐标位置都是以这个数据为基准推算的。54 北京坐标系，实质上是以苏联普尔科沃为原点的 1942 年坐标系的延伸。1954 年通过东部地区一等三角锁的区域性平差，引进“普尔科沃坐标系”，建立了“1954 年北京坐标系”，为我国确定了国家坐标系统。原点位于北京天文台，有标准点的埋石，圆心有一金属标志。该坐标采用的参考椭球是克拉索夫斯基椭球，该椭球的参数为长轴 $a = 6\ 378\ 245$ m，离心率 $f = 1/298.3$。

（2）WGS-84 坐标系。

WGS-84（World Geodetic System，1984 年）是美国国防部确定的大地坐标系，是一种国际采用的地心坐标系。其坐标系的几何定义：原点在地球质心，Z 轴指向 BIH 1984.0 定义的协议地球极（CTP）方向，X 轴指向 BIH 1984.0 的零子午面和 CTP 赤道的交点。Y 轴与 Z、X 轴构成右手坐标系。WGS-4 采用椭球参数长轴为 $a = 6\ 378\ 138$ m，离心率 $f = 1/98.257\ 223\ 563$。中国民航自 2007 年 7 月 1 日起使用世界大地坐标系统（WGS-84）。参见 ICAO Doc 9674。

注：我国的 54 北京系与 WGS-84 系坐标相差几十米至一百多米，随区域不同，差别也不同。经粗略统计，我国西部相差 70 m 左右，东北部相差 140 m 左右，南部相差 75 m 左右，中部相差 45 m 左右。因此两种坐标系统存在的差异大于国际民用航空公约附件 15 的误差要求。

3. 航空坐标系

航空坐标系统又分为直角坐标系与极坐标系。

航空直角坐标系以跑道入口中心点为坐标原点 O，跑道延长线为 X 轴，跑道入口以前 X 为正值，入口以后为负值；Y 轴与 X 轴在同一水平面，通过原点 O，且垂直于

X 轴，从进近方向，面向跑道入口，右侧为正值，左侧为负值；Z 轴垂直于 X 轴和 Y 轴所在平面，向上为正值，向下为负值，如图 1.6 所示。

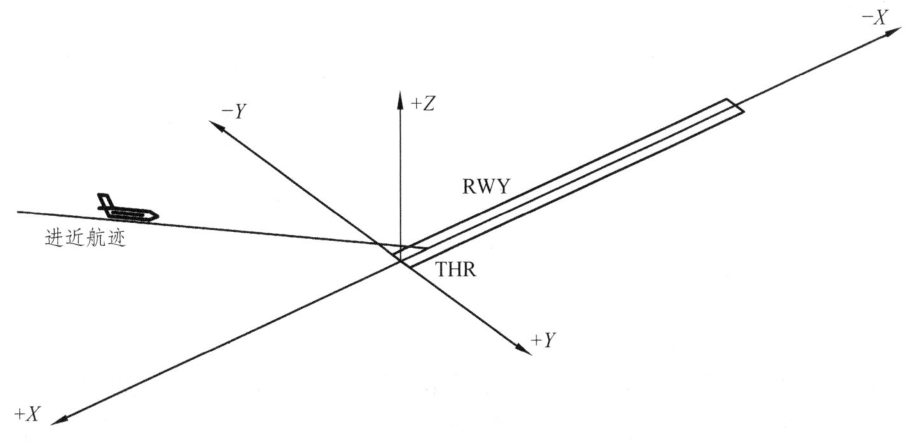

图 1.6　航空直角坐标系

航空极坐标系原点一般为机场基准点（ARP）或跑道中心。向径是以 ARP 或跑道中心为原点的方位线，用磁（真）方位角 θ 表示，距离 ρ 为 ARP 至目标点的水平距离，如图 1.7 所示。

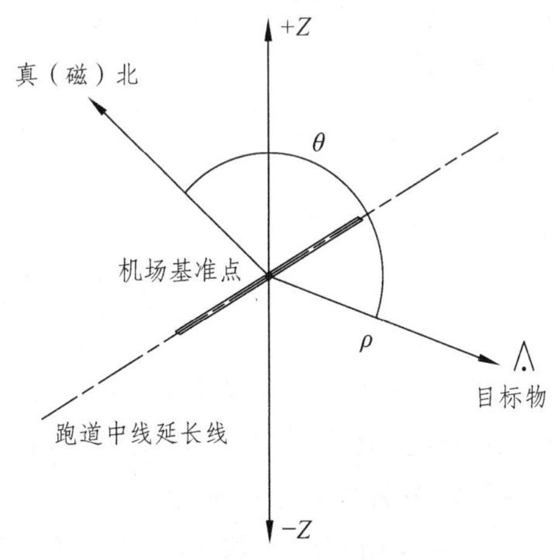

图 1.7　航空极坐标系

1.3.3　高程基准

1．国家高程基准（高程系）

高程基准是推算国家统一高程控制网中所有水准高程的起算依据，它包括一个水准基面和一个永久性水准原点。航图绘制中采用 1956 年黄海高程系或 1985 国家高程基准。以此为基准的高度值称为海拔高度（或高程）。1956 年黄海高程是根据青岛验潮站 1950 年到 1956 年的黄海验潮资料，求出该站验潮井里横按铜丝的高度为 3.61 m，所以就确定这个钢丝以下 3.61 m 处为黄海平均海水面。从这个平均海水面起，于 1956 年推算出青岛水准原点的高程为 72.289 m。

1987 年开始，全国启用新的高程基准，即黄海 85 高程基准。该基准采用了验潮站 1952—1979 年的资料，取 19 年的资料为一组，滑动步长为一年，得到 10 组以 19 年为一个周期的平均海面，然后取平均值作为最终结果，水准原点高程值确定为 72.260 m。

2．航空相对高程系

在局部地区，当无法知道绝对高程时，假定一个水准面作为高程起算面，地面点到该假定水准面的沿铅垂线方向的距离称为相对高程，又称为假定高程。航空运行中，通常以机场标高或跑道入口标高为零点起算，称场压高（或高），向上为正，向下为负，这种高程数据在航图中公布时加用“( )”。

1.3.4　分幅与图名、图号

航路航线图以国家基本比例尺地形图为基础进行绘制，采用兰波特投影涉及航图分幅，航图分幅应遵循以下基本原则：

（1）应根据需要进行分幅。在保证航路图的可读性的前提下，应尽量减少图幅数量。

（2）高空航路与低空航路可分别制图。

（3）应根据航线走向，按尽量减少飞行员在飞行过程中使用图幅数的原则，确定分幅方案。

针对地形图分图幅，在国家标准《国家基本比例尺地形图分幅和编号》（GB/T 13989—2012）规定了相应比例尺地形图分图幅和编号的方法。地形图分幅的方法分为两类：一类是按经纬线分幅的梯形分幅法（又称为国际分幅法）；另一类是按坐标格网分幅的矩形分幅法。前者用于国家基本图的分幅，后者则用于工程建设大比例尺图的分幅。

（1）百万分之一航图分幅规则。

1∶1 000 000 的图幅范围为经差 6°、纬差 4°。我国 1∶1 000 000 地图编号标准，每纬差 4° 为一行，分别为 A、B、C、…、N；每经差 6° 为一列，分别为 43、44、45、…、53。由经线和纬线所围成的范围为 1∶1 000 000 图幅，它们的编号由该图所在的行号与列号组合而成，如北京编号为 J50。

百万分之一航兰伯特投影图编号格式为 *a-b*，其中

$$a=\left[\frac{\phi}{4^\circ}\right]+1\text{—A, B, C, ⋯, V}$$

$$b_{\mathrm{E}}=\left[\frac{\lambda}{6^\circ}\right]+31\text{—31, 32, 33, ⋯, 60}$$

$$b_{\mathrm{W}}=\left[\frac{180^\circ-\lambda}{6^\circ}\right]+1\text{—1, 2, 3, ⋯, 30}$$

例 1.1 已知某地地理坐标为 E125°57′40″N44°00′20″，求该地所在比例尺 1∶1 000 000 地形图的编号。

$$a=\left[\frac{\phi}{4^\circ}\right]+1=\left[\frac{44^\circ00'20''}{4^\circ}\right]+1=12\text{—}L$$

$$b=\left[\frac{\lambda}{6^\circ}\right]+31=\left[\frac{125^\circ57'40''}{6^\circ}\right]+31=51$$

所以求出该地的编号为 L-51。

（2）其他比例航图分幅规则。

1∶500 000、1∶250 000、1∶100 000、1∶50 000 比例尺的图幅均以 1∶1 000 000 图幅为基础，按规定的经差和纬差划分图幅。

每幅 1∶1 000 000 图幅划分为 2 行 2 列，共 4 幅 1∶500 000 图幅，每幅 1∶500 000 图幅的范围经差 3°、纬差 2°，如图 1.8 所示。

图 1.8　1∶500 000 比例航图分幅

每幅 1∶1 000 000 图幅划分为 4 行 4 列，共 16 幅 1∶250 000 图幅，每幅 1∶250 000 图幅的范围是经差 1°30′、纬差 1°，如图 1.9 所示。

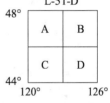

每幅 1∶1 000 000 图幅划分为 12 行 12 列，共 144 幅 1∶100 000 图幅，每幅 1∶100 000 图幅的范围是经差 30′、纬差 20′，如图 1.10 所示。

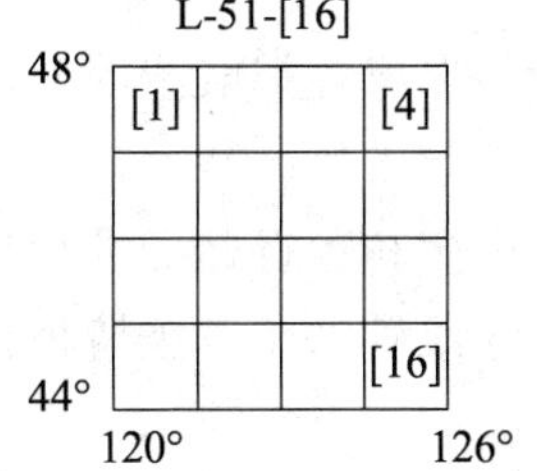

图 1.9　1∶250 000 比例航图分幅

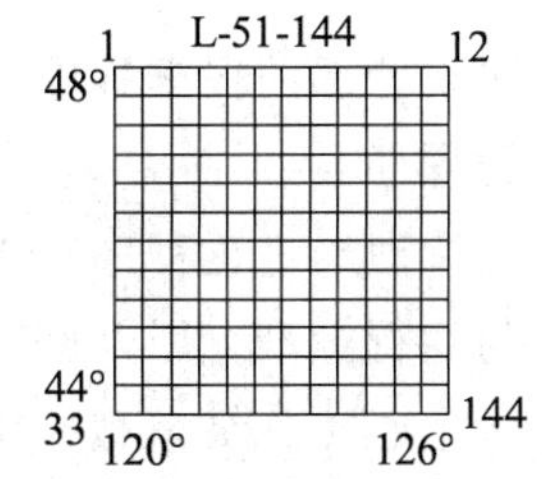

图 1.10　1∶100 000 比例航图分幅

每幅 1∶1 000 000 图幅划分为 24 行 24 列，共 576 幅 1∶50 000 图幅，每幅 1∶50 000 图幅的范围是经差 15′、纬差 10′。

例 1.2 已知图号 12-51-B，计算其地理位置。

由图号知该图幅的比例尺为 1∶500 000。依据 1∶500 000 航图的经纬差及其在百万航图上的序号，求出该图幅经纬度范围。

$$\varphi_N = a\times4° = 12\times4° = 48°$$
$$\varphi_S = (a-1)\times4° = (12-1)\times4° = 44°$$
$$\lambda_E = (b-30)\times6° = (51-30)\times6° = 126°$$
$$\lambda_W = (b-31)\times6° = (51-31)\times6° = 120°$$

1.4 航图制作的基本流程

我国航图产品由全国航空情报中心统一编辑制作出版，航图属于定期颁发制航空情报产品，我国特种航图以 28 天为周期进行修订公布，每期航图的公布日期必须从当年的生效日期中选定，因此航图发布需要经过原始资料上报流程，按定期颁发制要求的时间节点（见图 1.11），完成收集、审核、编辑、制作发布的相关流程。具体流程如下：

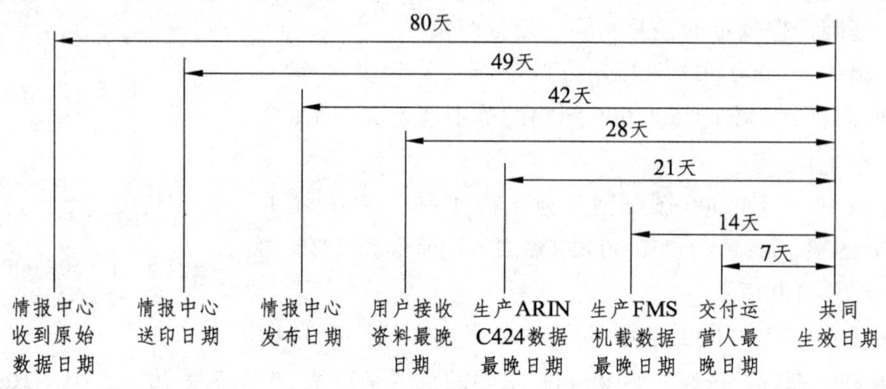

图 1.11　航图发布要求的时间节点

（1）程序设计部门根据程序设计的结果或机场资料形成各类航图的样图，提交机场所在地区管理局。

（2）地区管理局进行程序审查后，对航图呈现的程序和运行标准进行批复，机场将航图样图与运行标准，以及获得的相关批复报所在地航管站（三级情报机构）或地区空管局飞服中心（二级情报机构）。

（3）地区空管局飞服中心进行初步审核后报空管局情报中心（一级情报机构）。

（4）情报中心下属的航空资料汇编室进行航图质量审核后，交由航图制作科采用专业软件进行 AIP 格式以及 NAIP 格式航图的绘制。

航图制作过程中需要对航空资料的来源合法性、数据的完整性、合理性、准确性进行审核，为此各级情报机构都会采用多极校核、交叉检查的方法保证航图的数据资料的完整性、合理性和准确性。航图制作的基础数据也会采用相关软件进行标准格式的数据录入，如图 1.12 所示。

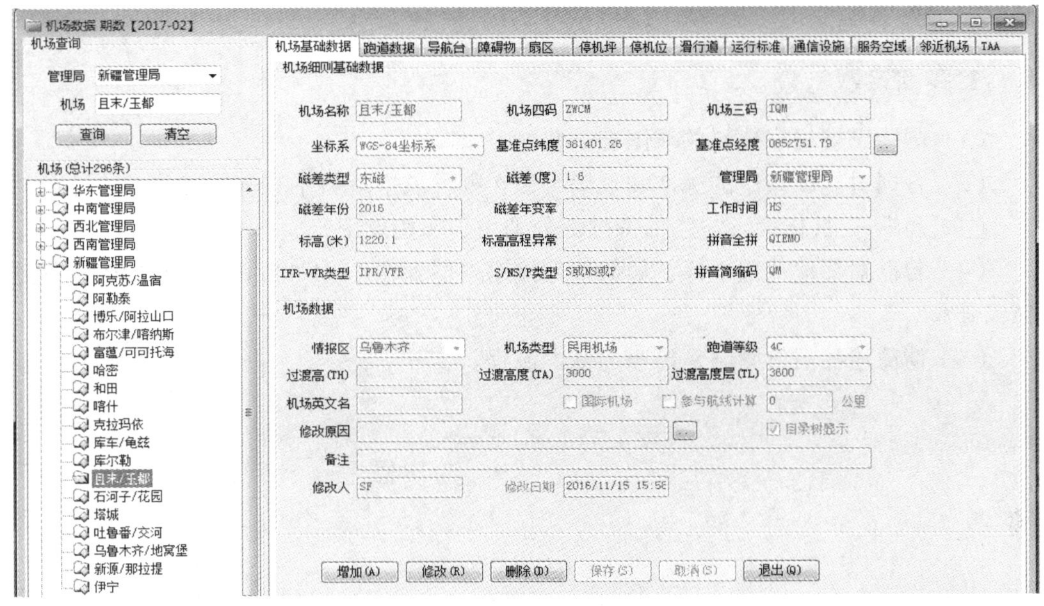

图 1.12　基础数据录入

通过审核的数据和样图将采用专业软件按制图规范进行绘制，如图 1.13 所示。

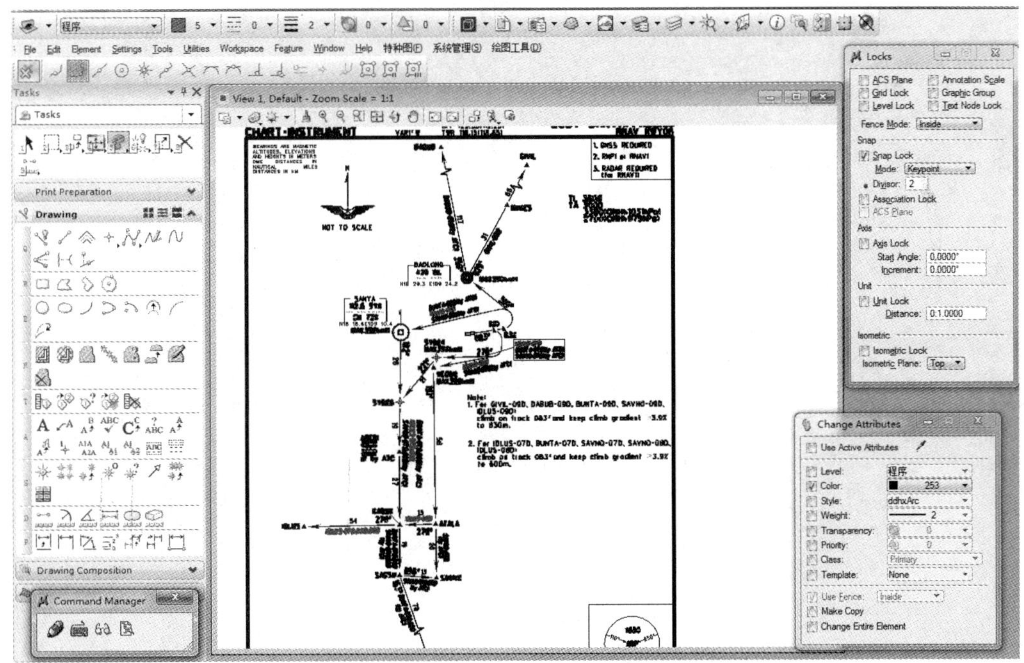

图 1.13　航图绘制

绘制过程也会对航空资料的质量进行进一步的核对，保证航图呈现数据的精确性在可接受的误差范围内，保证航图绘制格式符合规范要求。航图最终以纸质版与电子版的形式发布。

实践练习题

（1）国际民航组织建议的航图有哪些？

（2）各国对航图编绘的标准和规则可以在哪种航空资料中查询？

（3）高斯-克吕格投影与兰伯特投影分别用于哪些航图？

（4）若已知某地地理坐标，如何确定该地理位置在 1∶1 000 000 地形地图的分图幅编号？

（5）请简述我国航图制作出版的基本流程。

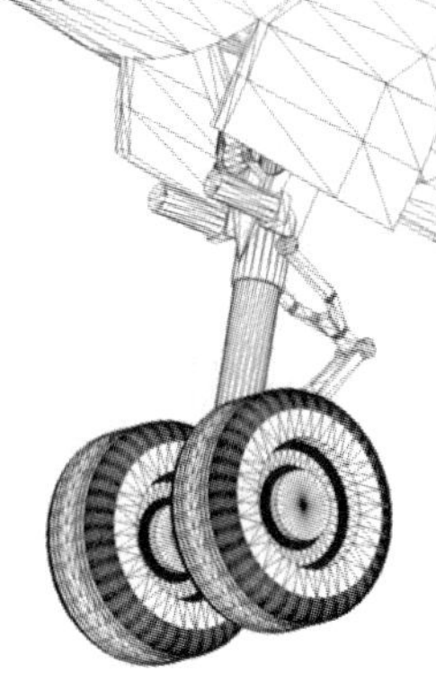

2 机场障碍物图—ICAO A 型（运行限制）

【导　读】

机场障碍物图—ICAO A型是ICAO类航图，主要用于航空运行人制定起飞运行限制。供国际民用航空定期使用的在起飞航径区内有重要障碍物的所有机场必须提供机场障碍物图—ICAO A 型（运行限制）。当起飞航径区内无重要障碍物时可以不绘制此图，但必须在航行资料汇编（AIP）的AD 2.10“障碍物列表”的备注中予以说明。每条跑道都需要一张单独的图。在一些情况下，由于纸张尺寸的限制和为使航图能够完整地收录在AIP中，可以为每一条起飞航径提供单独的图。

2.1 机场障碍物 A 型图布局与航图元素

2.1.1 航图布局

机场障碍物 A 型图布局如图 2.1 所示，航图包括以下部分：

（1）标题栏部分。该部分标注图中采用的计量单位、图名、城市/机场名、图的出版与生效日期、图的出版单位、图标号。

（2）公布可用距离表。该部分表位于剖面图的跑道剖面上方的中央，以表格形式给出该机场不同跑道方向的可用起飞滑跑距离（TORA）、可用起飞距离（TODA）、可用加速-停止距离（ASDA）和可用着陆距离（LDA）。

（3）剖面图部分。该部分包括跑道剖面、净空道剖面、跑道两端标高、跑道坡度转折点标高、净空道末端标高、起飞航径区垂直剖面的坐标网格，1.2%（或一个特别批准的梯度）坡度线和重要障碍物；给出机场跑道入口标高，以及跑道高程变化显著位置点以及相应的高程值，跑道两端起飞航径区内重要障碍物距离跑道入口距离以及障碍物高程值。

（4）垂直比例尺部分。该部分以 m 与 ft 为单位给出剖面图部分采用的比例尺关系。

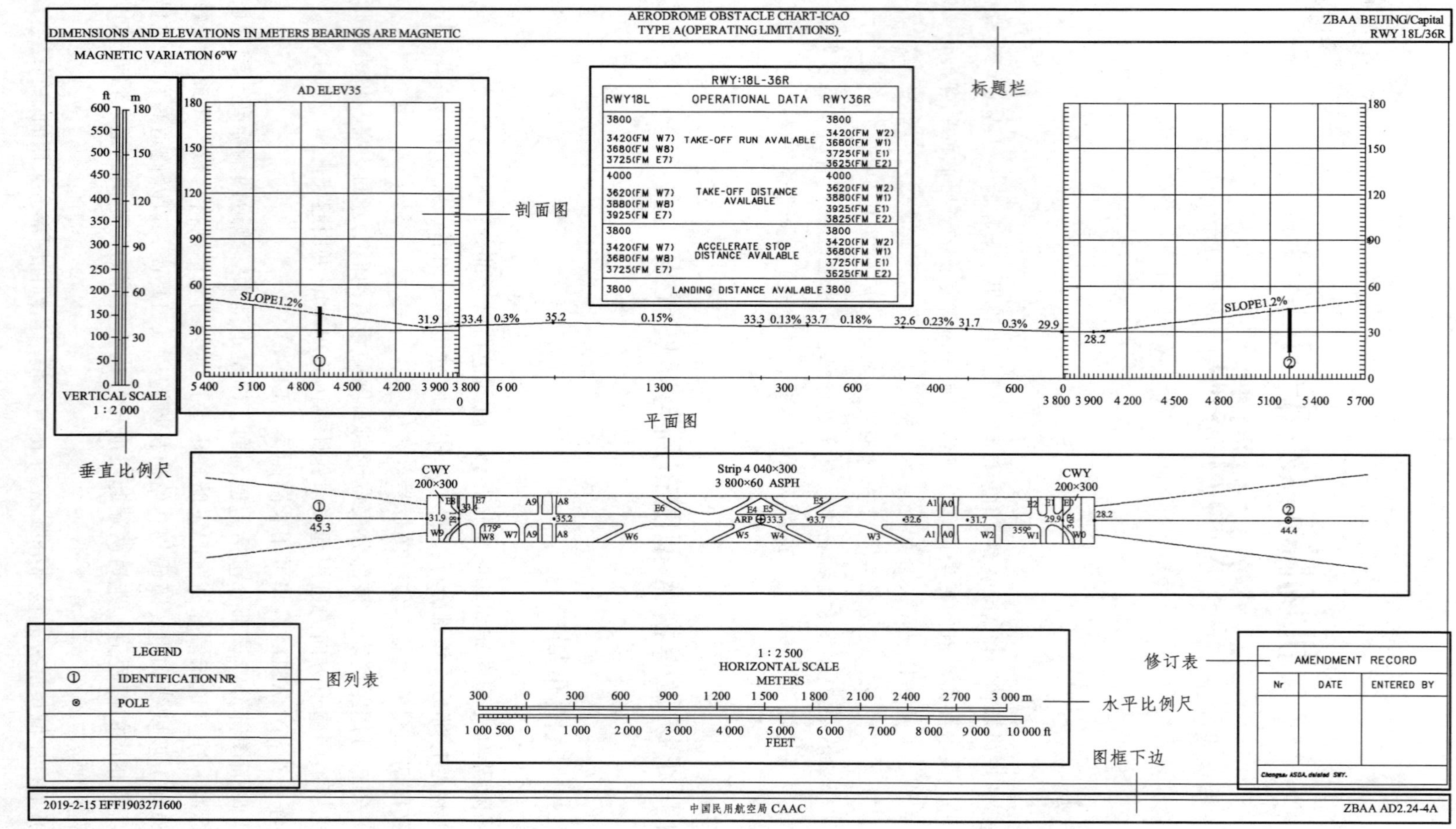

图 2.1 机场障碍物 A 型图布局

（5）平面图部分。该部分包括航空和地理要素。航空要素包括升降带及其以内的跑道、滑行道、停止道，净空道，起飞航径区和起飞航径区内的重要障碍物；地理要素包括地物、地貌和自然重要障碍物。航空要素中给出跑道长宽范围以及升降带范围，跑道与各滑行道之间的位置关系。若该跑道具有净空道与停止道，平面图部分以虚线绘制出净空道与停止道的范围。跑道两端绘制起飞航径区范围，以及区域内重要障碍物的位置。

（6）水平比例尺部分。该部分以 m 与 ft 为单位给出平面图部分采用的比例尺关系。

（7）图例表部分。该部分给出图内涉及主要要素的符号应用图例。

（8）修订表部分。该部分给出该图修订编号、修订时间、修订人。

（9）图框下边部分。该部分给出图的出版日期、生效日期、出版当局以及航图编号。

2.1.2 主要航图要素

1. 起飞航径区

起飞航径区位于起飞航径下方地球表面上并对称地位于起飞航径两侧划设的区域，对该区域内的重要障碍物予以挑选并加以识别和标识。该区域的特点如下。

（1）起飞航径区的起点在已公布适宜用于起飞区域的末端（即跑道末端或净空道末端）。

（2）起飞航径区起点的宽度为 180 m（600 ft），这个宽度以 0.25*D* 的增长率递增至最大宽度 1 800 m（6 000 ft）。*D* 为自起点的距离。

（3）起飞航径区延伸至不再有障碍物的一点或距其 10 km（5.4 NM）处，两者以较短的一个距离为准。

起飞航径区范围如图 2.2 所示。

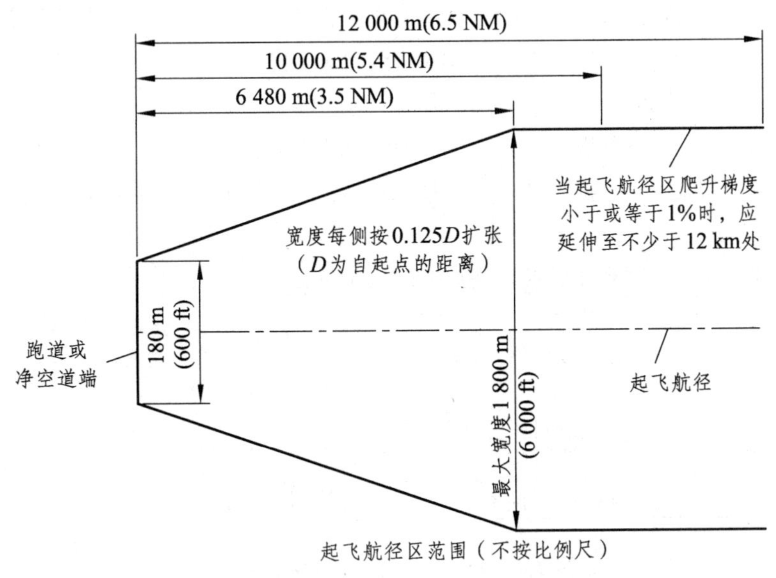

图 2.2　起飞航径区范围

当起飞航径区内存在诸如高地等高大障碍物或不可逾越的空域时，程序设计人员可能在起飞离场程序中规定一个转弯。在这种情况下，起飞航径区调整至其中心处于弯曲航径之上（而不是在跑道中心线的延长线上）。应当标出转弯点位置、转弯圆心、转弯半径、从跑道起始端至弯曲航径的中心（转弯点）的距离。位于弯曲部分的障碍物的距离应该沿着航迹从跑道起始端量取至障碍物正切航迹的点，如图 2.3 所示。

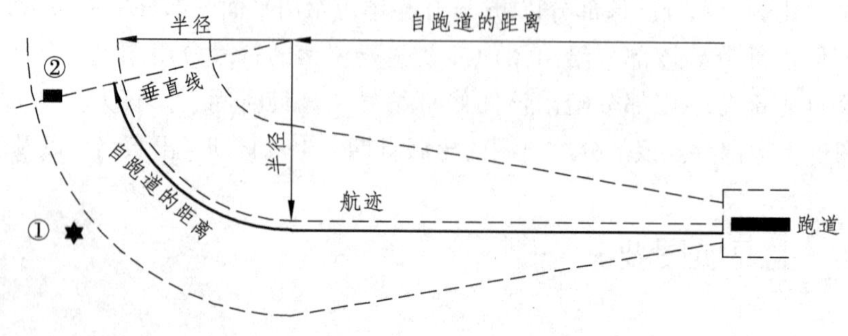

图 2.3　位于弯曲部分的障碍物的距离

2．障碍物

位于起飞航径区内的物体，如果穿透与起飞航径区起点相同的 1.2% 坡度面（障碍物鉴别面），则必须视为重要障碍物。障碍物可分为人工障碍物、活动障碍物、自然障碍物。人工障碍物包括烟囱、高压输电线、无线电发射电塔、通信线电杆、锥形物、塔形建筑和楼房等；活动障碍物包括船舶、汽车和火车等；自然障碍物包括大树、地形点（山头）和穿透航径区障碍物鉴别面的地形等。

阴影原则：如果这个障碍物完全处于另一个障碍物的阴影之下，可不必标出。障碍物阴影是一个平面，起始于过重要障碍物顶点与起飞航径区中心线成直角的水平线，该平面覆盖起飞航径区的全部宽度，并延伸至障碍物鉴别面或至下一个高于阴影面的障碍物所在位置。在起飞航径区起始 300 m 内的障碍物阴影为一个水平面；300 m 以外的障碍物阴影面为一个以 1.2% 梯度（或一个特别批准的梯度）向上延伸的斜面。可能穿透 1.2% 坡度面的移动物体，如船舶、火车、卡车等必须视为障碍物，但不应认为能产生阴影。

障碍物鉴别面与阴影原则示意图如图 2.4 所示。

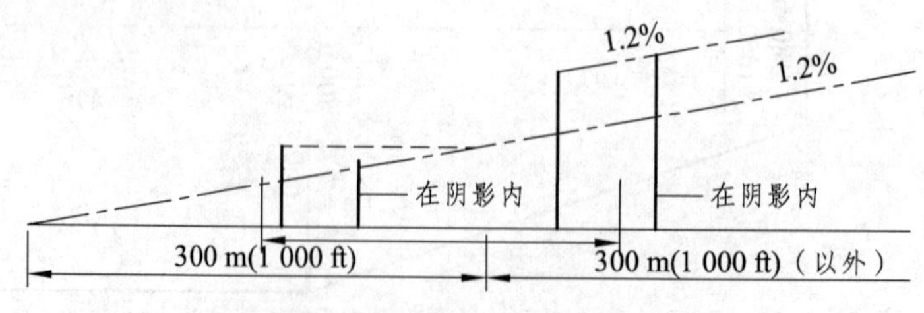

图 2.4　障碍物鉴别面与阴影原则

起飞航径区内障碍物发生变化时，应重新评估起飞航径区所有穿透 1.2% 梯度（或一个特别批准的梯度）面的障碍物。当上报的原始资料中涉及障碍物新增时，必须特别留意是否对障碍物 A 型图有影响。

注：如果该跑道允许航空器使用起飞航径区爬升梯度（在剖面图上表示）小于 1.2% 运行，则上述坡度面应降低至 1.0% 或以下。

3．公布可用距离

每一跑道方向需要计算的公布可用距离包括可用起飞滑跑距离（TORA）、可用起飞距离（TODA）、可用加速-停止距离（ASDA）和可用着陆距离（LDA）。

不设停止道或净空道，而且跑道入口在跑道端的跑道，其上述四个距离应等于跑道长度。

设有净空道（CWY）的跑道，则可用起飞距离（TODA）应包括净空道的长度。

设有停止道（SWY）的跑道，则可用加速停止距离应包括停止道的长度。

一般情况下根据跑道有无设立停止道（SWY）和净空道（CWY），四个公布距离的计算如图 2.5 所示。

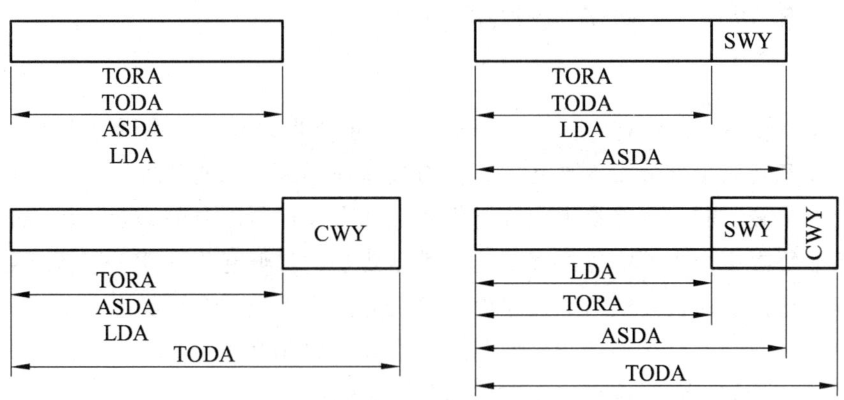

注：所示的所有公布的距离均为从左至右运行。

图 2.5　四个公布距离的计算

当跑道由于道面或起飞/降落航径上的障碍物而引起内移时，应根据实际内移情况分别考虑：

（1）如果是由于起飞/降落航迹上的障碍物等原因影响了航空器的起飞/下降坡度而航空器无法在原跑道入口/末端降落/起飞时，应对跑道入口/末端进行内移，内移部分只影响相应降落/起飞方向上的公布可用距离。

（2）如果是因为道面原因产生的跑道入口/末端内移，内移部分跑道无法用于起飞和降落，则应视同于物理跑道内移缩短来计算公布距离。

着陆入口内移的跑道（通常入口内移是由于进近着陆航径上存在障碍物），其可用着陆距离将减去跑道入口内移的距离，如图 2.6 所示。跑道入口内移只影响对该跑道入口进近的可用着陆距离（LDA）；相反方向运行的所有可用公布距离并不受影响。

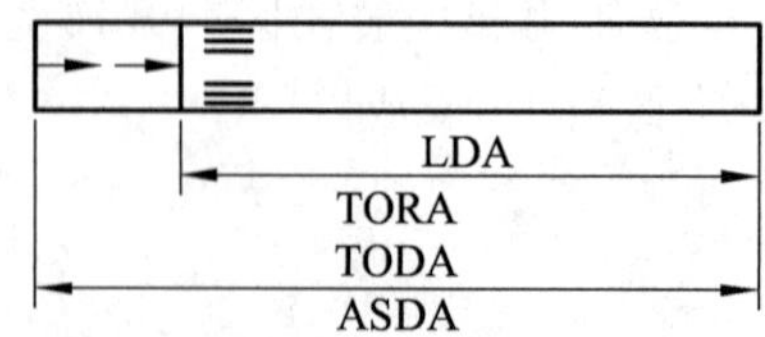

图 2.6　登陆入口内移跑道的距离

跑道起飞末端内移（通常因为起飞超障原因）时，可用着陆距离不受影响，其他三个距离均受到影响。

跑道着陆末端内移（通常因为道面物理原因）时，公布可用距离全部受到影响。

使用者应注意了解跑道入口或末端内移的原因，以便核实原始资料所报的公布可用距离的准确性，例如结合航行通告分析。

2.2　机场障碍物 A 型图应用

机场障碍物图——A 型（运行限制）主要为航空器经营人提供满足附件 6 第 Ⅰ、Ⅱ部分第 5 章及第Ⅲ部分第 3 章的运行限制要求所需要的数据。即该图是飞行机组人员和签派人员确定航空器的最大允许起飞质量和有关运行限制的必要机场资料。该限制主要保证每次飞行中航空器的载重能够满足要求的最低起飞性能，以保证航空器在起飞过程中遇到发动机失效时，能够终止起飞并安全停止在为该类事故准备的指定区域内，或者航空器能够在跑道端之前离地升空并达到爬升规定高度，以避开起飞航径区内的障碍物并与障碍物保持一个递增的超障余度爬升。

以航空公司性能工作为例。

当公司运行有新增机场时，需要在计算飞机性能软件的管理系统中的机场数据库中增加该机场信息。针对国内机场一般机场以 NAIP 机场跑道物理数据、障碍物数据、机场公布的通告为准，主要考虑机场障碍物 A 型图以及机场细则中列出的 15 ~ 50 km 范围障碍物标高/海拔高度、距离基准点的距离，最后根据软件要求换算成相应的参数。机场障碍物信息将作为性能评估系统确定起飞性能的输入参数，如图 2.7 所示。

当公司运行涉及特殊机场，需要设计一发失效应急程序时，也需要考虑机场障碍物 A 型图以及机场细则中列出的 15 ~ 50 km 范围障碍物、地形图（五万或十万分之一），以及公司设计的 EOSID 航路确定障碍物。

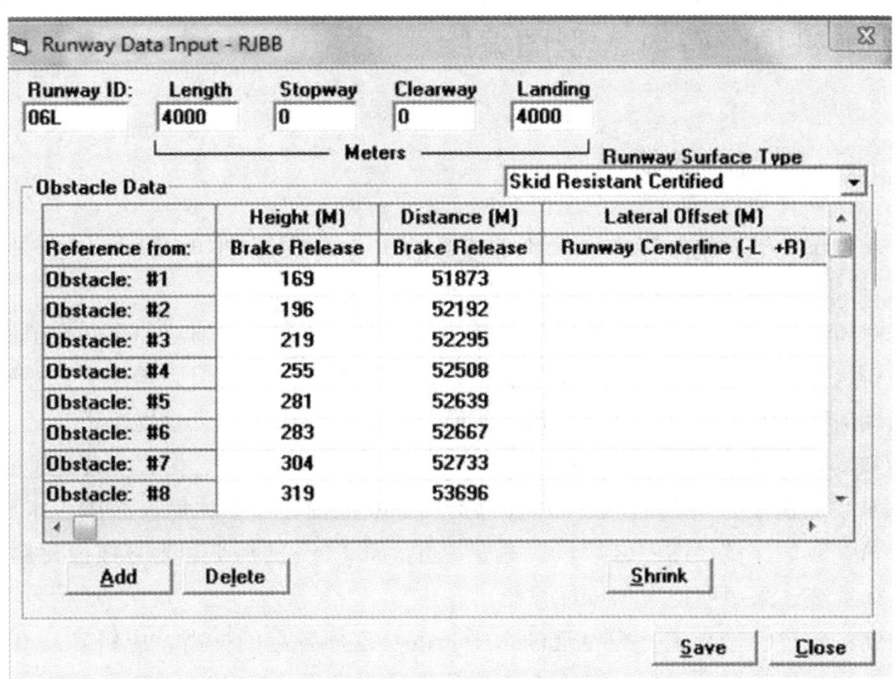

图 2.7　性能管理系统中增加机场障碍物数据

主要民航岗位对机场障碍物 A 型图的应用阶段与重点关注信息，如表 2.1 所示。

表 2.1　机场障碍物 A 型图中民航岗位应用阶段与重点关注信息

航空公司性能人员	使用阶段	① 资料周期生效前评估阶段； ② 新开航线机场评估阶段； ③ 单发程序分析阶段
	重点关注信息	障碍物的高度及距离
航空公司情报人员	使用阶段	① 资料周期生效前评估阶段； ② 新开航线机场评估阶段； ③ 单发程序分析阶段
	重点关注信息	障碍物的高度及距离
航空公司签派员	使用阶段	放行评估阶段
	重点关注信息	① 关键障碍物，EOSID 影响，EOSID 范围； ② 障碍物位置，是否对航班离场程序有影响； ③ 机场起飞航径区内障碍物的详细资料
航空公司飞行员	使用阶段	① 初始准备阶段； ② 航前驾驶舱准备阶段
	重点关注信息	障碍物位置、方位和高度保持

2.3 机场障碍物 A 型图编绘

2.3.1 制图基本要求

计量单位：机场障碍物 A 型图中的标高必须表示到最近似的 0.5 m（或相应英制单位）；线性长度必须表示到最近似的 0.5 m。

范围和比例尺：每一平面图的范围必须足以覆盖全部障碍物。如果存在孤立而较远的障碍物可以用适当的符号和箭头表示，而不必增加图幅，但必须注明该障碍物距跑道远端的距离和方位以及该障碍物的标高。对于图幅大小，可根据跑道长短、障碍物多少和复杂程度，合理安排图幅长度。遇到转弯起飞航径区，图幅宽度还应适当地加宽。水平比例尺必须在 1∶10 000 至 1∶15 000 范围。垂直比例尺必须为水平比例尺的十倍。线段比例尺图中必须包括标有“m”和“ft”的水平和垂直线段比例尺。

坐标系统：采用航空直角坐标系统。

精度：跑道、停止道、净空道的水平长度及道面各点的标高，应精确到 0.5 m。由于测量和制图的误差，在 A 型图起飞航径区内量取距离数值时的最大允许误差：水平距离起始点为 5 m，以每增加 500 m 的距离，误差递增 1 m；垂直距离第一个 300 m 的误差为 0.5 m，以后每增加高度 1 000 m，误差递增 1 m。当无法取得准确的高度（高）数据时，应注明该数据为“估计值”。

2.3.2 航图绘制过程

步骤 1：资料收集。

根据编图范围收集以下资料：

（1）机场测量资料，包括 1∶2 500 或 1∶5 000 或 1∶10 000 的竣工图纸；

（2）机场飞行程序设计报告中的机场障碍物图—A 型（运行限制）设计图纸；

（3）机场飞行程序设计报告中的机场障碍物限制面图设计图纸；

（4）相应比例尺的地形图。

步骤 2：障碍物分析。

根据收集的资料，首先根据障碍物的平面位置判断障碍物是否在起飞航径区以内，若在航径区内再以起飞航径区起点相同的以 1.2% 梯度（或一个特别批准的梯度）抬升的斜面（障碍物限制面）判断障碍物是否穿透该限制面，若存在多个障碍物需要判断障碍物之间是否存在阴影关系。

步骤 3：图框注记绘制。

（1）航图名称。

① NAIP 图名：机场障碍物图—A 型（运行限制）或机场障碍物图—ICAO A 型

（运行限制）；

② AIP 图名：AERODROME OBSTRUCTION CHART—TYPE A（OPERATING LIMITATIONS）；

航图名称应在图框上方中间位置分三行绘制，格式及布局如图 2.8 所示。

NAIP： 机场障碍物图—A 型（运行限制）	AIP： AERODROME OBSTACLE CHART-ICAO TYPE A(OPERATING LIMITATIONS)

图 2.8　航图名称格式及布局

（2）识别名称。

图框右侧上方用中英文标注机场所在城市或地区名称/机场名称、机场四字代码，如图 2.9 所示。

NAIP： 乌鲁木齐/地窝堡　URUMQI/Diwopu ZWWW-	AIP： ZWWW URUMQI/Diwopu

图 2.9　机场名称识别

（3）计量单位。

图框线外左上角标注计量单位的注记，如图 2.10 所示。

NAIP：尺度和标高为米，方位为磁方位
AIP：DIMENSIONS AND ELEVATIONS IN METERS BEARINGS ARE MAGNETIC

图 2.10　计量单位标注

（4）磁差。

图框内左上角以中英文标注机场所在地磁差，应精确到度，如图 2.11 所示。

NAIP： MAGNETIC VARIATION 磁差 3° E 东	AIP： MAGNETIC VARIATION　3′ E

图 2.11　磁差标注

（5）机场标高。

图左上角剖面图上方标注机场标高，以 m 为单位，如图 2.12 所示。

NAIP： 机场标高 AD ELEV 647.9 m	AIP： AD ELEV 647.9 m

图 2.12　机场标高标注

（6）有效日期与出版日期。

图框下方左侧标注本图的生效日期与出版日期，如图 2.13 所示。

NAIP：EFF 2019-3-28　2019-2-15	AIP：2019-2-15　EFF1903271600

图 2.13　日期标注

（7）出版单位。

在图框下方中间绘制出版单位。我国航图出版单位为中国民用航空局 CAAC，如图 2.14 所示。

NAIP/AIP：中国民用航空局 CAAC

图 2.14　出版单位标注

（8）图的编号。

在图框下方右侧标注该图的编号。障碍物 A 型图在 AIP 中的序号为 AD2.24-4。如果该机场有多张 A 型图，则序号最后再加字母 A、B 以区别。应在序号前加注本机场四字地名代码，如 ZWWW　AD2.24-4。

步骤 4：平面图绘制。

（1）跑道及升降带。

跑道长度和宽度均应以比例尺绘出，用粗实线表示。应注记跑道尺寸、编号、道面性质（水泥或沥青）、跑道入口和跑道变坡点的标高。升降带用细短虚线绘出。如果跑道基准点（ARP）位于跑道上或位于升降带以内，则还应在图上绘出 ARP 的位置并注记。只需绘制跑道，不必绘制滑行道。公布非全跑道起飞公布距离时，绘制相应滑行道，并标注滑行道名称。如图 2.15 所示。

NAIP/AIP：

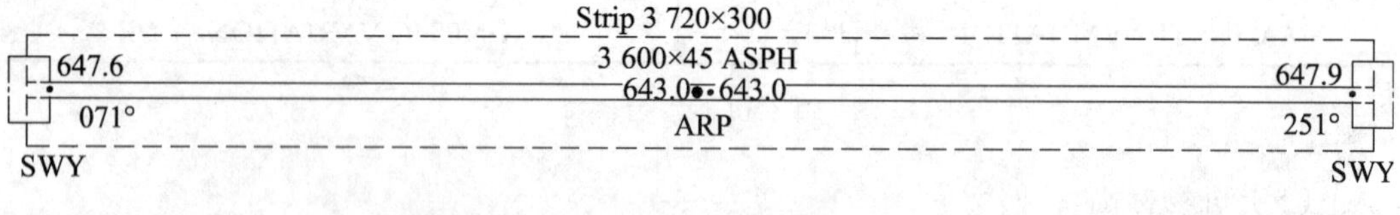

图 2.15　跑道与升降标注

（2）停止道及净空道。

停止道用细短虚线绘出。净空道用长虚线标绘边界。标注 CWY 和 SWY，以及它们的长、宽，停止道还应该标注道面性质。如图 2.16 所示。

NAIP/AIP：

CWY
200×180
647.6
647.5
07
071°
SWY
60×45 CONC

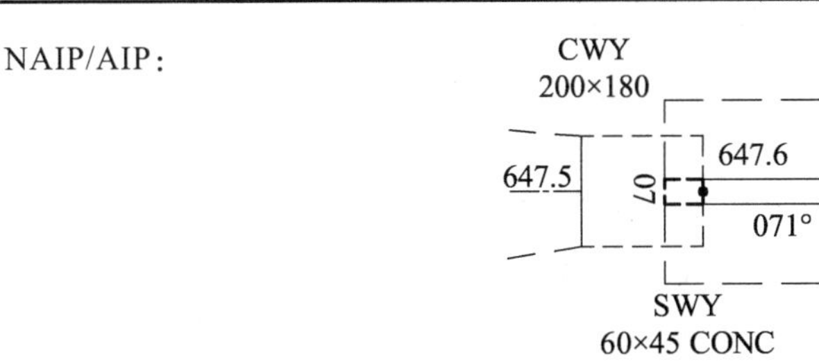

图 2.16　停止道及净空道标注

（3）起飞航径区。

绘制起飞航径区范围时，长宽以及平面扩展率要求参见前文。用点划线标绘起飞航径区中线，细虚线标绘起飞航径区边界，如图 2.17 所示。

NAIP/AIP：

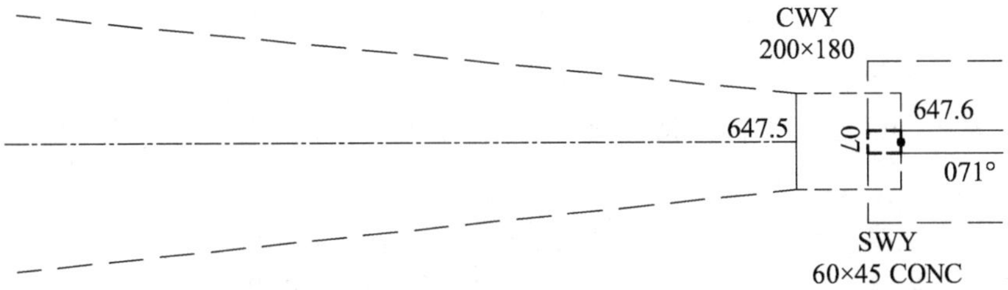

CWY
200×180
647.6
647.5
07
071°
SWY
60×45 CONC

图 2.17　起飞航径区标注

（4）障碍物。

在平面图中标注的应包括以下障碍物信息：

① 重要障碍物的准确位置及表示其类别的符号；

② 重要障碍物的标高和识别编号；

③ 显著方式表示出大面积穿透限制面的重要障碍物，比如地形。如图 2.18 所示。

NAIP/AIP：

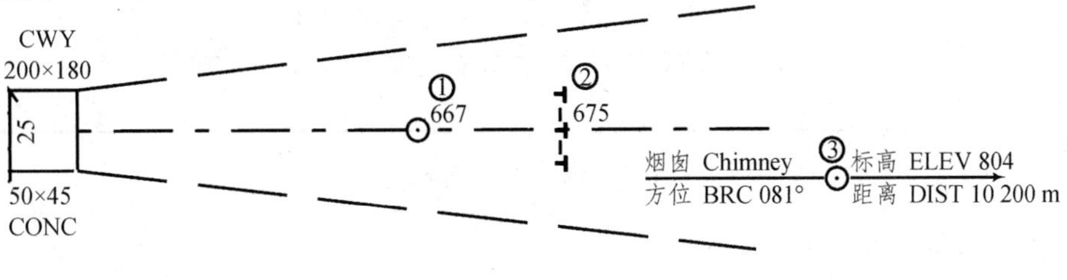

CWY
200×180
25
50×45
CONC
①
667
②
675
③
烟囱 Chimney
方位 BRC 081°
标高 ELEV 804
距离 DIST 10 200 m

图 2.18　障碍物标注

此图中障碍物③距离“10 200 m”是指距跑道起始端的距离；

注：所有障碍物都必须与机场细则中的 AD2.10“障碍物列表”一一对应。

平面图内各要素的绘制，应从起飞航径区的开始端，至该图的起飞航径区的终端，地形要素应在边线外 5 mm 以内的范围描绘。凡是穿透起飞航径区 1.2%（或一个特别批准的梯度）坡度面以上的山头，应采用加粗线描绘其与坡度面相交的边线，还应用等高线法表示该边线以内的地形，并加晕线表示。描绘等高线应符合相应比例尺的地形图制图的国家标准的规定。等高线应以整百米或整千米注记，整个限制面内的等高线注记不宜过密，宜从山顶数第一或第二条计曲线注记，字头总的方向朝北，朝山顶方向。最高的山顶应有标高标记。

步骤 5：剖面图绘制。

（1）剖面图的位置和比例尺。

剖面图的水平比例尺与平面图比例尺相同，垂直比例尺是水平比例尺的 10 倍。

（2）剖面坐标网格。

剖面图网格起始位置垂直对应起飞跑道末端，与平面图对应并覆盖整个起飞航径区。水平坐标网格从起飞跑道末端每 300 m 的距离为一格，每一格划分 10 个小格，每小格代表 30 m。垂直坐标网格为每 30 m 的距离为一格，每一格划分 10 个小格，每小格代表 3 m。

注：网格垂直坐标的“0”点为平均海平面，水平坐标的“0”点为起飞跑道起始端，如果存在跑道末端内移，将会影响水平坐标“0”点位置。

剖面坐标网格如图 2.19 所示。

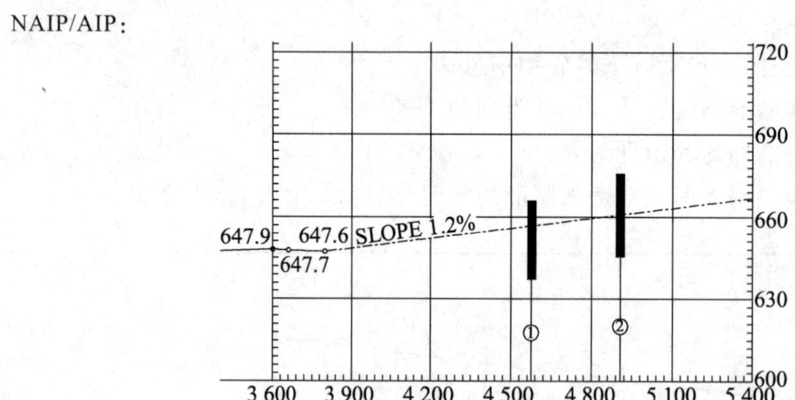

图 2.19　剖面坐标网络

（3）跑道剖面。

根据跑道两端入口标高、重要变坡点的标高用粗实线绘出跑道剖面图，并在划线上方注记跑道两端和变坡点的标高及变坡值，（水平网格之间对应平面图跑道的划线上，用小刻划表示变坡点，并标注变坡点间距），如图 2.20 所示。

NAIP/AIP：

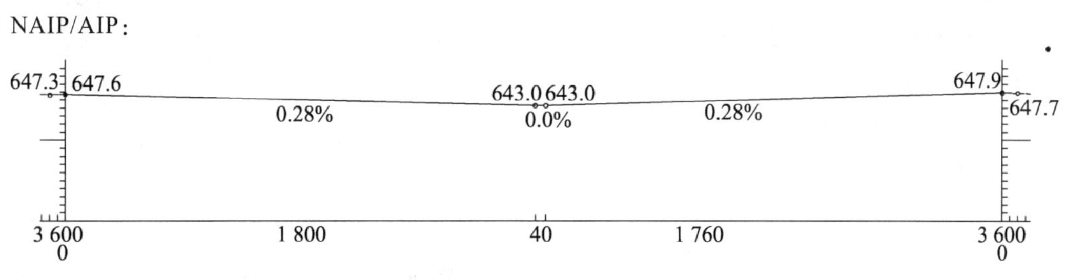

图 2.20　跑道剖面图

（4）停止道/净空道剖面。

若设置了停止道、净空道，需在垂直坐标网格内用粗虚线绘出，并标出道面标高。如图 2.21 所示。

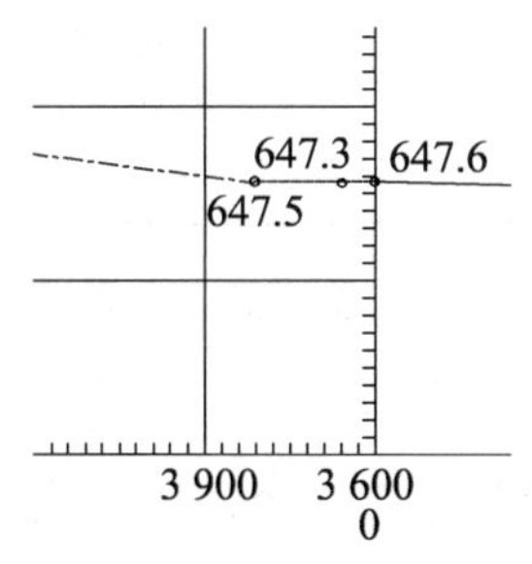

图 2.21　停止道/净空道剖面图

（5）障碍物鉴别面的标绘。

障碍物鉴别面为对应于起飞航径区起点开始的 1.2%（或一个特别批准的梯度）梯度线，用细长短虚线绘出。如图 2.22 所示。

NAIP/AIP：

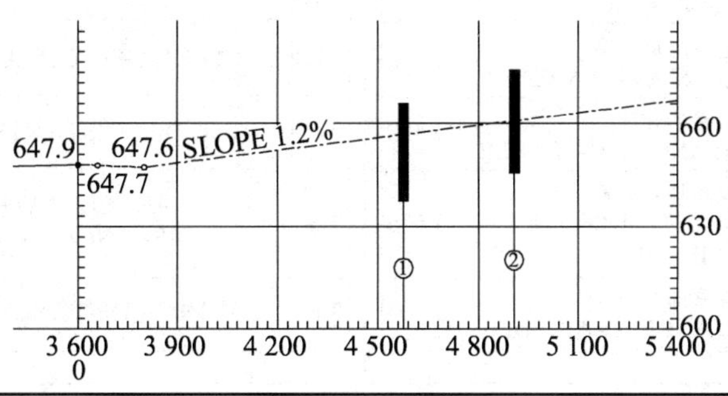

图 2.22　障碍物鉴别面

（6）重要障碍物的标绘。

重要障碍物根据从跑道端头的远近从小到大标注编号，并且需标注从起飞航径区起始点至障碍物在起飞航径区中心线上投影点的距离，该距离表示该障碍物在剖面图上距离起飞跑道末端的长度。平面图和剖面图上的要素应一一对应，如图 2.23 所示。

NAIP/AIP：

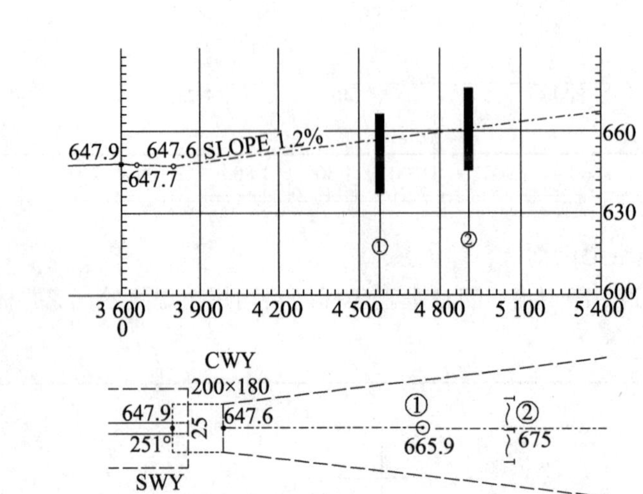

图 2.23　重要障碍物的标注

步骤 6：绘制公布可用距离表。

在剖面图的跑道上方空白处公布跑道可用距离表。

按照跑道号公布跑道可用距离，包括可用起飞滑跑距离、可用起飞距离、可用加速停止距离、可用着陆距离。当跑道入口或末端内移，公布可用距离有变化时，如果某一方向不能提供使用，则应注明。如图 2.24 所示。

NAIP：

跑道 RWY-07-25

跑道 RWY 07	运行数据 OPERATIONAL	跑道 RWY 25
3 600	可用起飞跑道距离 TAKE-OFF RUN AVAILABLE	3 600
3 800	可用起飞距离 TAKE-OFF DISTANCE AVAILABLE	3 800
3 660	可用加速停止距离 ACCELERATE STOP DISTANCE AVAILABLE	3 660
3 600	可用着陆距离 LANDING DISTANCE AVAILABLE	3 600

AIP：

RWY-07-25

07 RWY	OPERATIONAL	25 RWY
3 600	TAKE-OFF RUN AVAILABLE	3 600
3 800	TAKE-OFF DISTANCE AVAILABLE	3 800
3 660	ACCELERATE STOP DISTANCE AVAILABLE	3 660
3 600	LANDING DISTANCE AVAILABLE	3 600

图 2.24　公布可用距离绘制

步骤 7：绘制比例尺。

水平比例尺与垂直比例尺应分别绘制。水平比例尺以标准单位与英制单位对照绘制水平直线比例尺，位于平面图的下方。垂直比例尺以标准单位和英制单位对照绘制垂直直线比例尺，位于剖面图左侧。

水平比例尺如图 2.25 所示。

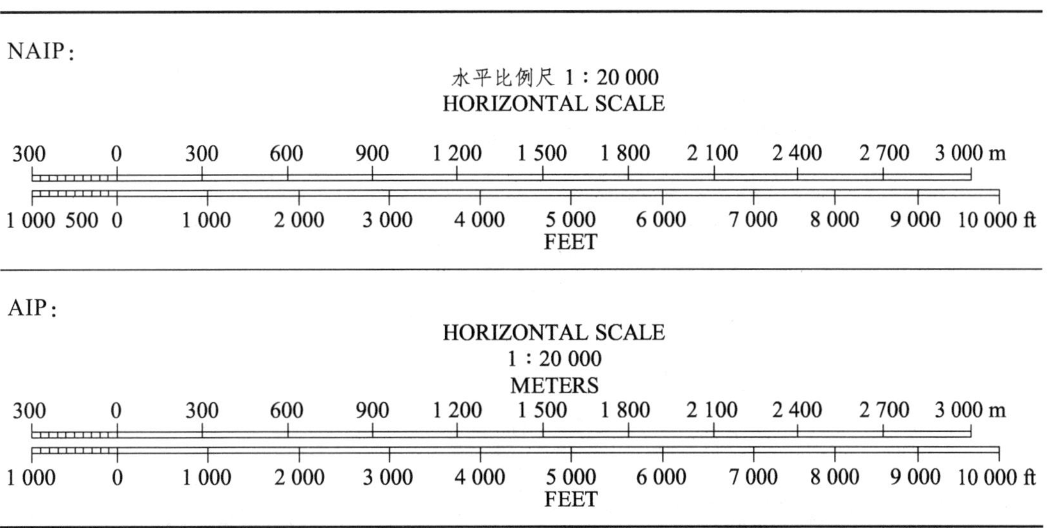

图 2.25 水平比例尺

垂直比例尺如图 2.26 所示。

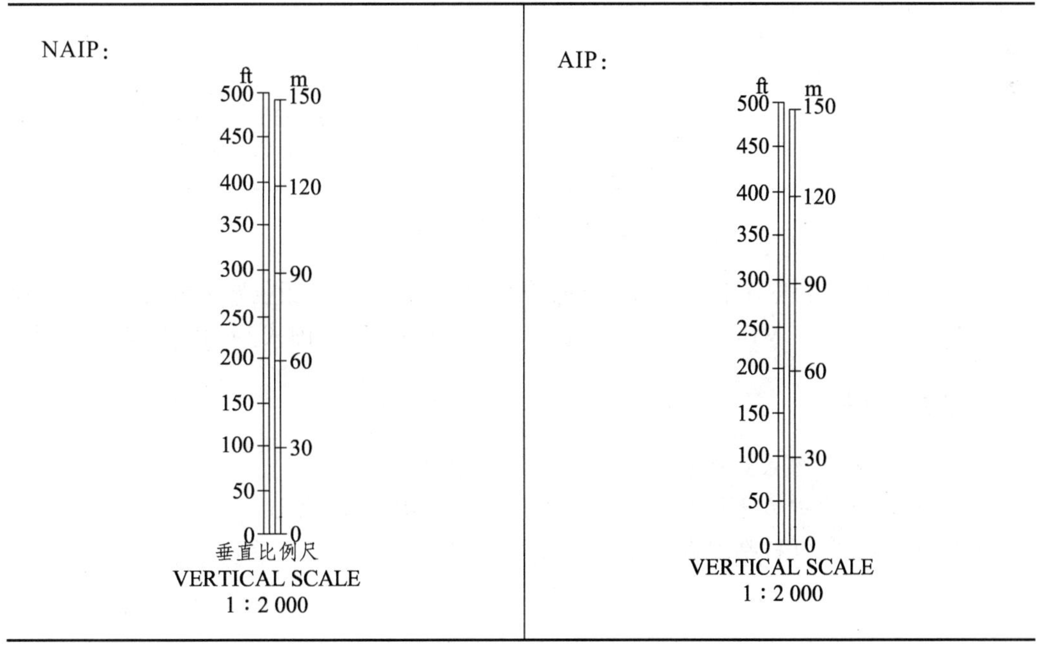

图 2.26 垂直比例尺

步骤 8：绘制图例表。

图例表绘制在图框线以内左下角，以表格方式标示出本图中包括的障碍物编号、障碍物的种类和使用的符号，图例按航图图式绘制，并加以文字说明，如图 2.27 所示。

NAIP：

图例 LEGEND	
①	障碍物编号 IDENTIFICATION Nr.
⊤～⊤～⊤	高压线 HIGH TENSION LINE
⊙	天线 POLE

AIP：

LEGEND	
①	IDENTIFICATION Nr.
⊤～⊤～⊤	HIGH TENSION LINE
⊙	POLE

图 2.27　图例表绘制

步骤 9：绘制修订记录表。

当图内要素发生变化时，应对图进行修订并填写修订记录表。修订记录表应有修订项目和修订人，还应当简要概括本次修订的主要内容，如图 2.28 所示。

NAIP：

修正记录 AMENDMENT RECORD		
编号 Nr.	日期 DATE	修正人 ENTERED BY
修改：跑道变坡点， 机场标高，障碍物		

AIP：

AMENDMENT RECORD		
Nr.	DATE	ENTERED BY
Changes: Slope of RWY, AD ELEV, obstacle		

图 2.28　修订记录表绘制

注：该航图绘制过程中，航图要素的符号、线型、注记、颜色要求可具体参见《民用航空图编绘规范》（MH/T4019—2012）与《民用航空图编绘图式》（IB-TM-2015-004）。

实践练习题

（1）机场障碍物 A 型图在航空运行中的作用是什么？

（2）机场障碍物 A 型图中重要障碍物的评估原则是什么？

（3）根据给定资料绘制机场障碍物 A 型图原图。

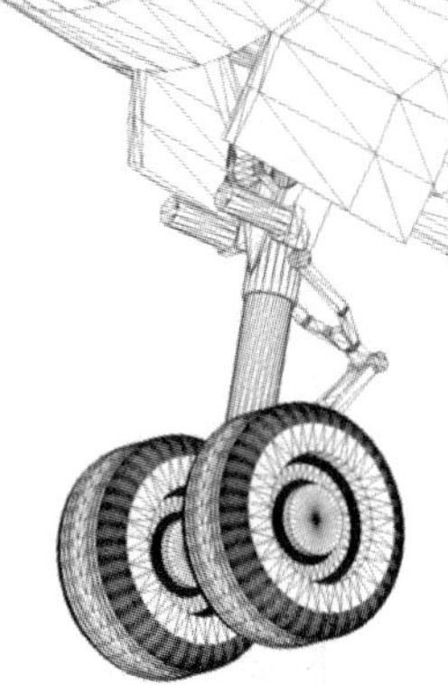

3　精密进近地形图—ICAO

【导　读】

精密进近地形图—ICAO是ICAO类航图，主要用于提供在最后进近划定区内地形剖面的详细资料（包括自然和人工物体），以便航空器运营人能够通过使用无线电高度表来评估地形对确定决断高度所产生的影响。附件 4 要求国际民用航空运行的所有Ⅱ、Ⅲ类精密进近跑道的机场，必须绘制精密进近地形图—ICAO。但在机场地形和障碍物图—ICAO（电子版）提供了所需资料的机场可以例外。当出现任何重要信息变化时，必须对精密进近地形图—ICAO 进行修订。

3.1　精密进近地形图布局与航图元素

3.1.1　航图布局

精密进近地形图布局如图 3.1 所示，分为以下部分：

（1）标题栏部分。该部分标注图中采用的计量单位、图名、城市/机场名、图的出版与生效日期、图的出版单位、航图编号。

（2）平面图部分。该部分包括航空和地理要素。航空要素包括跑道、进近灯光系统和精密进近地形图区域内的活动障碍物；地理要素包括地形、等高线、地物以及水域。

（3）剖面图部分。该部分是从入口沿跑道中心线延长线至 900 m 长的地形、地物的剖面。

（4）水平比例尺部分。该部分以标准单位与英制单位给出平面图部分采用的比例尺关系。

（5）垂直比例尺部分。该部分以标准单位与英制单位给出剖面图部分采用的比例尺关系。

（6）图例表部分。该部分给出图内涉及主要要素的符号应用图例。

（7）修订表部分。该部分给出该图修订编号、修订时间、修订人。

（8）图框下边部分。该部分给出图的出版日期、生效日期、出版当局以及航图编号。

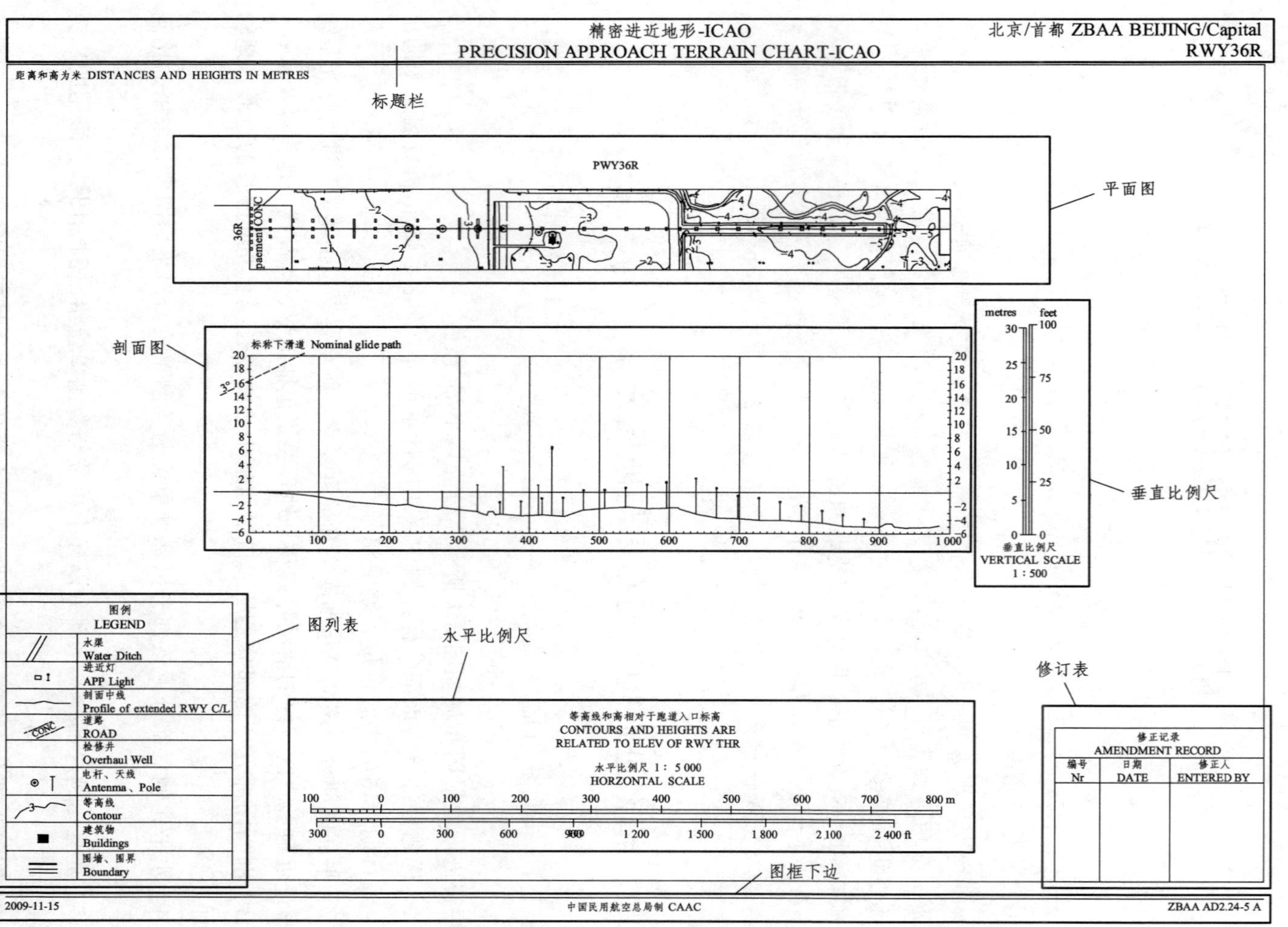

图 3.1 精密进近地形图布局

3.1.2 主要航图要素

（1）地形/等高线。

位于精密进近图平面图范围内，入口前的地形应符合下列要求：

① 跑道入口前至少 900 m，跑道中心延长线两侧各 60 m 以内的长方形地区内的地形应平坦、水平，其地形的变坡不应超过 2%；

② 平均高差不超过 ± 1.5 m 的缓和起伏变化；

③ 单个地物不应超过 1 m 台阶式的地形变化或物体的存在。

（2）进近灯光系统。

当进近灯光中有部分灯光与跑道中线延长线剖面的高度差超过 ± 3 m 时，应标绘全部进近灯光。

（3）地物。

地球表面上相对固定的物体，包括自然地物（如山川、森林、河流等）、人工地物（如建筑物、铁路、公路等）。

（4）活动障碍物。

制图区域内若存在道路、铁路等交通设施，在其区域内会有移动的物体，如火车、汽车、船等。如果它们的高度与地形剖面线之间存在超过 ± 3 m 高差，一般需要在精密进近地形图的平面图中绘制道路、河道等区域，对应剖面图部分会标注“活动障碍物”。

3.2 精密进近地形图应用

精密进近地形图主要为航空器运营人提供Ⅱ、Ⅲ类精密进近跑道的机场、最后进近划定区内地形剖面的详细资料。即该图是飞行机组人员在Ⅱ、Ⅲ类精密进近跑道的机场运行，通过使用无线电高度表来评估地形，确定决断高度的必要资料。如出现任何重要变化时，如障碍物高度的变化超过 ± 3 m 或下滑角度发生变化时，应及时更新数据，以便保证精密进近地形图的及时性、准确性和完整性。

如图 3.2 所示为某机场精密进近地形图剖面图，距跑道入口 280 m 处为以 3° 下滑角下滑至二类精密进近决断高 30 m 处，从剖面图中可见，该距离处地形有以入口为高度基准 – 2 m 的高差。

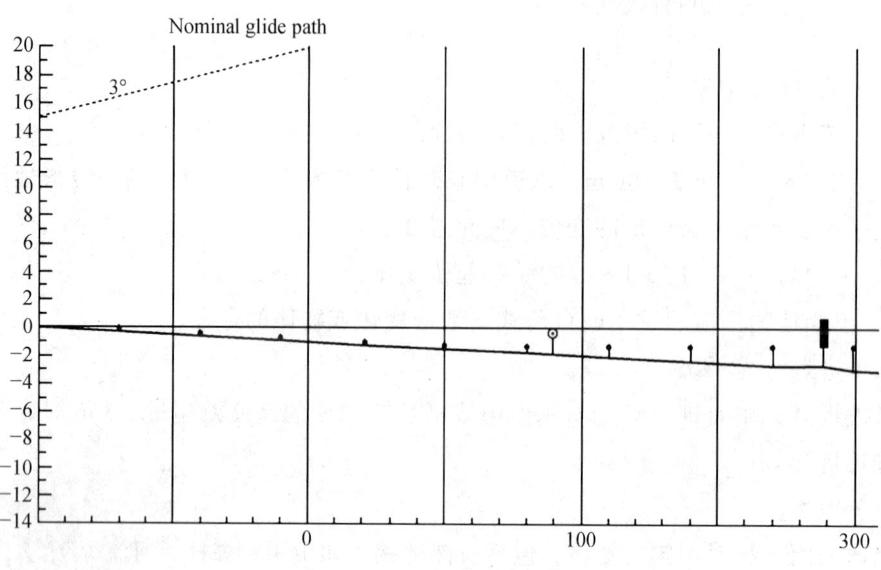

图 3.2　某机场精密进近地形图剖面图

因此该跑道方向Ⅱ类精密进近决断高 DH = 30 m，无线电高度表根据地形为决断高加 2 m 地形高差，即为 32 m，如图 3.3 所示。

<table>
<tr><td></td><td>A</td><td>B</td><td>C</td><td>D</td></tr>
<tr><td>ILS/DME DA(H)
RVR/VIS
HUD</td><td colspan="2">553(60)
550/800</td><td colspan="2">558(65)
550/800</td></tr>
<tr><td>GP INOP MDA(H)
VIS</td><td colspan="4">630(137)
1 800</td></tr>
<tr><td>CIRCLING MDA(H)
VIS</td><td colspan="2">700(188)
2 400</td><td>740(228)
3 200</td><td>740(228)
3 600</td></tr>
<tr><td colspan="5">LIS CAT Ⅱ (Missed approach climb gradient 3.0%)</td></tr>
<tr><td>Aircraft type</td><td>Decision height (DH)</td><td>Radio altimeter</td><td>Autopilot to DH and below</td><td>Manual operation below DH</td></tr>
<tr><td>A, B, C, D</td><td>(30)</td><td>(32)</td><td>RVR300</td><td>A.B.C: RVR300
D: RVR350</td></tr>
</table>

图 3.3　某机场Ⅰ、Ⅱ类精密进近着陆标准表

各主要民航岗位对精密进近地形图的应用阶段与重点关注信息，可详见表 3.1。

表 3.1　精密进近地形图中民航岗位应用阶段与重点关注信息

<table>
<tr><td rowspan="2">航空公司
性能人员</td><td>使用阶段</td><td>用于制作单发程序，对障碍物进行评估阶段</td></tr>
<tr><td>重点关注信息</td><td>障碍物的高度、距离、位置</td></tr>
<tr><td rowspan="2">航空公司
情报人员</td><td>使用阶段</td><td>① 着陆分析阶段；
② 航行资料分析阶段</td></tr>
<tr><td>重点关注信息</td><td>① Ⅱ、Ⅲ类精密进近跑道相关标准；
② 障碍物高度的变化；
③ 下滑角度发生变化；
④ DH 和 DA</td></tr>
<tr><td rowspan="2">航空公司
签派员</td><td>使用阶段</td><td>放行评估阶段</td></tr>
<tr><td>重点关注信息</td><td>① Ⅱ、Ⅲ类精密进近跑道相关标准；
② 障碍物高度的变化；
③ 下滑角度发生变化；
④ DH 和 DA；
⑤ 最后进近阶段的地形资料</td></tr>
<tr><td rowspan="2">航空公司
飞行员</td><td>使用阶段</td><td>① 初始准备阶段；
② 精密进近阶段</td></tr>
<tr><td>重点关注信息</td><td>① 跑道号；
② 五边地形的信息，重要地形，最高地形；
③ 跑道头障碍物的位置、高度，如树、电杆、天线等</td></tr>
</table>

3.3　精密进近地形图编绘

3.3.1　制图基本要求

范围：平面部分范围为从跑道中心延长线两侧各 60 m 宽，从入口沿跑道中心线至 900 m 长。如果离跑道入口 900 m 以远的地形为山区或对本图使用者有重要意义时，剖面图可超过 900 m 绘制，但不应超过 2 000 m。剖面图部分范围是从入口沿跑道中心线延长线至 900 m 长的地形、地物的剖面。

比例尺：水平比例尺一般采用 1∶2 500，也可根据平面图的制图范围，选择合适的制图比例尺。当使用水平比例尺 1∶2 500 制图，超过制图范围图幅过大时，可采用 1∶5 000 比例尺绘制。垂直比例尺采用 1∶500。线段比例尺图中必须包括标有 m 和 ft 的水平和垂直线段比例尺。

坐标系统：采用航空直角坐标系统。

3.3.2　航图绘制过程

步骤 1：资料收集。

根据编图范围收集以下资料。

（1）测绘成果资料：1∶10 000 地形图。

（2）机场飞行程序设计报告中的“精密进近地形图”设计上报图纸。

（3）有关机场竣工图纸。

步骤 2：图框注记绘制。

（1）航图名称。

① NAIP 图名：精密进近地形图—ICAO；

② AIP 图名：PRECISION APPROACH TERRAIN CHART-ICAO。

航图名称应在图框上方中间位置绘制，格式及布局如图 3.4 所示。

NAIP： 精密进近地形图—ICAO	AIP： PRECISION APPROACH TERRAIN CHART-ICAO

图 3.4　航图名称的格式及布局

（2）识别名称、航图编号。

在图框外侧用中英文标注机场所在城市或地区名称/机场名称、机场四字代码及航图编号。航图编号表示方式为“机场地名代码 AD 2.24-序号”。NAIP 的序号一般为 D，若同一机场需要公布多张精密进近地形图，则每幅图的序号依次为 D1、D2……国际 AIP 精密进近地形图在 AIP 中的序号为 AD 2.24-5，若同一机场需要公布多张精密进近地形图，则每幅图的序号依次为 5A、5B……如图 3.5 所示。

NAIP： ZWWW　AD2.24-D	AIP： ZWWW　AD2.24-5

图 3.5　识别名称、航图编号

（3）计量单位。

图框线外左上角标注计量单位的中英文注记，如图 3.6 所示。

NAIP：尺度和标高为 m，方位为磁方位
AIP：DIMENSIONS AND ELEVATIONS IN METERS BEARINGS ARE MAGNETIC

图 3.6　计量单位标注

（4）磁差。

图框内左上角以中英文标注机场所在地磁差，与机场细则公布磁差保持一致，应精确到度，如图 3.7 所示。

NAIP：	AIP：
MAGNETIC VARIATION　磁差 3° E 东	MAGNETIC VARIATION　3° E

图 3.7　磁差标注

（5）出版日期、生效日期。

图框下方左侧标注本图的出版日期和生效日期，以 *XXXX*（年）-*XX*（月）-*XX*（日）表示，如图 3.8 所示。

NAIP：	AIP：
EFF2019-3-28　2019-2-15	2019-2-15　EFF1903271600

图 3.8　出版日期、生效日期标注

（6）出版单位。

在图框下方中间绘制出版单位。我国航图出版单位为中国民用航空局 CAAC，如图 3.9 所示。

NAIP/AIP：中国民用航空局 CAAC

图 3.9　出版单位标注

步骤 3：平面图绘制。

（1）平面图范围和比例尺。

平面图应依比例尺绘出 120 m × 900 m 范围，用虚线表示，若离跑道入口 900 m 以远的地形为山区或对本图使用者有重要意义时，平面图范围的长度可超过 900 m，但不超过 2 000 m，同时用点划线向进近方向标出跑道延长线至图幅结束。水平比例尺一般采用 1∶2 500，也可采用 1∶5 000 比例尺绘制。如图 3.10 所示。

NAIP/AIP：

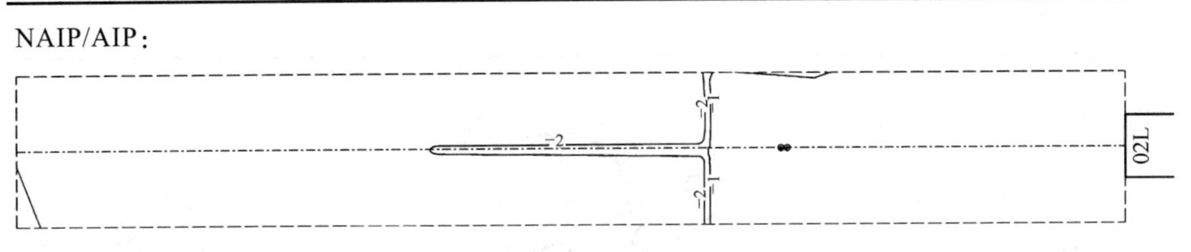

图 3.10　平面图范围与比例尺

（2）跑道/跑道号码。

只需标出离跑道入口向内绘制 2 cm（图上距离）代表跑道，用粗实线表示。跑道号码小于等于 18 的跑道应位于图的右侧，跑道号码大于 18 的跑道应位于图的左侧。跑道号码标注在跑道入口处。如图 3.11 所示。

NAIP/AIP：

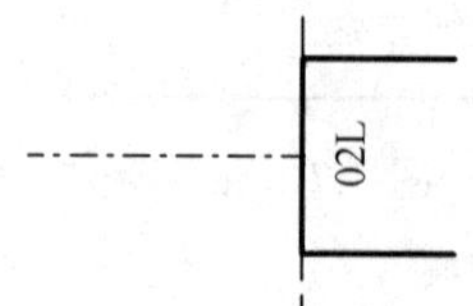

图 3.11　平面图上跑道/跑道号码

（3）进近灯光。

当进近灯光中有部分灯光与跑道中线延长线剖面的高度差大于或等于 3 m 时，应标绘全部进近灯光。如图 3.12 所示。

NAIP/AIP：

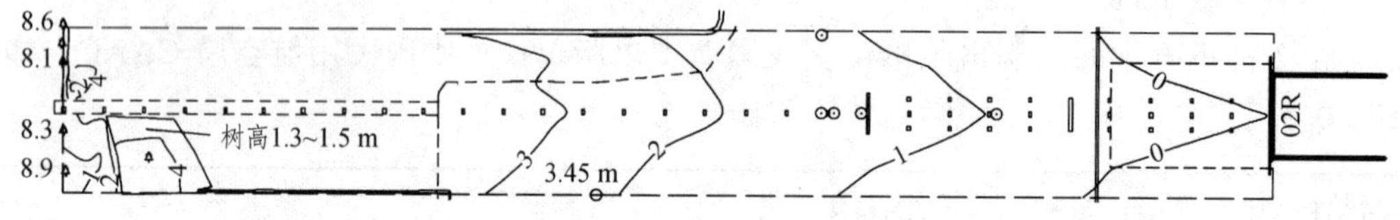

图 3.12　进近灯光标注

注：高差是指地形或地形之上的任何物体（包括活动障碍物）的高度与其垂直到跑道中线延长线上各点的高度差值。若进近灯光与跑道中线延长线剖面的高差均低于 3 m 时，可不标绘进近灯光。

（4）地形、等高线。

在平面图范围内，以跑道入口标高为 0 m 等高线基准，等高距为 1 m 绘制等高线；高于跑道入口标高为正，注记的数值前不用标“+”号，低于跑道入口标高为负，应在数字前标注“-”号。如图 3.13 所示。

NAIP/AIP：

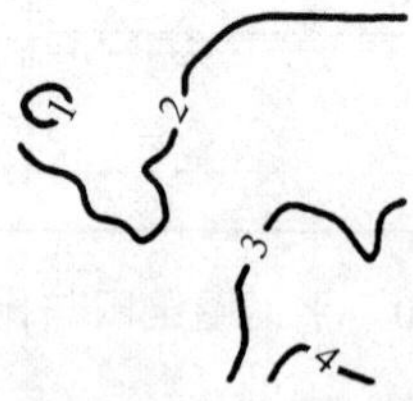

图 3.13　地形、等高线标注

（5）地物、活动障碍物。

在平面图范围内，应采用相应的符号绘制与中线剖面的高相差 ± 3 m 和可能影响

无线电高度表变化 ± 3 m 的任何地物。有横穿精密进近地形图区域的火车、汽车和船舶等活动物体，要绘出活动障碍物的活动范围。自然地物、人工障碍物、输电线和树木等地物，以及活动障碍物，按照其实际位置依比例尺在平面图标出，地物和障碍物的样式参照图例标注。

（6）水域。

当跑道最后进近航道位于水域上方而使航空器进近受潮水涨落或雨季、旱季影响时，有必要在平面图上用实线绘制水域边界线。NAIP 航图在水域边界线旁标注“海岸线”，AIP 航图在水域边界线旁标注“Shoreline”，如图 3.14 所示。

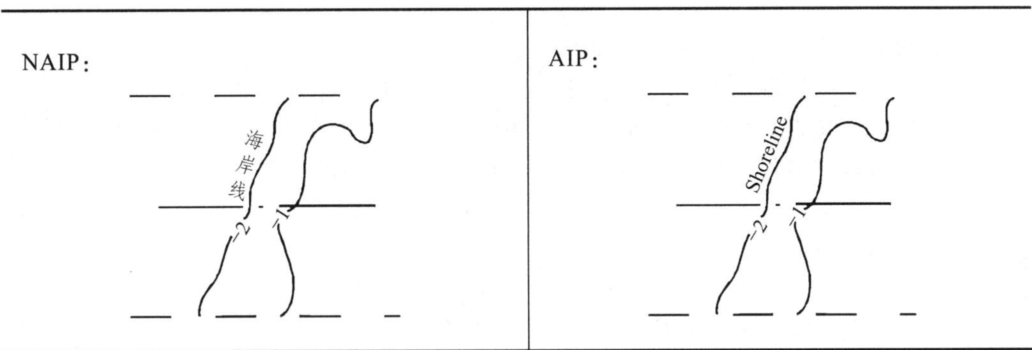

图 3.14　水域标注

步骤 4：剖面图绘制。

（1）剖面图的范围。

剖面图绘制的长度与平面图一致。跑道中心延长线的剖面图用粗 0.3 mm 实线绘出直到 900 m，如需要可到 2 000 m。

（2）水平标尺及垂直标尺。

① 水平标尺：对应于平面图起止位置，绘制一条水平线，长度与平面图一致。当水平比例尺为 1∶2 500 时，沿水平线以 25 m 为间隔绘制垂直线，以 100 m 为间隔注记距跑道入口长度。当水平比例尺为 1∶5 000 时，以 100 m 为间隔绘制垂直线，以 100 m 为间隔注记距跑道入口长度。垂直线的长度应与垂直标尺的最大刻度值一致。

② 垂直标尺：在水平标尺的首末垂直线上，以 1 m 间隔绘制短刻度线，以 2 m 间隔绘制长刻度线并注记高度数值。垂直标尺最大注记值应大于 RDH，最小注记值应小于制图范围内等高线的最小值。

注：网格垂直坐标的“0”点为跑道入口标高，水平坐标的“0”点为跑道入口，如果存在跑道入口内移，将会影响水平坐标“0”点位置。

剖面坐标网格如图 3.15 所示。

NAIP/AIP：

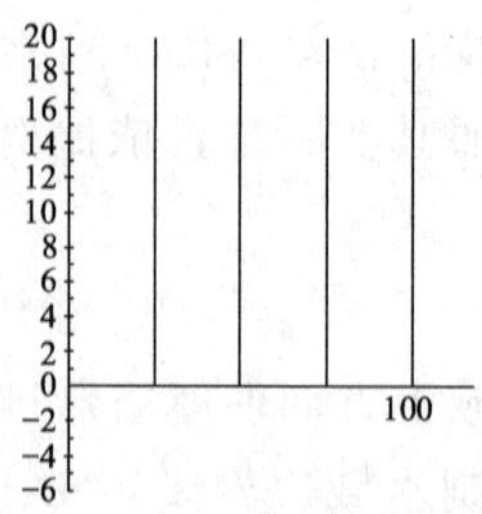

图 3.15　剖面坐标网络

（3）跑道中线延长线剖面线和地形、地物剖面。

在制图范围内绘制跑道中线延长线剖面线。首先确定平面图上跑道中线延长线与等高线的交点，该点垂直投影到剖面图范围内，其对应的垂直标尺的高度值应与等高线值一致。将这些点用平滑实线连起来，就是跑道中线延长线剖面线。

对应于平面图上高差大于或等于 3 m 的地形，应采用短虚线绘制其剖面线。用虚线绘制的剖面线可在空中中止。

对应于平面图上绘制的地物（进近灯光系统除外），应采用短虚线绘制其剖面线。用虚线绘制的剖面线可在空中中止。如图 3.16 所示。

NAIP/AIP：

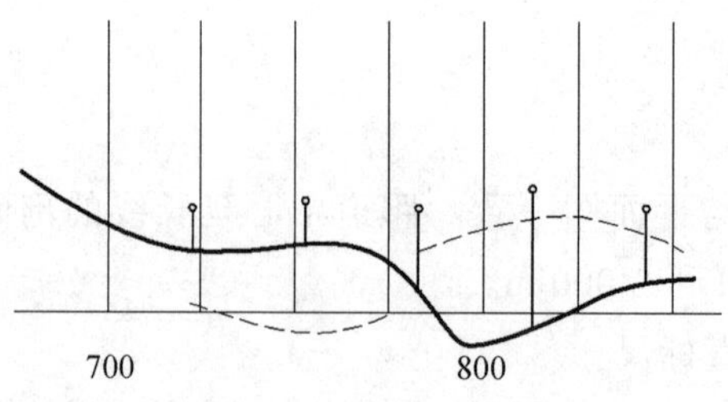

图 3.16　跑道中线延长线剖面线和地形、地物剖面线绘制

（4）进近灯光。

高出跑道入口 3 m 的进近灯光，应用符号注明，如图 3.17 所示。

NAIP/AIP：

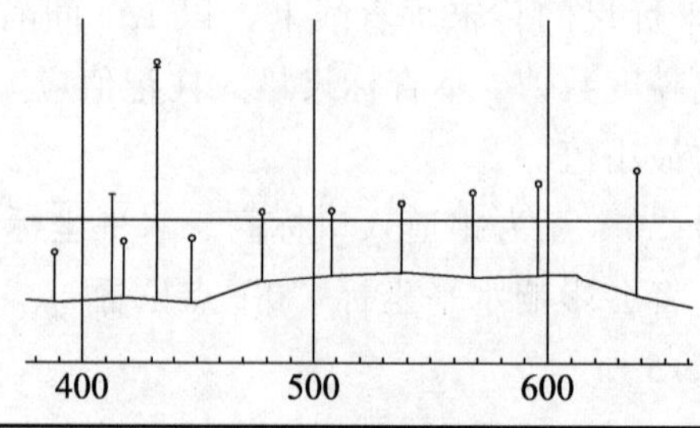

图 3.17　进近灯光标注

（5）活动障碍物。

活动障碍物用短虚线在剖面图上绘出，并应将活动障碍物整个活动范围绘在剖面图上。在 NAIP 航图上标注“活动障碍物”，在 AIP 航图上标注“Mobile obstacle”。用虚线绘制的剖面线可在空中中止。如图 3.18 所示。

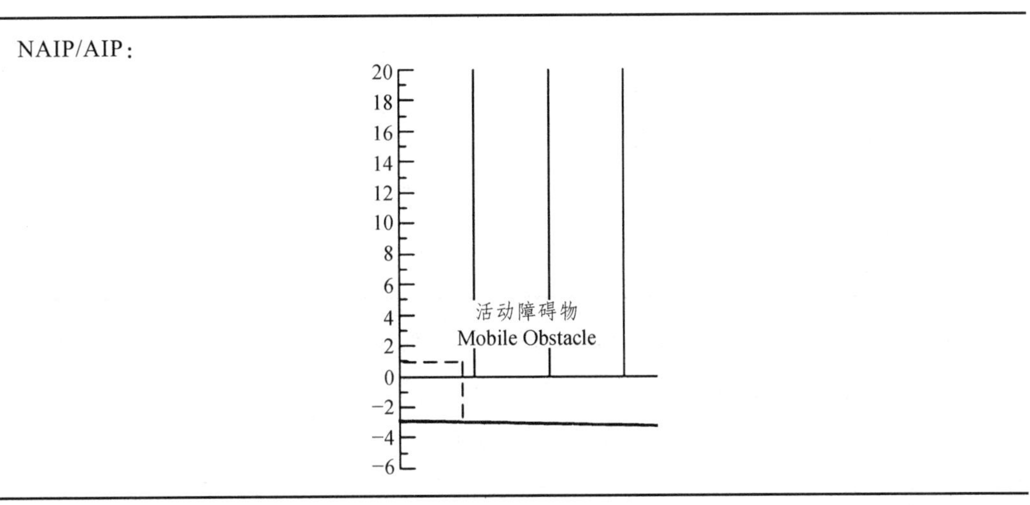

图 3.18　活动障碍物标注

（6）水域。

当跑道最后进近航道位于水域上方而使航空器进近受潮水涨落或雨季、旱季影响时，有必要绘制该水域。在剖面图上用实线绘制最高水位、用虚线绘制最低水位，在 NAIP 航图上标注“注意水位涨落、高水位、低水位”，在 AIP 航图上标注“WARNING Tidal Variations、High water、Low water”，以便在水位涨落的范围内考虑误差的影响，如图 3.19 所示。

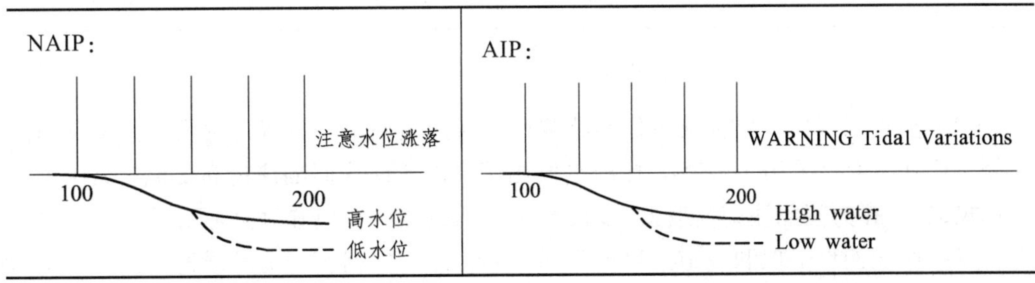

图 3.19　水域标注

（7）标称下滑道。

在跑道入口一侧的垂直标尺上标绘标称下滑道，用虚线表示 ILS 基准高及标称下滑道，虚线的倾斜角度为下滑角度，精确至 0.1°。在 NAIP 航图上标注“标称下滑道 下滑角度”，在 AIP 航图上标注“Nominal glide path 下滑角度”。如图 3.20 所示。

NAIP/AIP：

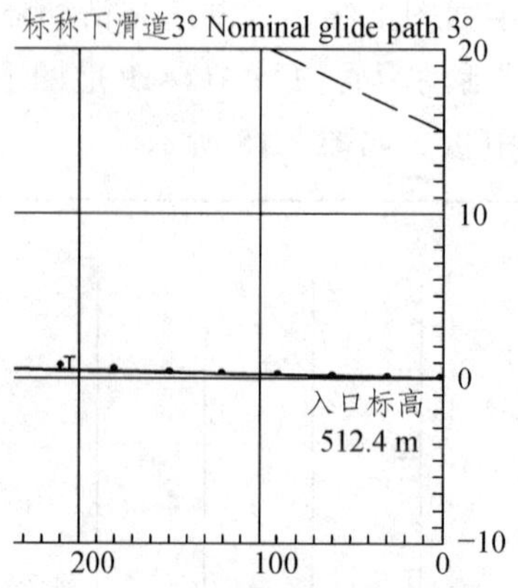

图 3.20　标称下滑道标注

步骤 5：绘制比例尺和垂直参考基准。

应分别绘制水平比例尺与垂直比例尺以及垂直参考基准。

（1）水平比例尺：以标准单位与英制单位对照绘制水平直线比例尺，位于图框内下方，一般采用 1∶2 500，当地形剖面从跑道入口向外超过 900 m 时，可采用 1∶5 000。水平比例尺如图 3.21 所示。

NAIP/AIP：

图 3.21　水平比例尺标注

（2）垂直比例尺：以标准单位和英制单位对照绘制垂直直线比例尺，位于剖面图左侧，垂直比例尺采用 1∶500。标准单位比例尺以 5 m 为间隔注记高度值，英制单位比例尺以 25 ft 为间隔注记高度值。线段比例尺的零点位置应和垂直标尺的零点位置对齐，且线段比例尺一般和跑道入口位于同一侧，也可根据实际情况调整其位置。垂直比例尺如图 3.22 所示。

步骤 6：绘制图例。

图例绘制在图框线以内左下角，以表格方式标示出本图中包括的进近灯、剖面中线、等高线、障碍物的种类和使用的符号，图例按航图图式绘制，并加以文字说明。如图 3.23 所示。

NAIP/AIP：

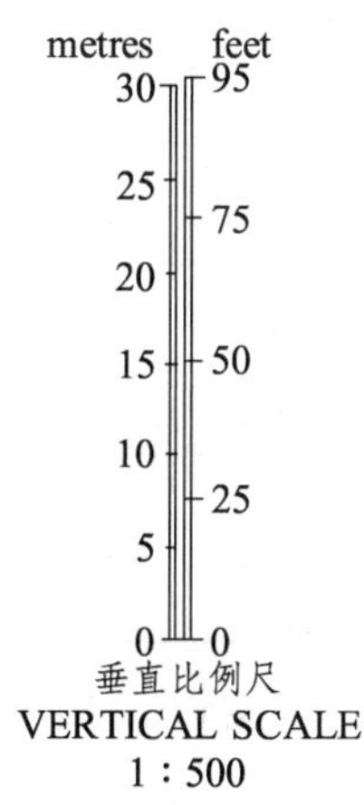

图 3.22　垂直比例尺标注

NAIP/AIP：

图例 LEGEND	
	进近灯 APP Light
	剖面中线 Profile of extended RWY C/L
	水渠 Water Ditch
	涵洞
	电杆、天线 Antenma、Pole
3	等高线 Contour
	树林 Tree
	围界 Boundary

图 3.23　图例绘制

步骤 7：绘制修正记录表、填写修订摘要。

当平面图内的地形和障碍物变化超过 ± 0.6 m 时，应对图进行修订并填写修正记录表。修正记录用于记录精密进近地形图修订情况，包括修正编号、修正日期和修正人。还应当简要概括本次修订的主要内容，填写修订摘要。如图 3.24 所示。

NAIP：

修正记录		
编号	日期	修正人

AIP：

修正记录 AMENDMENT RECORD		
编号 Nr	日期 DATE	修正人 ENTERED BY
修改：新图		

图 3.24　修订记录表标注

注：该航图绘制过程中，航图要素的符号、线型、注记、颜色要求可具体参见《民用航空图编绘规范》（MH/T4019—2012）与《民用航空图编绘图式》（IB-TM-2015-004）

实践练习题

（1）精密进近地形图可提供给使用者哪些信息？

（2）精密进近地形图的制图范围是什么区域？

（3）根据给定资料绘制精密进近地形图原图。

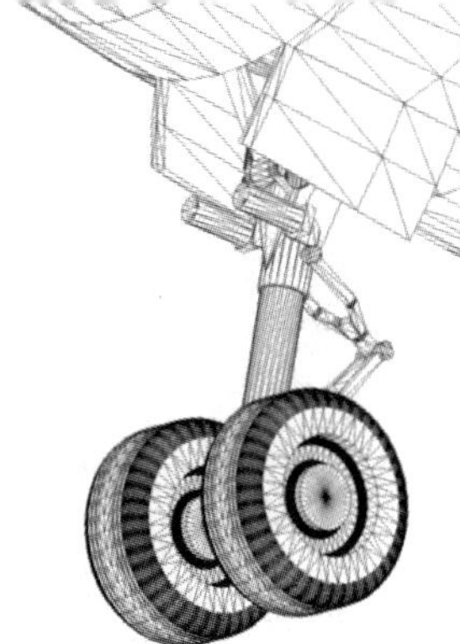

4 机场图/停机位图

机场图/停机位图是向机组提供航空器在地面滑行活动引导的主要航图。其中机场图按比例绘制，提供了跑道系统相关参数以及跑道周边灯光系统、助航设施设备的布局，并在图中以表格形式给出了各种运行条件下机场起飞最低标准。停机位图按比例绘制，提供了跑道与滑行道、停机坪之间的布局关系，以及滑行道、机坪编号。繁忙机场还在图中标注了道面滑行期间容易产生滑行冲突的热点与标准滑行路线指示。

4.1 机场图/停机位图的布局与航图元素

4.1.1 航图布局

机场图布局如图 4.1 所示，分为以下部分：

（1）标题栏部分。该部分标注图图名、场面运行所需通信频率、机场四字码、城市/机场名、机场基准点坐标以及标高等信息。

（2）平面图部分。该部分主要绘制道面系统布局，并标注道面系统（含跑道、滑行道）的主要参数，如跑道长宽、升降带长宽、跑道入口标高等。平面图中将绘制跑道主要灯光系统并标注类型。平面图还将分别标注跑道、滑行道、停机坪区域的道面 PCN 值。平面图空白部分将以线性比例尺方式给出该图的比例尺关系，以及机场特殊注意事项。

（3）机场起飞标准表格。该表格中将按航空器类型、跑道方向、灯光系统等给出不同运行条件下的最低起飞标准。

（4）灯光系统表格。该表格将按跑道方向列出该跑道方向提供的跑道灯光种类。

（5）修订表部分。该部分给出该图修订编号、修订时间、修订人。

（6）图框下边部分。该部分给出图的出版日期、生效日期、出版当局以及航图编号。

停机位图布局如图 4.2 所示，分为以下部分：

（1）标题栏部分。该部分标注图图名、场面运行所需通信频率、机场四字码、城市/机场名。

（2）平面图部分。该部分主要绘制滑行道、停机坪布局，并标滑行道编号，以及各个停机位编号。若机场滑行管制存在扇区划设，也将在该图中绘制出各扇区的边界线。针对滑行道与跑道交接处，易产生滑行冲突的区域将以冲突热点进行标注。停机坪区域的道面 PCN 值以及机场运行需特殊注意事项也标注在平面图中。

（3）修订表部分。该部分给出该图修订编号、修订时间、修订人。

（4）图框下边部分。该部分给出图的出版日期、生效日期、出版当局，以及航图编号。

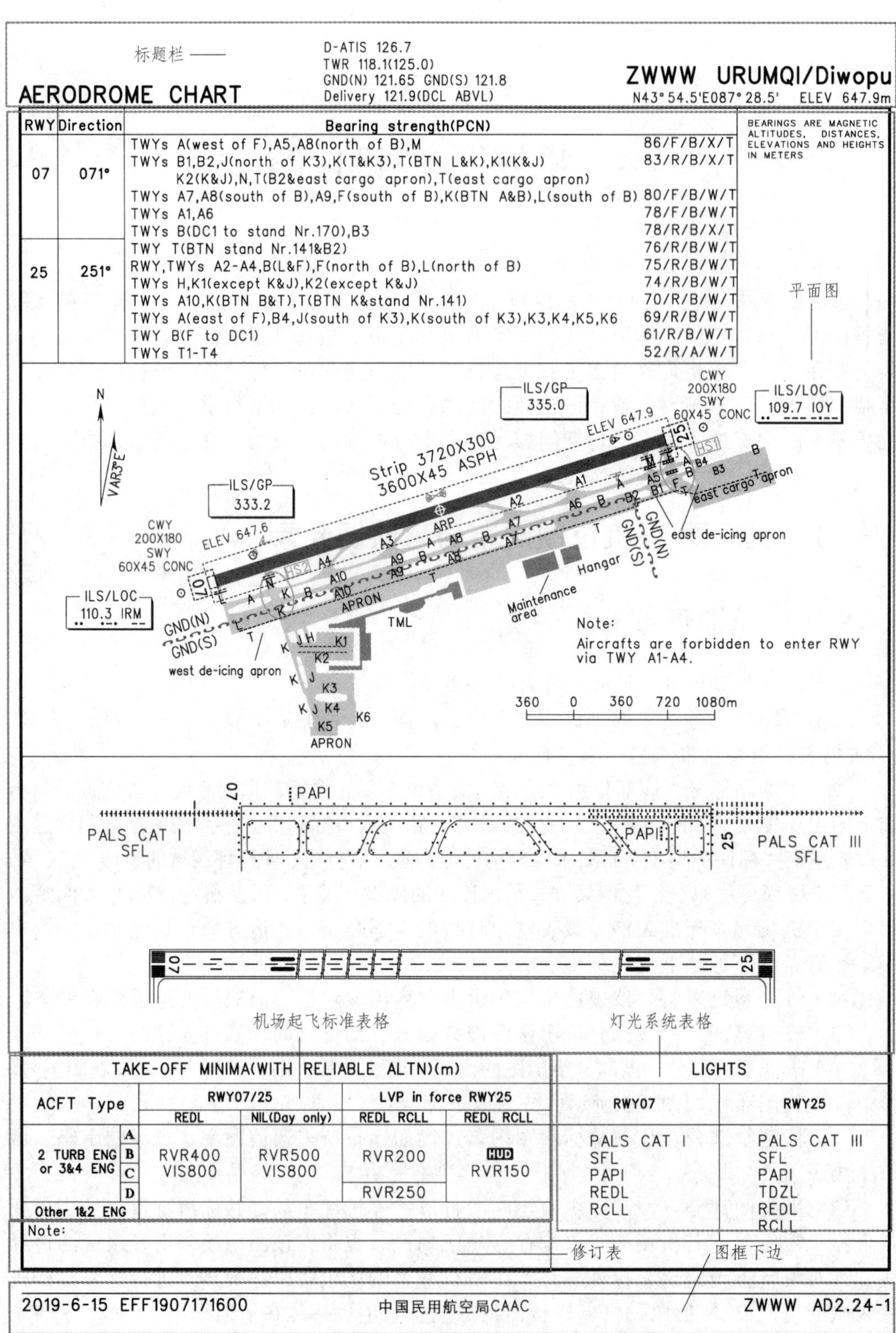

RWY	Direction	Bearing strength(PCN)	
07	071°	TWYs A(west of F),A5,A8(north of B),M	86/F/B/X/T
		TWYs B1,B2,J(north of K3),K(T&K3),T(BTN L&K),K1(K&J) K2(K&J),N,T(B2&east cargo apron),T(east cargo apron)	83/R/B/X/T
		TWYs A7,A8(south of B),A9,F(south of B),K(BTN A&B),L(south of B)	80/F/B/W/T
		TWYs A1,A6	78/F/B/W/T
		TWYs B(DC1 to stand Nr.170),B3	78/R/B/X/T
25	251°	TWY T(BTN stand Nr.141&B2)	76/R/B/W/T
		RWY,TWYs A2-A4,B(L&F),F(north of B),L(north of B)	75/R/B/W/T
		TWYs H,K1(except K&J),K2(except K&J)	74/R/B/W/T
		TWYs A10,K(BTN B&T),T(BTN K&stand Nr.141)	70/R/B/W/T
		TWYs A(east of F),B4,J(south of K3),K(south of K3),K3,K4,K5,K6	69/R/B/W/T
		TWY B(F to DC1)	61/R/B/W/T
		TWYs T1-T4	52/R/A/W/T

TAKE-OFF MINIMA(WITH RELIABLE ALTN)(m)

ACFT Type		RWY07/25 REDL	RWY07/25 NIL(Day only)	LVP in force RWY25 REDL RCLL	LVP in force RWY25 REDL RCLL
2 TURB ENG or 3&4 ENG	A	RVR400 VIS800	RVR500 VIS800	RVR200	HUD RVR150
	B				
	C				
	D			RVR250	
Other 1&2 ENG					

Note:

LIGHTS

RWY07	RWY25
PALS CAT I SFL PAPI REDL RCLL	PALS CAT III SFL PAPI TDZL REDL RCLL

图 4.1　机场图布局

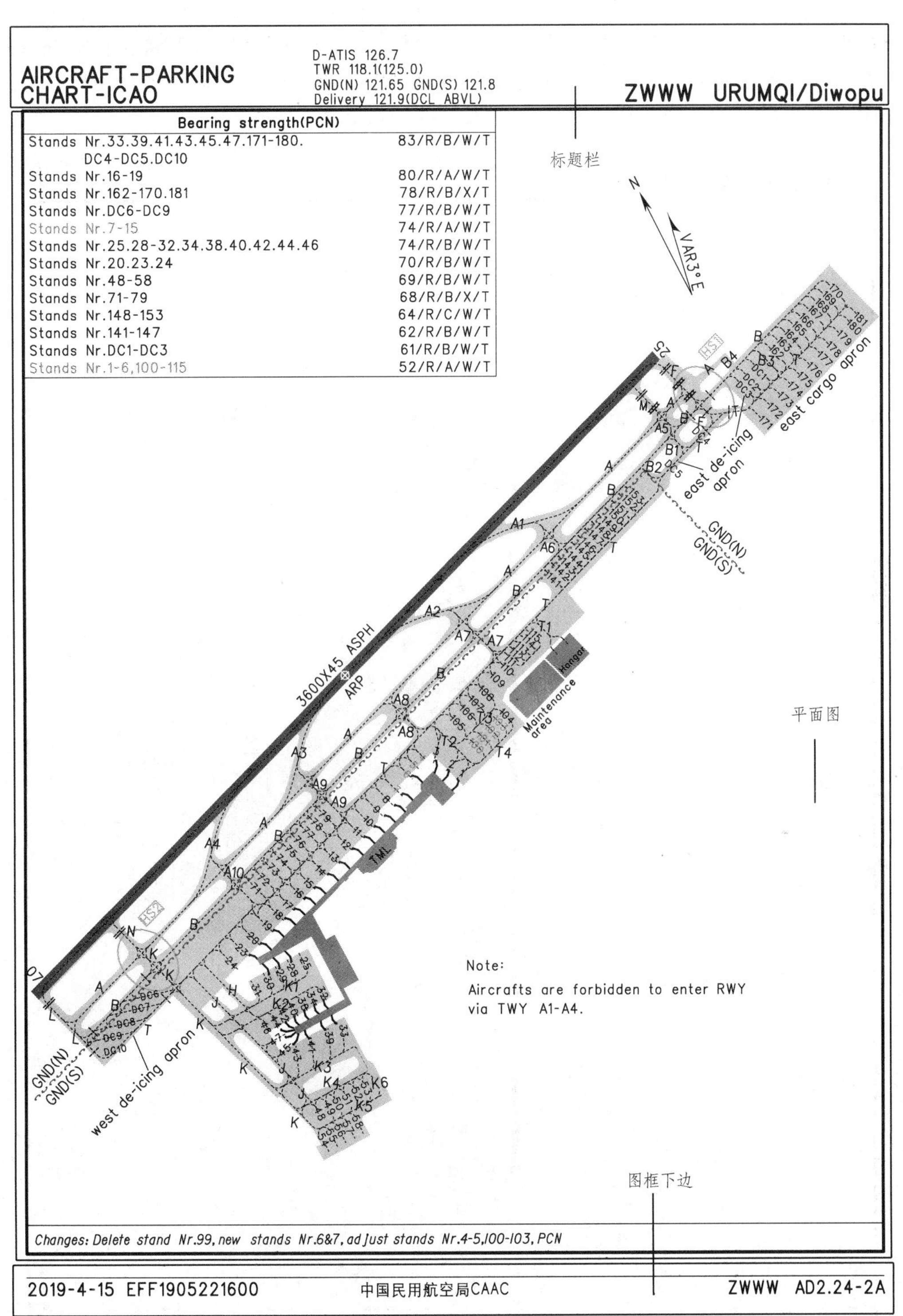
AIRCRAFT-PARKING CHART-ICAO
D-ATIS 126.7
TWR 118.1(125.0)
GND(N) 121.65 GND(S) 121.8
Delivery 121.9(DCL ABVL)
ZWWW URUMQI/Diwopu
标题栏
Bearing strength(PCN)
Stands Nr.33.39.41.43.45.47.171-180. DC4-DC5.DC10 83/R/B/W/T
Stands Nr.16-19 80/R/A/W/T
Stands Nr.162-170.181 78/R/B/X/T
Stands Nr.DC6-DC9 77/R/B/W/T
Stands Nr.7-15 74/R/A/W/T
Stands Nr.25.28-32.34.38.40.42.44.46 74/R/B/W/T
Stands Nr.20.23.24 70/R/B/W/T
Stands Nr.48-58 69/R/B/W/T
Stands Nr.71-79 68/R/B/X/T
Stands Nr.148-153 64/R/C/W/T
Stands Nr.141-147 62/R/B/W/T
Stands Nr.DC1-DC3 61/R/B/W/T
Stands Nr.1-6,100-115 52/R/A/W/T
N
VAR3°E
east cargo apron
east de-icing apron
GND(N)
GND(S)
Hangar
Maintenance area
3600X45 ASPH
ARP
平面图
Note:
Aircrafts are forbidden to enter RWY via TWY A1-A4.
west de-icing apron
图框下边
Changes: Delete stand Nr.99, new stands Nr.6&7, adjust stands Nr.4-5,100-103, PCN
2019-4-15 EFF1905221600
中国民用航空局CAAC
ZWWW AD2.24-2A

图 4.2 停机位图布局

注：目前运行较为繁忙的大机场，为简化地面滑行管制指令，针对常用停机坪至

跑道入口的往返路线设置了标准滑行路线。提供的标准滑行路线说明将在机场细则的“AD2.20 本场飞行规定”中详细描述，并将提供滑行路线图，将标准滑行路线运行的方向，以及贯穿的各滑行道进行说明。滑行路线图如图 4.3 所示。

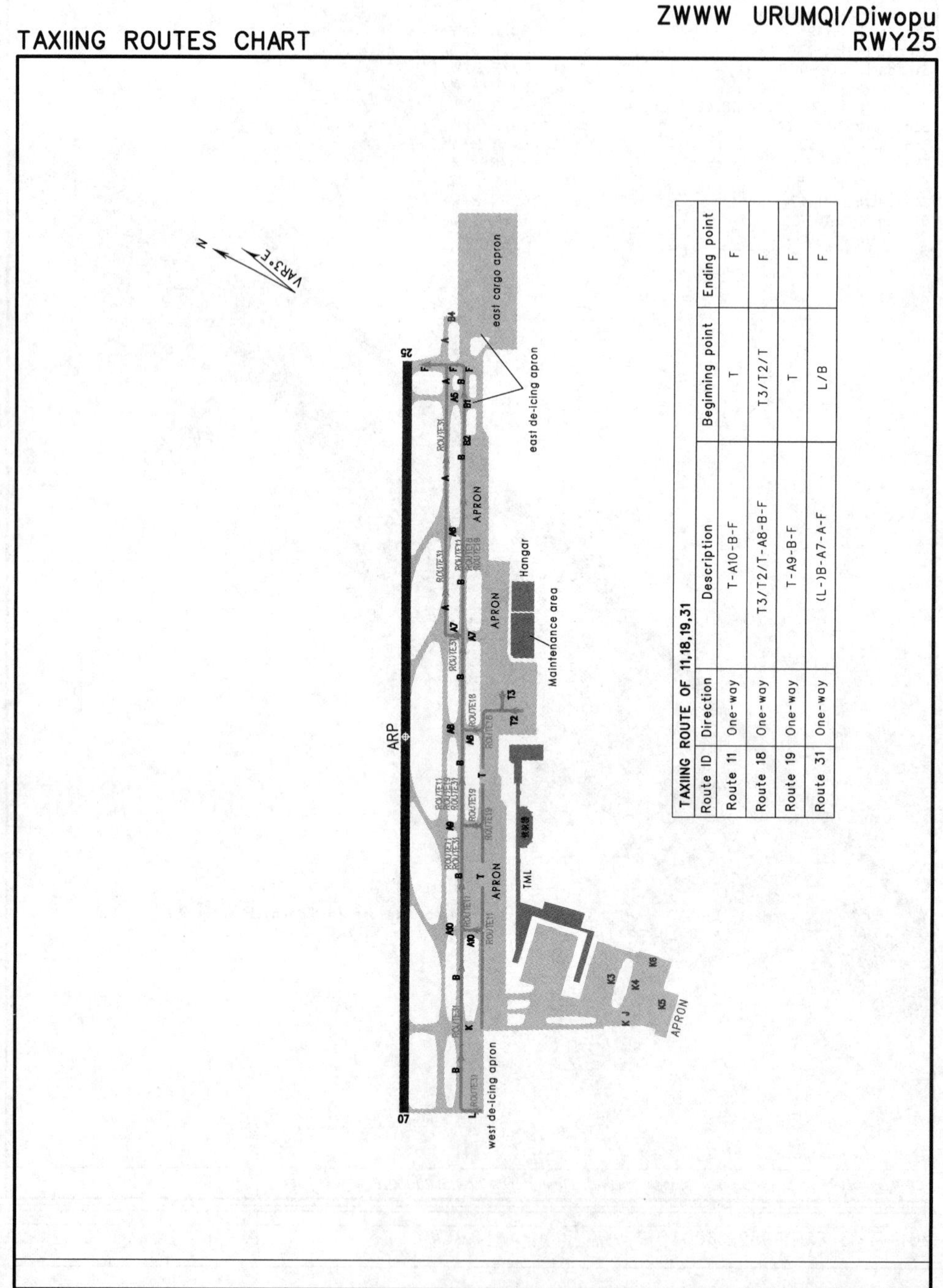

TAXIING ROUTE OF 11,18,19,31

Route ID	Direction	Description	Beginning point	Ending point
Route 11	One-way	T-A10-B-F	T	F
Route 18	One-way	T3/T2/T-A8-B-F	T3/T2/T	F
Route 19	One-way	T-A9-B-F	T	F
Route 31	One-way	(L-)B-A7-A-F	L/B	F

图 4.3 滑行路线图

4.1.2 主要航图要素

（1）机场区域通信资料。机场运行中会涉及多种通信资料的公布，主要集中在机场图/停机位图标题栏部分，公布内容与该机场的管制席位划设有关，常见的通信资料如下。

① 自动终端情报服务（ATIS），也称为机场通波，是以广播形式自动连续播放机场与飞行相关的各类信息，例如可用跑道信息、气象信息等，由管制提供信息并播报。针对交通流量较大机场，还根据进场与离场分别设置进场通波（ARR ATIS）与离场通波（DEP ATIS）。某些机场在甚高频数据链技术支持下可提供数字通波即D-ATIS，通波示例如下：

---

*XX*机场通播K，0100世界协调时。着陆使用跑道36右盲降进近，主起飞跑道36左。跑道湿，刹车效果差。风向280°，风速6 m/s，阵风12 m/s。能见度4 000 m，小雨，密云，云底高900 m。温度23 °C，露点22 °C，场压100.2 kPa，修正海压100.6 kPa。滑行道L关闭。首次与管制员联络时报告您已收到通波K。

---

② 放行席位（Delivery），航空器准备就绪后，将由飞行员通过放行频率向机场申请放行许可。放行席位管制员将根据机场实际情况发布放行许可，许可指令中将包含本次航班的目的机场、可使用跑道、巡航高度、可用离场程序、分配的应答机编码等，放行席位通话示例如下：

C：B3621，汉莎塔台；【通报A有效】可以按计划航路飞往成都，巡航高度8 900（捌仟玖），（预计）TM01D（天门01）离场，起始高度修正海压900（玖佰），修正海压1 011，应答机2 121，离地联系汉莎进近119.1。

---

③ 地面滑行席位（GND），获得放行许可的航空器，将通过地面滑行席位获取推出许可，取得地面管制席位许可后，航空器可推出并申请滑行。滑行席位管制员将根据本场实际情况发布可用滑行路线。飞行员根据发布路线，参照机场图、停机位图滑行至跑道等待位置。地面滑行示例如下：

P：塔台，B3621，请求滑出。

C：B3621经由TT、C1、B1、A1滑到36号等待点等待。

P：经由TT、C1、B1、A1滑到36号跑道外等待，B3621。

---

④ 塔台席位（TWR），根据跑道使用情况，塔台席位管制人员将为到达跑道等待位置的航空器公布起飞许可以及初始爬升高度。塔台席位通话示例如下。

P：请求进跑道，B3621。
C：B3621，进跑道等待。
P：进跑道等待，B3621。
C：B3621，地面风 340、7 m/s，跑道 36，可以起飞。
P：跑道 36，可以起飞，B3621。
C：B3621，联系汉莎进近 119.1，再见。

（2）飞行区（Airfield area）是机场图/停机位图主要展示的航图要素，涵盖供飞机起飞、着陆、滑行和停放使用的场地，包括跑道、升降带、跑道端安全区、滑行道、机坪以及机场周边对障碍物有限制要求的区域。

① 跑道：陆地机场内供飞机起飞和着陆使用的特定长方形场地。图中将标注跑道长宽数据、道面铺筑材料类型以及跑道入口编号与入口标高。

② 升降带：飞行区中跑道和停止道（如设置）中线及其延长线两侧的特定场地，用以减少飞机冲出跑道时遭受损坏的危险，并保障飞机在起飞或者着陆过程中在其上空安全飞行。图中将标注升降带长宽数据。

③ 净空道：经过修正的使飞机可以在其上空初始爬升到规定高度的特定长方形场地或水面。图中将标注净空道长宽数据。

④ 停止道：在可用起飞滑跑距离末端以外供飞机在中断起飞时能在其上停住的特定长方形场地。图中将标注停止道空道长宽数据以及停止道铺筑材料类型。

⑤ 机坪：机场内供飞机上下旅客、装卸货物或邮件、加油、停放或维修使用的特定场地。机场图中以阴影几何图展示机坪在机场中的分布。停机位图中将详细展示机坪的布局与编号，以及机坪坐标。

⑥ 滑行道：在陆地机场设置供飞机滑行并将机场的一部分与其他部分之间连接的规定通道。机场图中以浅灰色几何图展示滑行道在机场中的跑道与滑行道的位置关系。停机位图中将详细展示滑行的布局与编号，包括机坪滑行通道（机坪上仅供进入机位用的滑行道）、机坪滑行道（位于机坪的滑行道，供飞机穿越机坪使用）、快速出口滑行道（以锐角与跑道连接供着陆飞机较快脱离跑道使用的滑行道）。

飞行区要素如图 4.4 所示。

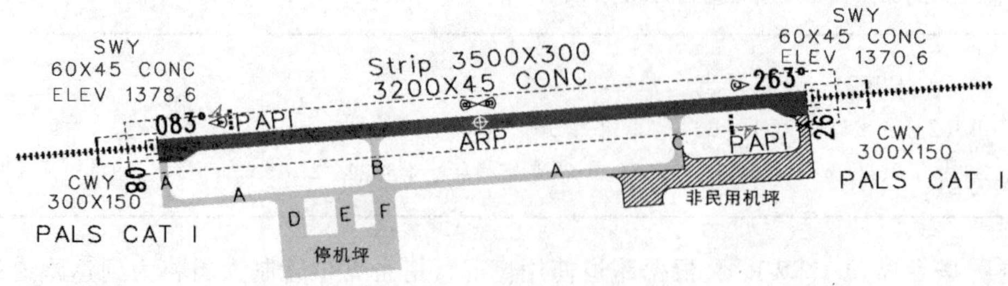

图 4.4　飞行区要素图

停机位图中停机坪与滑行道如图 4.5 所示。

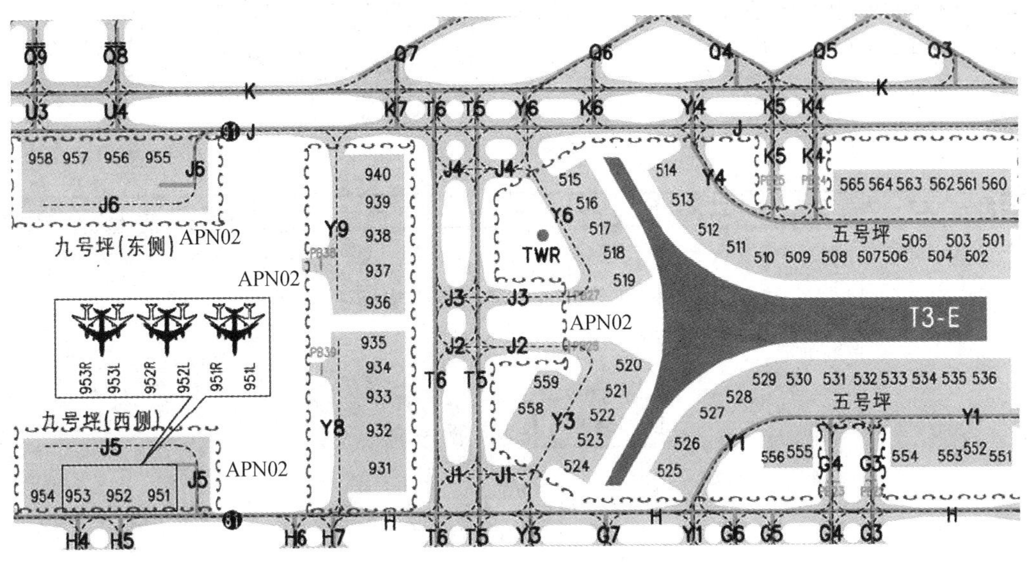

图 4.5　停机坪与滑行道示意图

（3）灯光系统与跑道标志。NAIP 机场图中跑道的进近灯光系统将以不同图标标注在跑道入口前方，并以简缩字标明其类别。同时 NAIP 机场图中将标出滑行道至跑道需建立等待的等待位置标志以及滑行过程中易产生滑行冲突的交叉位置，并以 HS（HOT SPOT）标注。结合机场细则中“AD2.20 本场飞行规定”可详细获取滑行道进入跑道需遵循的要求、可能产生冲突的原因以及规避方法。

NAIP 中进近灯光、道面标志、RVR 设备、风向标如图 4.6 所示。

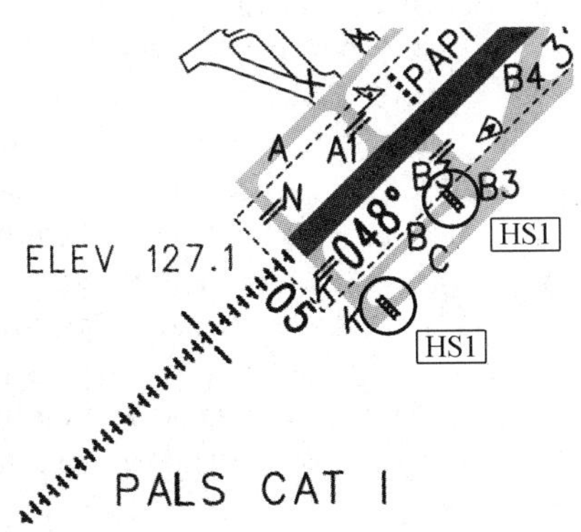

图 4.6　进近灯光、道面标志、RVR 设备、风向标标注

AIP 机场图中将把灯光系统与跑道标志单独列出，如图 4.7 所示。

（4）机场导航台与设施设备。机场安装的导航台以及 RVR 测报仪、风斗/风向标等设施将按布局方位以及导航台类型标注在机场平面图中，AIP 机场图中的导航台、RVR 设备如图 4.8 所示。

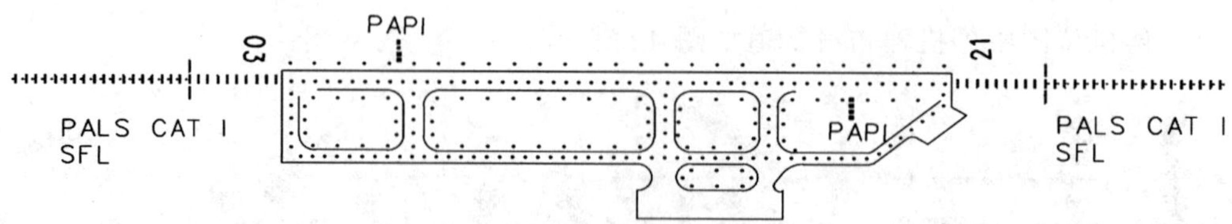

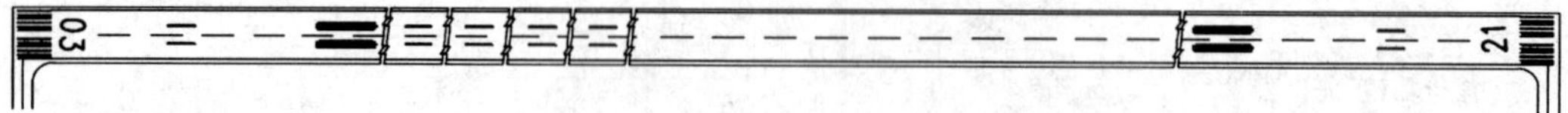

图 4.7　灯光系统和跑道标志标注

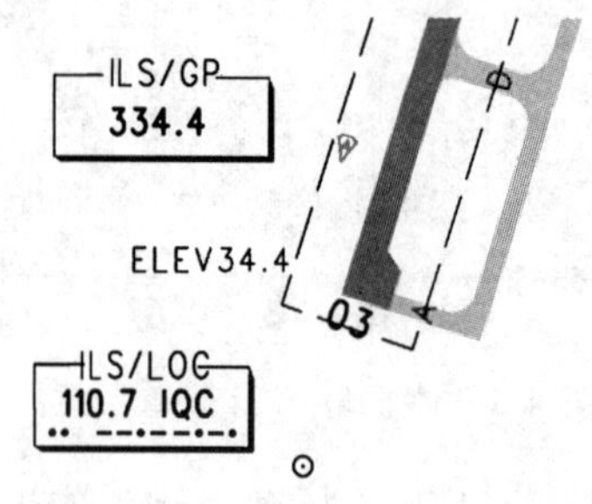

图 4.8　导航台、RVR 设备标注

（5）道面承载强度报告。机场的所有道面区域包括跑道、机坪、滑行道都以 PCN 报告的形式提供该区域道面类型以及不受限制次数使用的承载强度的数字，如图 4.9 所示。

TWY　B6.C3-C8.C10
(均为 D 滑中心线以西).
A(A6 滑以北).
B.B3.B9.C.D.K.P:PCN　87/R/B/W/T
RWY.TWY　A1.N.W:PCN　87/R/B/X/T
TWY　J5:PCN　84/R/B/X/T
TWY　42.Q(A 滑以东).A4.A6:PCN　80/R/B/X/T
TWY　A(A6 滑以南):PCN　76/F/B/W/T
TWY　J6:PCN　75/R/B/W/T
TWY　B4.B8.J7:PCN　73/R/B/W/T
TWY　Q(A 滑以西).J4:PCN　60/R/B/X/T

图 4.9　道面类型以及承载强度显示

（6）机场最低起飞标志。机场图中将以表格形式提供各种情况下机场各起飞跑道方向的起飞标志。根据《民用航空机场最低标志制定与实施指南》，机场起飞标志可分为基本标准、高于基本标准、低于基本标准三种类型。

① 基本起飞最低标准。

a. 一、二发飞机，RVR/VIS 为 1 600 m，且针对一发飞机云底高不低于 100 m。

b. 三、四发飞机，RVR/VIS 为 800 m。

基本起飞最低标准示例，如图 4.10 所示。

<table>
<tr><td colspan="6">起飞最低标准（有起飞备降场）/m</td><td colspan="2">主要灯光</td></tr>
<tr><td colspan="2" rowspan="2">飞机类别</td><td colspan="2">RWY08</td><td colspan="2">RWY26</td><td rowspan="2">RWY08</td><td rowspan="2">RWY26</td></tr>
<tr><td>跑进边灯</td><td>无灯
（仅白天）</td><td>跑道边灯</td><td>无灯
（仅白天）</td></tr>
<tr><td rowspan="4">3 发、4 发及
2 发（涡轮）</td><td>A</td><td colspan="2" rowspan="4">VIS800
（爬升梯度≥7.3%）</td><td colspan="2" rowspan="4">VIS800
（爬升梯度≥4.9%）</td><td rowspan="6">SALS
PAPI
REDL</td><td rowspan="6">PALS CAT I
PAPI
REDL</td></tr>
<tr><td>B</td></tr>
<tr><td>C</td></tr>
<tr><td>D</td></tr>
<tr><td colspan="2">其他 1 发，2 发</td><td colspan="2"></td><td colspan="2"></td></tr>
<tr><td colspan="6">注：无</td></tr>
<tr><td colspan="8">修改：新增 RVR 设备</td></tr>
</table>

图 4.10　基本起飞最低标准示例图

② 高于基本起飞标准。

如果要求目视避开障碍物（包括不公布程序设计梯度 PDG 的近距障碍物）时，起飞最低标准应当包括 RVR/VIS 和云底高。制定方法：要求看清和避开障碍物所需要的能见度，按起飞跑道的离地端（DER）至障碍物的最短距离加 500 m，或 5 000 m（对于机场标高超过 3 000 m 的机场，为 8 000 m），两者取较小数值。云底高至少应当高出控制障碍物 60 m。云底高数值按 10 m 向上取整。

高于基本起飞标准示例，如图 4.11 所示。

<table>
<tr><td rowspan="2">跑道</td><td rowspan="2">飞机类别</td><td rowspan="2">起飞最低标准（有备降）/m</td><td colspan="2">主要灯光</td></tr>
<tr><td>RWY05</td><td>RWY23</td></tr>
<tr><td>05</td><td></td><td>云底高 650，VIS5000</td><td rowspan="2">PAPI
REDL</td><td rowspan="2">PALS CAT I
PAPI
REDL</td></tr>
<tr><td>23</td><td></td><td>VIS1600</td></tr>
<tr><td colspan="5">修改：撤除 RWY05 SALS</td></tr>
</table>

图 4.11　高于基本起飞标准示例图

③ 低于基本起飞标准。

多发航空器，如果在起飞任何一点关键发动机失效后能停住，或以要求的超障余度继续起飞至高于机场 450 m，则可用起飞标准，具体标准与使用要求如图 4.12 所示。

设　施	RVR/m
无灯（仅昼间）	500①
跑道边灯和中心线	400①②
跑道边灯和中线灯	200/250②③⑤
跑道边灯和中线灯以及多个 RVR 信息	150/200②③④⑤

图 4.12　具体可用起飞标准与使用要求

注：① 接地区的 RVR 为控制 RVR，该值也可由驾驶员目测估算。

② 对于夜间运行，还要求有跑道末端灯。

③ D 类飞机采用较高值。

④ 要求如下。

a. A 类飞机必须有接地区的 RVR 报告；

b. B、C 类飞机必须有接地区和中间点两个位置的 RVR 报告；

c. D 类飞机必须有接地区、中间点和停止端三个位置的 RVR 报告，并且所需的 RVR 报告都不小于规定值。

⑤ 使用 LVTO 应当满足条件如下。

a. 机场 LVP 正在实施中；

b. 跑道中线灯（RCLL）间距不大于 15 m。

低于基本起飞标准示例，如图 4.13 所示。

起飞最低标准（有备降）/m					
飞机类别		实施低能见度程序 36R，01		18L/R，36L/R，01/19	
		HIRL RCLL	REDL RCLM	跑道边灯	无灯（白天）
3 发、4 发及 2 发（涡轮）	A、B、C 类	RVR200	RVR250	RVR400	RVR500
	D 类	RVR250	RVR300		
其他 1 发、2 发				VIS1600	

图 4.13　低于基本起飞标准示例图

4.2　机场图/停机位图应用

机场图/停机位图在平面图中提供了机场各区域布局和助航设置的详细信息，结合其他机场资料如机场细则可以获取机场建立的运行种类、运行活动开展需要遵守的各类规则等重要信息。

飞行员通过机场图/停机位图可以获取机场管制各类信息以及从机坪至跑道之间往返所需的所有资料，并通过机场运行最低标准表了解机场不同运行环境下的起飞标准。同时飞行员、管制员通过该图可以了解机场跑道与机坪、滑行道之间的位置关系，以及机动区冲突多发地带热点（HOT SPOT，HS），HS 是飞行员在滑行过程中需要重点注意的，以及等待点（HOLDING POINT，HP），HP 是管制员在调配指挥和防跑道侵入时需要注意的信息。

航空公司运行控制人员如签派、情报等也需要通过机场图/停机位图获取机场设施布局、变更、机场起飞最低标准信息以辅助机组完成运行评估与决策。

如图 4.14 所示为某机场机场图局部，以从机坪至跑道的滑行过程为例说明机场图的使用过程。

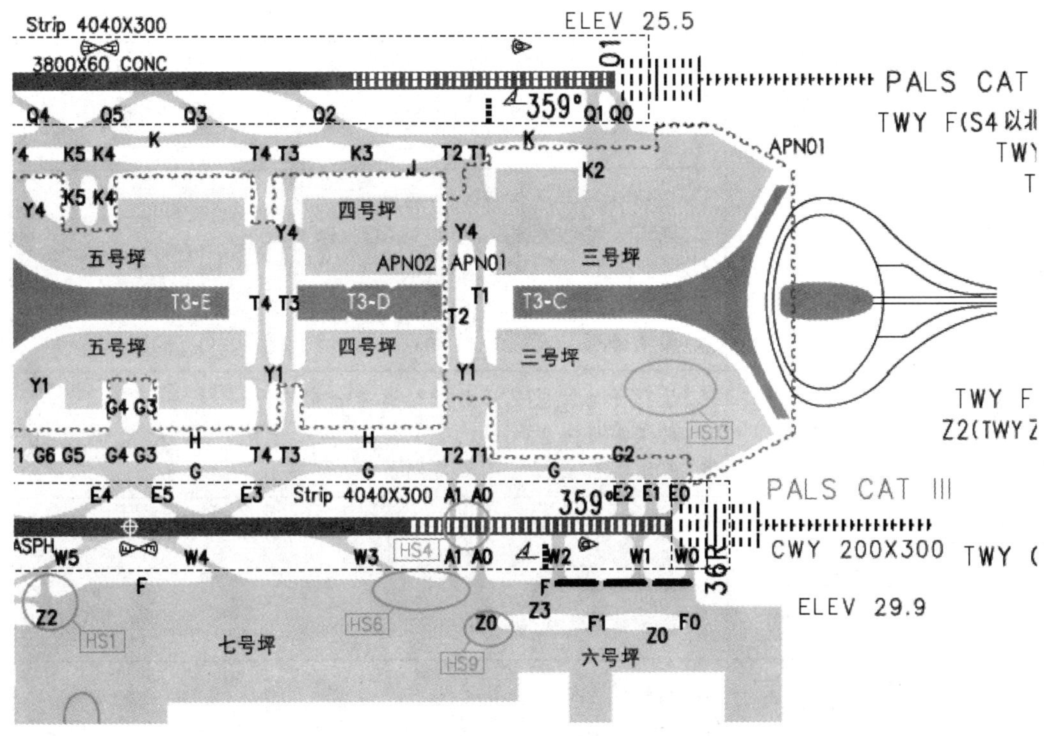

图 4.14　某机场机场图局部

若停机位位于四号机坪，机组接收通波信息获知本场气息条件以及主起飞跑道为 36R。机组通过机场图推测出滑行路线预期为“Y4-T1-G-E0”（具体滑行路线以地面滑行管制指挥为准）。若从地面滑行管制处收到的滑行路线为“Y4-T2-G-E0”。地面机务人员用推车把飞机推出到 Y4 上之后，机组开始自行滑行，经过 Y4 直行，结合道面标志与滑行道侧方标记牌，确认 T2 转入，直行后确认 G 滑入，经过 E0 就到达 36R 跑道外等待。滑行过程需要机组认知机场图，必要时还需参考停机位图，对滑行路线进行规划，同时结合观察与交叉证实确认路线的正确性。随着国内民航机场运输量日益增大，越来越多的大型繁忙机场划设机坪管制单位，传统的地面管制席位通常负责主滑行道上的飞机调配和滑行路线的发布，而航空器的推出开车指令以及在机坪内的滑行路线将由机坪管制员负责。

主要民航岗位对机场图/停机位图的应用阶段与重点关注信息，可详见表 4.1。

表 4.1　机场/停机位图中民航岗位应用阶段与重点关注信息

<table>
<tr><td rowspan="2">航空公司性能人员</td><td>使用阶段</td><td>① 资料周期生效前机场基本信息分析阶段；
② 机场起降性能评估阶段</td></tr>
<tr><td>重点关注信息</td><td>① 跑道信息，如长度变化、跑道入口是否内移、PCN 值变化；
② 磁差、基准点的变化；
③ 起飞标准变化</td></tr>
<tr><td rowspan="2">航空公司情报人员</td><td>使用阶段</td><td>① 资料周期生效前机场基本信息分析阶段；
② 机场类航行通告处理分析；
③ 公司通告制作</td></tr>
<tr><td>重点关注信息</td><td>① 机场标高、通信频率、磁差；
② 跑道长度和宽度，跑道 MAG、PCN 值；
③ 滑行道位置、PCN 等；
④ 停机位位置、PCN 等；
⑤ 起飞标准、灯光信息等</td></tr>
<tr><td rowspan="2">航空公司签派员</td><td>使用阶段</td><td>① 放行评估阶段机场类航行通告分析阶段；
② 起飞标准分析阶段；
③ 航班运行监控与航班协调阶段</td></tr>
<tr><td>重点关注信息</td><td>① 跑道信息；
② 滑行道位置，滑行路线；
③ 机位分布；
④ 起飞标准、灯光信息</td></tr>
<tr><td rowspan="2">航空公司飞行员</td><td>使用阶段</td><td>① 地面准备阶段；
② 滑行阶段；
③ 下降准备阶段</td></tr>
<tr><td>重点关注信息</td><td>① 跑道信息；
② 跑主滑行道与跑道的关系、ILS 保护区/敏感区、滑行道热点；
③ 着陆后脱离方向、减跑道起飞的可用滑跑距离；
④ 机坪滑行路线、停机位位置；
⑤ 单向滑行道、带有编号的标准滑行路线；
⑥ 起飞天气标准</td></tr>
<tr><td rowspan="2">管制员</td><td>使用阶段</td><td>机场运行环境熟悉阶段</td></tr>
<tr><td>重点关注信息</td><td>① 起飞/着陆跑道信息；
② 跑主滑行道与跑道的关系、ILS 保护区/敏感区、滑行道热点；
③ 机坪滑行路线、停机位位置；
④ 单向滑行道、带有编号的标准滑行路线；
⑤ 起飞天气标准</td></tr>
</table>

4.3 机场图/停机位图编绘

4.3.1 制图基本要求

计量单位：机场图/停机位图上应说明采用的计量单位。一般高或高度应以 m（米）作为计量单位，如需要可增加标注 ft（英尺）作为计量单位，两种计量单位的表示方法应有明显区别。

范围和比例尺：根据排版需要，机场图/停机位图可遵循“固定宽度长度按需调整”的原则，分为标准图幅和非标准图幅。NAIP 机场图的标准图幅尺寸 185 cm × 128 cm，AIP 机场图的标准图幅尺寸 240 cm × 158 cm。

机场图的覆盖范围必须包括机场地面活动区以及进近灯光系统，同时还必须包括起飞最低标准表格。机场图应按比例尺绘制。通常采用 1∶20 000 ~ 1∶50 000 比例尺，在图面的下方标绘线段比例尺。单跑道机场的跑道长度在图中通常为 10 cm，据此计算比例尺。多跑道机场，为了清晰表达航空数据，可根据情况选择比例尺。

坐标系统：采用航空直角坐标系统。

精度：机场图/停机位图中所有航行要素数据精度应符合 MH/T5001 要求，比如机场标高应精确至 1 m、机场基准点坐标应精确至 0.1′ 等。

4.3.2 航图绘制过程

步骤 1：资料收集。

收集飞行程序设计部门送交的机场飞行程序设计报告资料及有关部门提供的无线电导航设备资料、机场平面布局、机场灯光和机场目视助航标志等方面的资料。

步骤 2：制图区域研究。

根据机场平面布局和进近灯光的长度，确定机场图中跑道的位置和方向及制图比例尺。

步骤 3：图框注记绘制。

（1）航图名称。

机场图的 NAIP 的图名为“机场图”；AIP 的图名为“AERODROME CHART”，如图 4.15 所示。

NAIP：机场图	AIP：AERODROME CHART

图 4.15　机场图名称标注

停机位图 NAIP 的图名为“停机位置图”。AIP 的图名为“AIRCRAFT PARKING CHART”，如图 4.16 所示。

NAIP：停机位置图	AIP：AIRCRAFT PARKING CHART

图 4.16　停机位图标注

（2）机场基准点坐标。

在 NAIP 中的表示方式为“N 度°分′秒″”以及“E 度°分′秒″”，精度均为 1″。在 AIP 的表示方式为“N 度°分′”和“E 度°分′”，精度均为 0.1′。示例如图 4.17 所示。

NAIP：	AIP：
N40°04′21″ E116°35′51″	N40°04.4′E116°35.9′

图 4.17　基准点坐标标注

（3）机场标高。

标准单位标高的精度为 1 m，取整方式为四舍五入。英制单位标高的精度为 1 ft，取整方式为四舍五入。NAIP 的表示方式为“机场标高 *XX* m/*XX*′”，AIP 的表示方式为“AD ELEV *XX* m”，如图 4.18 所示。

NAIP：机场标高 35.3/116′	AIP：ELEV 35 m

图 4.18　标高标注

（4）无线电通信频率。

无线电通信频率的排列顺序应依次为 D-ATIS、DELIVERY、TWR、GND、APN 和 OP-CTL。若机场具备数字化放行系统，则 NAIP 在 DELIVERY 频率的备注中标明“有 DCL”。如图 4.19 所示。

NAIP：	AIP：
D-ATIS 127.6(ARR) D-ATIS 128.65(DFP) DELIVERY01 121.6(RWY18L/36R 以西)(有 DCL) DELIVERY02 121.65(RWY18L/36R 以东)(有 DCL)	APN01 122.225 (121.95) APN02 122.65 (121.95) DELIVERY01 121.6 (west of RWY 18L/36R) (DCL AVBL) DELIVERY02 121.65 (east of RAY 18L/36R) (DCL AVBL)

图 4.19　无线电通信频率标注

注：某些机场应管制区域较大，会根据实践情况确定不同的无线电通信频率边界，这种情况中标题栏处的通信频率会备注管制通信频率的适用范围。平面图中将以管制扇区边线形式画出相应的管制范围，如图 4.20 所示。

NAIP：	AIP：
地面管制区 2（南向北） 地面管制区 1（南向北）	GROUND EAST GROUND WEST

图 4.20　管制范围标注

（5）识别名称。

图框右侧上方用中英文标注：机场所在城市或地区名称/机场名称、机场四字代码，如图 4.21 所示。

NAIP：北京/首都	AIP：ZBAA BEIJING/Capital

图 4.21 识别名称标注

（6）图的编号。

机场图中图的编号 NAIP 的表示方式为“机场地名代码-编号”。当需要编绘单张机场图时，编号为 2；当需要编绘多张机场图时，编号应为 2A/2B/2C……AIP 的表示方式为“机场地名代码 AD2.24-编号”。当需要编绘单张机场图时，编号为 1，当需要编绘多张机场图时，编号应为 1A/1B/1C……如图 4.22 所示。

NAIP：ZBAA-2A	AIP：ZBAA AD2.24-1A

图 4.22 机场图的编号标注

停机位图的编号 NAIP 的表示方式为“机场地名代码-编号”。停机位置图应在机场图后进行顺序编号，编号应为 2B/2C/2D……AIP 的表示方式为“机场地名代码 AD2.24-编号”。当需要编绘单张停机位置图时，编号为 2，当需要编绘多张停机位置图时，编号应顺序为 2A/2B/2C……停机位置图一般单独公布，也可与机场图合并公布。如图 4.23 所示。

NAIP：ZBAA-2B	AIP：ZBAA AD2.24-2A

图 4.23 停机位图的编号标注

（7）有效日期与出版日期。

图框下方左侧标注本图的生效日期与出版日期，如图 4.24 所示。

NAIP： EFF2019-3-28 2019-2-15	AIP： 2019-2-15 EFF1903271600

图 4.24 生效日期与出版日期标注

（8）出版单位。

在图框下方中间绘制出版单位。我国航图出版单位为中国民用航空局 CAAC，如图 4.25 所示。

NAIP/AIP： 中国民用航空局 CAAC

图 4.25 出版单位标注

步骤 4：平面图绘制。

（1）计量单位。

NAIP 的表示方式为“标高和跑道长宽为 m，方位为磁方位”。AIP 的表示方式为“BEARINGS ARE MAGNETIC ALTITUDES，DISTANCES，ELEVATIONS AND HEIGHTS IN METERS”。如图 4.26 所示。

NAIP：标高和跑道长宽为 m，方位为磁方位	AIP：BEARINGS ARE MAGNETIC ALTITUDES, DISTANCES, ELEVATIONS AND HEIGHTS IN METERS

图 4.26　计量单位标注

（2）比例尺。

机场图/停机位图以线性比例尺标示图中元素与现实尺寸的比例关系，比例尺应足够大到能覆盖机场图的所有要素（见图 4.27）。比例尺的单位长度应设定为 1 cm。

NAIP/AIP：

图 4.27　比例尺标注

（3）指北和磁差。

平面图中以指北标示当前图幅的真北朝向，以“VAR 磁差”标示机场所处区域的磁差，磁差的精度为 1°，取整方式为四舍五入，不需要公布磁差年变率，如图 4.28 所示。

NAIP/AIP：

图 4.28　指北和磁差标注

（4）备注信息。

平面图中会在空白位置，对该图中必要解释或者说明的内容进行标注。NAIP 的表示方式为“备注：*XX*”。AIP 的表示方式为“Note：*XX*”。

NAIP：	AIP：
备注： 1. 航空器不得通过快速脱离道进入跑道 2. ▪▪▪▪▪敏感区域，未经 ATC 许可任何航空器不得入内	Note: 1. ACFT are forbidden to enter in to RWY via rapid exit taxiway. 2. ▪▪▪▪▪Sensitive areo for navigation signal. A/C forbidden to enter without ATC clearance.

图 4.29　备注信息标注

（5）跑道系统（见图 4.30）。

① 跑道长度和宽度均应以比例尺绘出，用粗实线表示。应注记跑道尺寸、编号、道面性质（水泥 CONC 或沥青 ASPH）、跑道入口标高。如果跑道基准点（ARP）位于跑道上或位于升降带以内，则还应在图上绘出 ARP 的位置并注记。

② 若跑道端设置停止道、净空道，应在跑道两端标注。停止道表示方式为“SWY 长度 × 宽度道面类型”，停止道长度和宽度的精度为 1 m。道面类型为水泥或沥青，分别用 CONC 或 ASPH 表示；净空道表示方式为“CWY 长度 × 宽度”，净空道长度和宽度的精度为 1 m。

③ 升降带用细短虚线绘出，表示方式为“Strip 长度×宽度”，升降带长度和宽度的精度为 1 m。

NAIP：

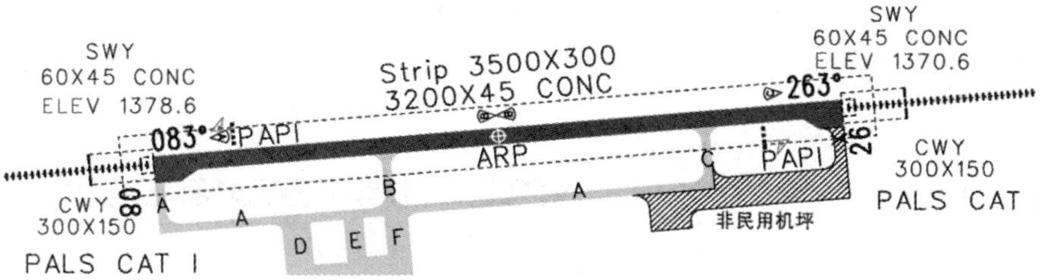

AIP：

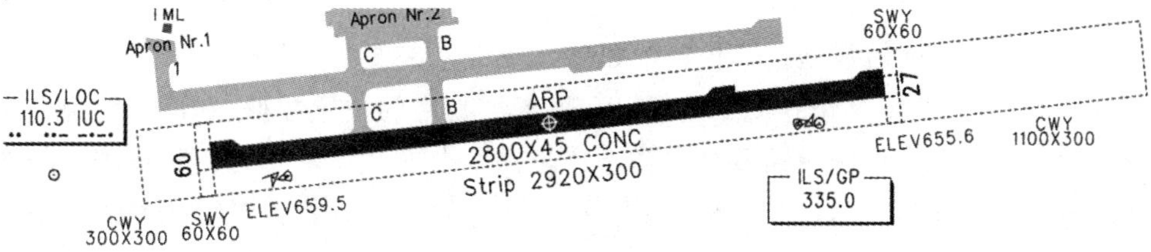

图 4.30　跑道系统标注

注：如果跑道存在内移入口标高，NAIP 中的表示方式为“DTHR ELEV *XX* m/*XX*′”。AIP 中的表示方式为“DTHR ELEV *XX* m”。

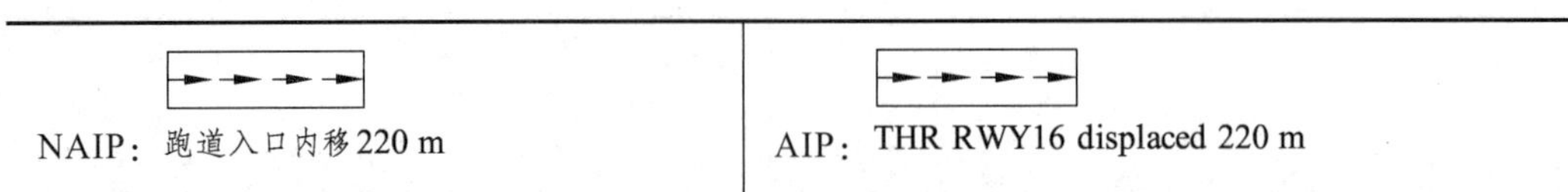

NAIP：跑道入口内移220 m
AIP：THR RWY16 displaced 220 m

图 4.31　存在内移入口标高跑道的表示方式

（6）灯光系统。

机场图平面图中将以图形和文字两种形式公布机场灯光系统。图形部分应按照比例尺在跑道的对应处标绘，不需注明灯光名称。文字部分应在主要灯光表格中公布，并依照所属跑道标注。

灯光系统示例，如图 4.32 所示。

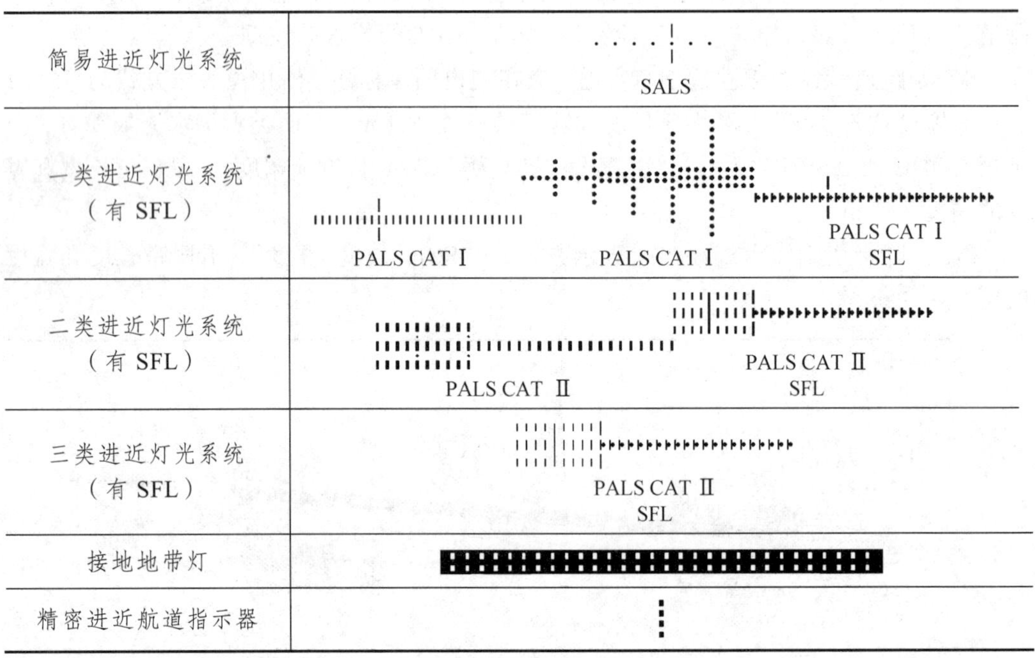

图 4.32　灯光系统示例

（7）无线电助航设施、其他助航设施（见图 4.33）。

① 无线电助航设施应按照比例尺和机场细则中的位置数据，在所属跑道的对应处标绘，无线电助航设施只需要公布类型，不需要公布频率和呼号。机场图中公布的导航设备主要包括航向信标和下滑信标。航向信标的表示方式为“ILS/LOC”，下滑信标的表示方式为“ILS/GP”。

② 跑道视程设备 RVR，应按照比例尺和机场细则中的位置数据，在所属跑道的对应处标绘。RVR 设备应进行编号，编号方式采用英文字母顺序排列。

③ 风向标/灯光，应按照比例尺和机场细则中的位置数据，在所属跑道的对应处标绘。风向标/灯光不需要进行编号。

NAIP：

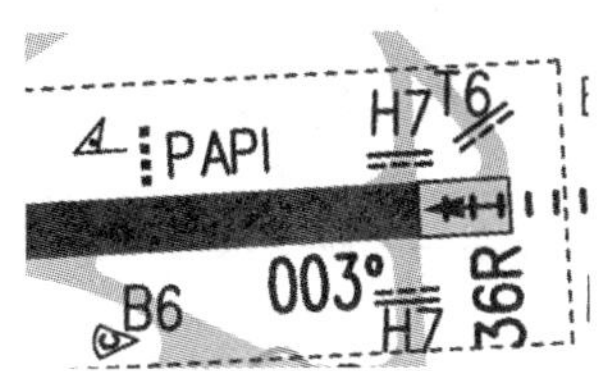

AIP：

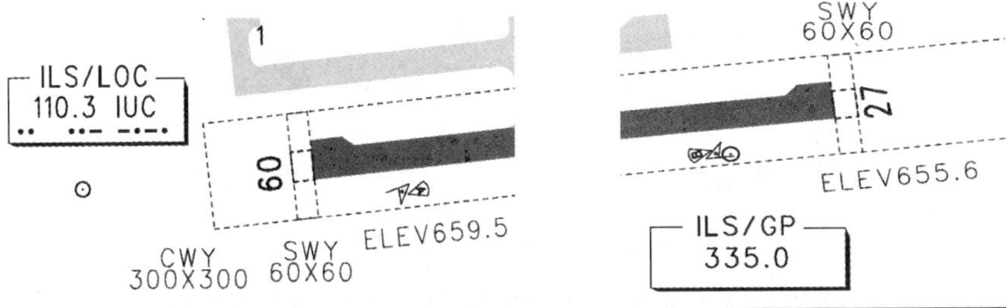

图 4.33　助航设施标注

（8）滑行道系统（见图 4.34）。

① 滑行道应按比例尺进行绘制，滑行道应进行编号，一般用字母或字母和数字的组合来表示。

② 滑行道进入跑道区域，一般设置跑道等待位置有两种类型，分别为 A 型跑道等待位置和 B 型跑道等待位置。

③ 根据机场运行实际情况，机场图和停机位图中会设置机动区冲突多发地带，可设在机场机动区的任何位置。机动区冲突多发地带应进行编号，编号方式一般采用数字、字母或字母和数字组合，表示方式为“HS 编号”。如有必要，可在示例框和备注信息中公布机动区冲突多发地带的相关图示和解释说明。

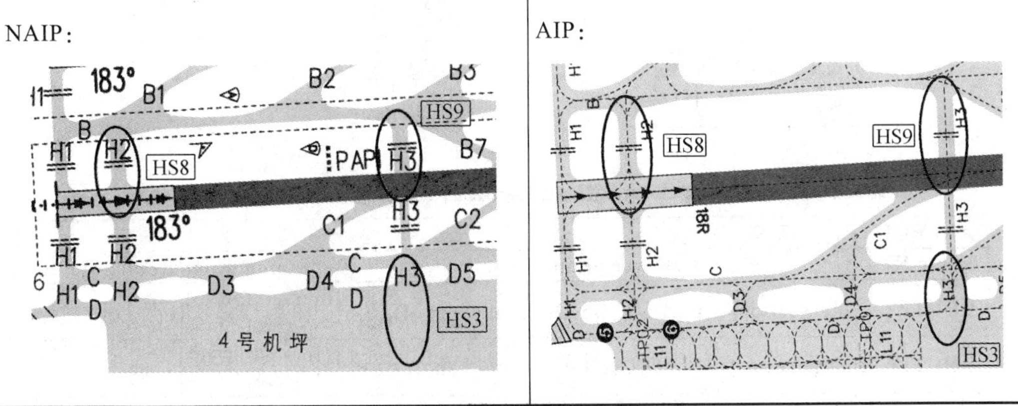

图 4.34　滑行道系统标注

注：若机场设置标准滑行路线，一般在停机位置图中公布。若无停机位置图或停机位置图无法公布全部的标准滑行路线时，应在机场图中公布。如果标准滑行路线过

于复杂，不宜在机场图或停机位置图公布，可考虑单独绘制标准滑行路线图。标准滑行路线应进行编号，编号方式一般采用数字、字母或字母和数字组合，表示方式为“ROUTE 编号”，如图 4.35 所示。

NAIP:

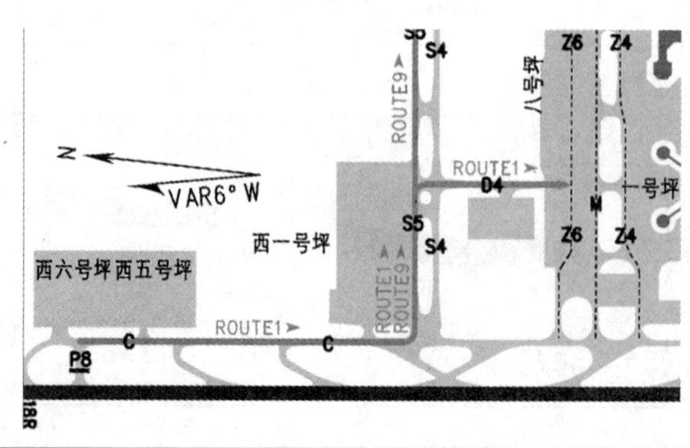

ROUTE1、6、7、9 ←			
编　号	路　径	起　点	终　点
ROUTE1	P8 与 C 交叉点→C→S5→D4→Z6 外等待	P8 与 C 交叉点	Z6
ROUTE6	H6 与 G 交叉点→G→H1→H→S6→外等待	H6 与 G 交叉点	F
ROUTE7	Z3 与 S5 交叉点→Z3→S7→Y7→H2→H→H6 外等待	Z3 与 S5 交叉点	H6
ROUTE9	S5 与 C 交叉点→S5→Z3→S4→F→W7 外等待	S5 与 C 交叉点	W7

AIP:

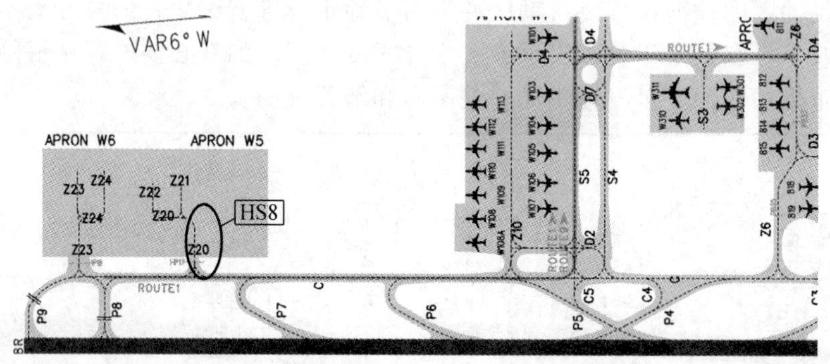

TAXI ROUTE1, 6, 7, 9			
Route ID	Description	Beginning point	Ending point
ROUTE1	Intersection of P8&C-C-S5-D4-hold short of Z6	Intersection of P8&C	Z6
ROUTE6	Intersection of H6&G-G-H1-H-S6-hold short of F	Intersection of H6&G	F
ROUTE7	Intersection of Z3&S5-Z3-S7-Y7-H2-H-hold short of H6	Intersection of Z3&S5	H6
ROUTE9	Intersection of S5&C-S5-Z3-S4-F-hold short of W7	Intersection of S5&C	W7

图 4.35　标准滑行路线编号标注

（9）停机坪（见图 4.36）。

机场图中仅公布停机坪与跑道、滑行道之间的位置关系，详细的停机位信息公布在停机位图中。

① 停机位应进行编号，编号方式一般采用字母、数字或字母和数字的组合。组合机位的编号一般是后缀 L、R 或 A、B。除机坪编号外，NAIP 还将公布停机位坐标，而 AIP 不需要公布停机位坐标。

② 若划设机坪滑行线应按比例尺进行绘制。机坪滑行线应进行编号，一般用字母、数字或字母和数字的组合来表示。

③ 若机坪设置等待点应进行编号并公布，编号方式包括 HP、PB、AH、EOT、EOP 等。不同类型等待点的具体用途可在备注信息中明确。

④ 若设置除冰位置（除冰点）应进行编号，并且相关的运行限制可在备注信息中明确。

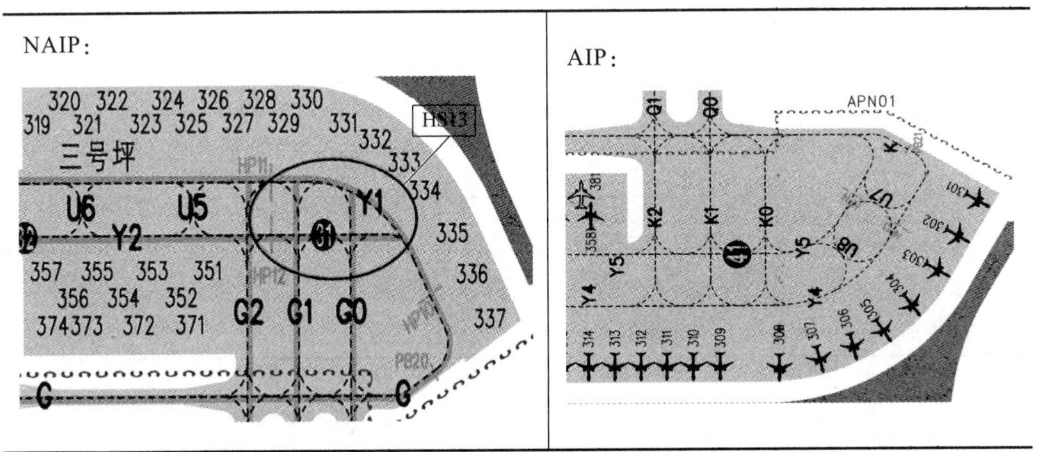

图 4.36　停机坪标注

（10）起飞最低标准表格（见图 4.37）。

起飞最低标准表格可根据跑道编号、航空器类别、跑道灯光、是否实施低能见度程序等因素进行分类表示。其中，航空器类别有两种分类方式，一种是按照航空器速度划分，一种是按照航空器发动机数量划分。起飞最低标准一般采用 RVR/VIS 数值表示，是否公布 RVR 数值与是否设立 RVR 设备有关。如果能够实施低能见度程序，NAIP 和 AIP 都应进行公布。

（11）机场图/停机位图其他元素。

① 候机楼应按比例尺进行绘制。候机楼应进行编号，编号方式一般采用数字、字母或字母和数字组合。NAIP 的表示方式为“候机楼编号候机楼”，AIP 的表示方式为“TML Nr.候机楼编号”，有特殊情况的可以按照需要表示，如图 4.38 所示。

NAIP：

跑道	起飞最低标准（有备降）/m				主要灯光	
	飞机类别		跑道边灯	无灯（白天）	RWY05	RWY23
05/23	3 发、4 发及 2 发（涡轮）	A、B、C 类	RVR400	RVR500	RALS CAT Ⅱ SFL PAPI REDL RCLL	PALS CAT Ⅰ SFL PAPI REDL RCLL
		D 类				
	其他 1 发、2 发		VIS1600			

AIP：

TAKE-OFF MINIMA(WITH RELIABLE ALTN)(m)						
ACFT Type		RWY18R/18L, 36L/36R, 01/19		LVP in force RWY36R,01		
		REDL	NIL(Day only)	REDL RCLL	REDL RCLL HUD	
2 TURB ENG or 3&4 ENG	A	RVR400	RVR500	RVR200	RWY36R RVR150	RWY01 RVR90
	B					
	C					
	D			RVR250		
Other 1&2 ENG		VIS1600				

图 4.37 起飞最低标准标注

NAIP：

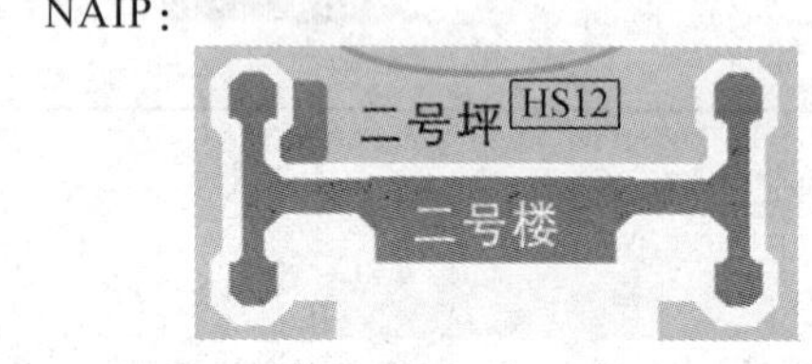

AIP：

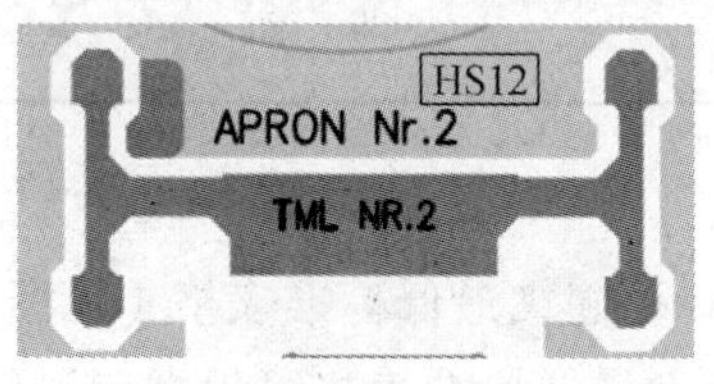

图 4.38 候机楼标注

② 不可用区域与施工区域，根据机场实际运行情况，可设置在机场机动区的任何位置，应按比例尺进行绘制，如图 4.39 所示。

不可用区域：

施工区域：

图 4.39 不可用区域与施工区域标注

注：该航图绘制过程中，航图要素的符号、线型、注记、颜色要求可具体参见《民用航空图编绘规范》（MH/T4019—2012）与《民用航空图编绘图式》（IB-TM-2015-004）。

实践练习题

（1）机场图/停机位图可提供给使用者哪些信息？

（2）机场图中公布的机场起飞标准应如何判读？

（3）如何根据给定资料进行机场图原图绘制？

5 标准仪表进场图

【导 读】

标准仪表进场图是向机组提供资料，使其能够从航路阶段到进近阶段遵照指定的标准仪表进场航线飞行。标准仪表进场航线使航空器沿航线飞行，减少雷达引导的需要。基于飞行程序的分类，目前飞行程序分为传统程序和PBN程序，两类程序在航图展示上存在航行要素的差异。从进场图中机组可以获取从航路点至起始进近定位点的航线走向，以及航段距离、航段最低安全飞行高度等重要航行要素。同时进场图中展示执行该进场程序必须具有的导航设备、运行限制等信息，可供航空运行控制人员进行运行评估、以及航程预测。空管人员可以根据进场图了解进场航线布局、高度限制、空域限制等信息，尤其是进场航线交汇处可能存在管制冲突的位置。

5.1 标准仪表进场图布局与航图元素

5.1.1 航图布局

标准仪表进场图如图 5.1 所示，分为以下部分：

（1）标题栏部分。该部分包括标题信息与图片标注信息，包含了图中采用的图名、磁差、通信频率、城市/机场名、跑道号、图的出版与生效日期、图的出版单位、航图编号。

（2）平面图部分。该部分展示跑道方位、进场航线走向、航线数据、无线电导航设施、定位点、过渡高度/过渡高度层、等待程序、扇区最低安全高度、制图比例尺、限制信息、特殊说明、本期修订等信息。

（3）扇区最低安全高度。该部分应注明扇区中心导航台的识别，并表示出扇区的起始和结束方位，同时标注沿该方位线向台飞行时的磁航向。应注明每一个扇区的最低安全高度。

（4）图框下边部分。该部分给出图的出版日期、生效日期、出版当局以及航图编号。

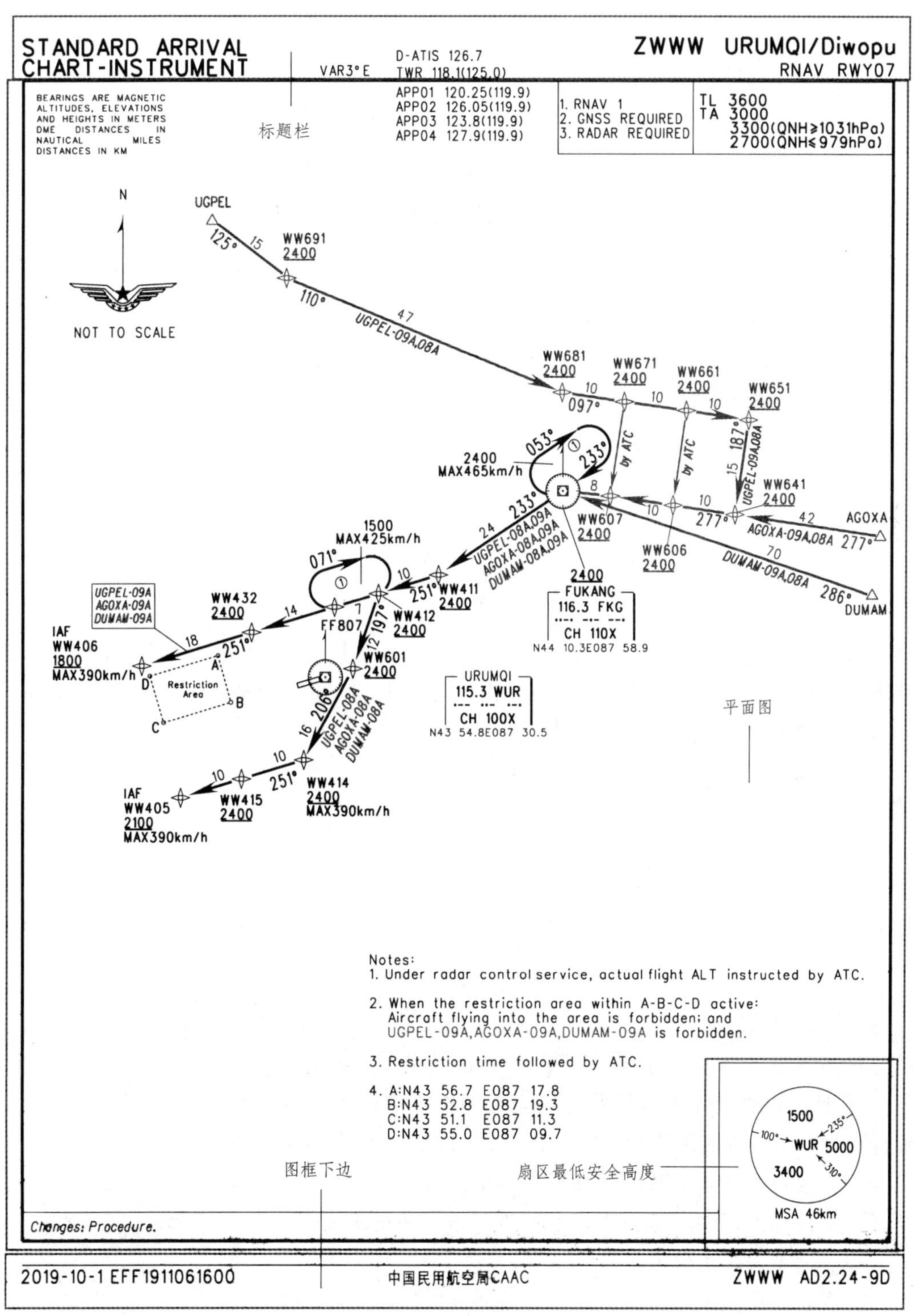
STANDARD ARRIVAL CHART-INSTRUMENT
VAR3°E
D-ATIS 126.7
TWR 118.1(125.0)
APP01 120.25(119.9)
APP02 126.05(119.9)
APP03 123.8(119.9)
APP04 127.9(119.9)
ZWWW URUMQI/Diwopu
RNAV RWY07
BEARINGS ARE MAGNETIC ALTITUDES, ELEVATIONS AND HEIGHTS IN METERS DME DISTANCES IN NAUTICAL MILES DISTANCES IN KM
标题栏
1. RNAV 1
2. GNSS REQUIRED
3. RADAR REQUIRED
TL 3600
TA 3000
3300(QNH≥1031hPa)
2700(QNH≤979hPa)
N
NOT TO SCALE
UGPEL
WW691 2400
UGPEL-09A,08A
WW681 2400
WW671 2400
WW661 2400
WW651 2400
2400 MAX465km/h
by ATC
WW641 2400
AGOXA
AGOXA-09A,08A
WW607 2400
WW606 2400
DUMAM-09A,08A
DUMAM
2400
FUKANG 116.3 FKG CH 110X
N44 10.3E087 58.9
1500 MAX425km/h
UGPEL-08A,09A AGOXA-08A,09A DUMAM-08A,09A
WW411 2400
WW412 2400
FF807
WW432 2400
UGPEL-09A AGOXA-09A DUMAM-09A
IAF WW406 1800 MAX390km/h
Restriction Area
A B C D
WW601 2400
URUMQI 115.3 WUR CH 100X
N43 54.8E087 30.5
平面图
UGPEL-08A AGOXA-08A DUMAM-08A
WW414 2400 MAX390km/h
WW415 2400
IAF WW405 2100 MAX390km/h
Notes:
1. Under radar control service, actual flight ALT instructed by ATC.
2. When the restriction area within A-B-C-D active: Aircraft flying into the area is forbidden; and UGPEL-09A,AGOXA-09A,DUMAM-09A is forbidden.
3. Restriction time followed by ATC.
4. A:N43 56.7 E087 17.8
B:N43 52.8 E087 19.3
C:N43 51.1 E087 11.3
D:N43 55.0 E087 09.7
图框下边
扇区最低安全高度
1500 WUR 5000 3400
MSA 46km
Changes: Procedure.
2019-10-1 EFF1911061600
中国民用航空局CAAC
ZWWW AD2.24-9D

图 5.1　传统进场图布局

5.1.2　主要航图要素

1．上图框信息

图框中包括常规特种航图图框信息，如图名、磁差、通信频率、机场所在地名称、适用跑道等。其中导航类型区分了该进场图采用导航方式的差异，PBN 进场图需在跑道编号前标注“RNAV”，传统导航进场图则不需要，区别如图 5.2 所示。

ZWWW URUMQI/Diwopu RNAV RWY07	ZWWW URUMQI/Diwopu RWY07

图 5.2　PBN 与传统导航进场图标注的区别

值得注意的是某些进场程序的执行，需要获得管制许可，这类进场图会在导航类型与跑道编号下标注“By ATC”，如图 5.3 所示。

ZWWW URUMQI/Diwopu
（By ATC）RWY25

图 5.3　获得管制许可标注

进场图标注的通信频率包括，自动终端情报服务频率（ATIS）或数字化自动终端情报服务频率（D-ATIS）、进近管制频率（APP）以及塔台管制频率。根据实际情况进近以及管制还会分设不同扇区如图 5.4 所示。

D-ATIS 126.7
TWR 118.1(125.0)

APP01 120.25(119.9)
APP02 126.05(119.9)
APP03 123.8(119.9)
APP04 127.9(119.9)

图 5.4　不同扇区标注

2．制图比例尺

平面图中应展示进场图的制图比例，标准仪表进场图的覆盖范围应能清楚地表示航路终点至起始进近定位点的各航段情况。我国进场图通常不按比例尺绘制，因此须在图中适当的位置标明“NOT TO SCALE”（不按比例尺），如图 5.5 所示，不按比例标注的正向也指示了该图布局的正北朝向。

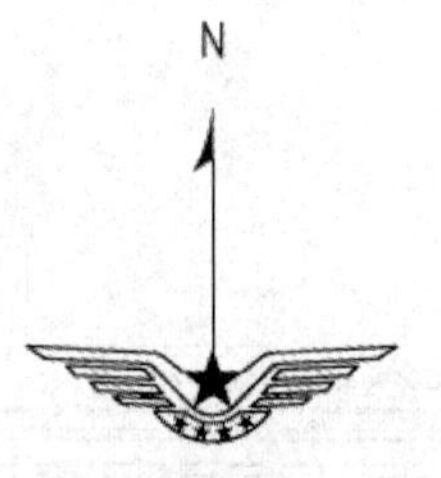

图 5.5　不按比例尺标注

（1）高度表拨正数据。

高度表拨正数据包括气压单位、过渡高度层（TL）、过渡高度（TA）。NAIP 进场图中还包括该区域 QNH 水平区域边界。当航空器进场下降到 TL 时，必须将气压面由 QNE 调为 QNH。在某些机场，根据本场 QNH 的大小分别公布两个或多个不同的 TA 值，以确保过渡夹层厚度基本相同。如图 5.6 所示。

TL 3 600/11 800′
TA 3 000/9 800′
3 300/10 800′(QNH≥1 031 hPa)
2 700/8 900′(QNH≤979 hPa)
使用机场 QNH 区域水平边界：同北京进近管制区。

图 5.6 多个 TA 值标注

（2）扇区最低安全高度。

在仪表进场中，飞行员必须遵守最低扇区高度的规定。最低扇区高度是紧急情况下在规定的扇区可以使用的最低高度，每个已建立仪表进近程序的机场，都必须确定最低扇区高度。扇区最低安全高度的设定是通过本场台或 APR 点划设 46 km 区域，并根据地形条件与预期程序走向划设不同扇区，以该扇区内最高障碍物之上加上余度得到该扇区最低安全高度。因此根据程序类型与机场导航台布局，扇区最低安全高度可能存在如图 5.7 所示几种情况。

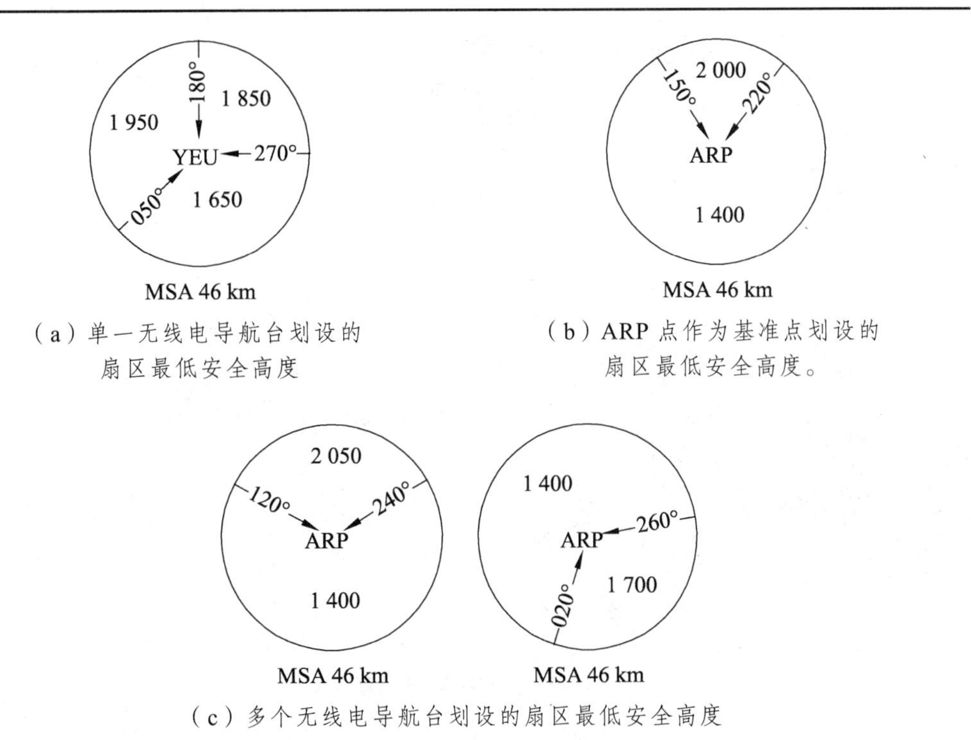

（a）单一无线电导航台划设的扇区最低安全高度

（b）ARP 点作为基准点划设的扇区最低安全高度。

（c）多个无线电导航台划设的扇区最低安全高度

图 5.7 扇区最低安全高度设定

（3）航线。

每一条标准仪表进场航线从航路上的航路点延伸至起始进近定位点（IAF），航线中包括航线代号、确定航线的重要点、沿航线每一航段的航迹或径向方位最近似的度数、重要点中间的距离（精确至最近似的 km 数或 NM 数）、沿航线或航段并按照程序要求的高度飞行的最低超障高度等。传统进场航线如图 5.8 所示，RNAV 进场航线如图 5.9 所示。

① 进场航线代号有两种表示方法，一种是英文字母 A 后加数字编号，如 A-01；另一种是用进场使用的导航台呼号或是报告点名称加上数字编号及英文字母 A，如 SAKPU-11D。PBN 进场代号使用的字母目前暂时没有统一的规定。

② 重要点，通常由传统导航使用无线电导航系统确定，其方法分为交叉定位、飞越电台上空定位以及雷达定位。PBN 导航采用 GPS 定位，在航图中以四角星（航路点）的形式表示。

③ 航向，为传统进场提供航向，对于 PBN 进场起到检查目的。

④ 航段距离，就是各航路点之间以 km 数标注了航段里程。

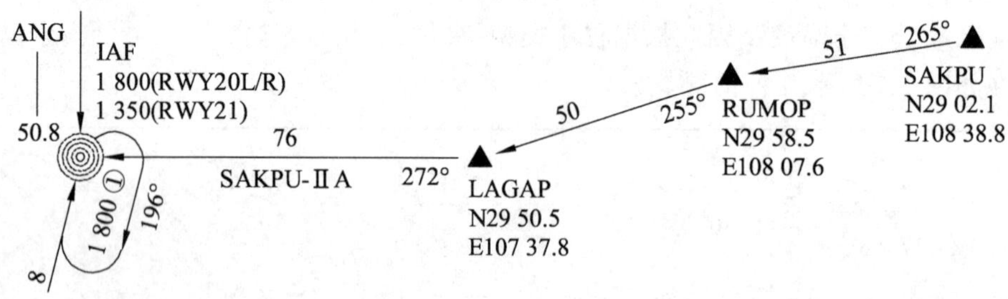

图 5.8　传统进场航线

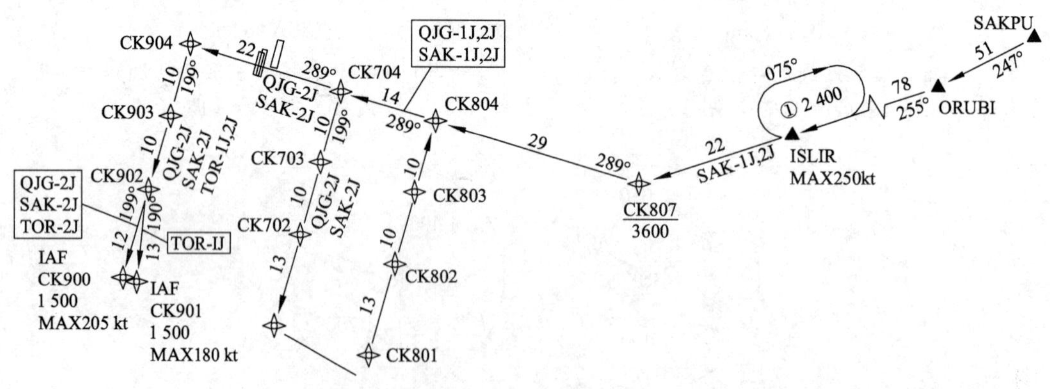

图 5.9　RNAV 进场航线

⑤ 高度限制。航路点尤其是 RNAV 航线的航路点通常标注高度限制，各类高度限制符号含义如图 5.10 所示。

$\overline{17\ 000}$ $\underline{10\ 000}$	$\underline{7\ 000}$	$\overline{7\ 000}$	$\overline{\underline{3\ 000}}$	5 000	除5 000
17 000 m以下 10 000 m以上	7 000 m以上	7 000 m以下	3 000 m	建议5 000 m	除5 000 m以外高度

图 5.10　高度限制标注

⑥ 等待程序。等待程序是指航空器为等待进一步放行而保持在一个规定空域内的预定的机动飞行。一般设置在进场航段的末端或进场航线上的某一点。其中右航线为标准等待程序，左航线为非标准等待程序。等待程序实施需要注意等待定位点、出入航航向、等待最低高度以及出航时间、等待程序执行速度限制等要素。值得注意的是某些等待程序入航时机提示还会以定位点提示。某些等待程序执行需根据管制指挥进行，该类等待程序会标注“By ATC”如图 5.11 所示。

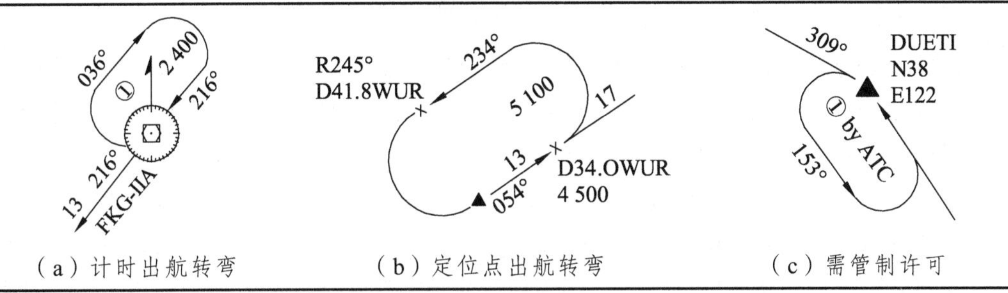

（a）计时出航转弯　（b）定位点出航转弯　（c）需管制许可

图 5.11　等待程序标注

（4）运行限制与运行要求。

在平面图的空白处还可能包含实施该进场程序所需的各项限制条件与运行要求，如速度限制、禁止绕飞区域限制、雷达监视、导航规范等，运行限制与运行要求在平面图中空白处以文字描述程序，如图 5.12 所示。

Holding MAX IAS 380 kmH
Initial approach MAX IAS 350 kmH

北京进近管制区内最大 IAS280 kt 绕飞雷雨和机动飞行不得进入禁止绕飞机动区

（a）各类运行限制

1. RNAV 1
2. GNSS REQUIRED
3. RADAR REQUIRED

雷达监视 要求 GNSS 或 DME/DME/IRU RNAV1 北京进近管制区内最大 IAS280 kt

（b）各类运行要求

图 5.12　运行阶段与运行要求程序标注

（5）通信失效程序。

在仪表飞行条件下，如果飞行员和 ATC 失去联络，则应该使用通信失效进场程序。通常在平面图中空白处用文字来说明通信失效程序，如图 5.13 所示。

通信失效：
BOBAK-7B.7F.7G, KM-7C.7F,
VYK-7B.7F.7G, JB-7B.7F.7G:
保持航迹到 AA217,
执行 RWY18R ILS/DME 仪表进近。
DOGAR-7B, GITUM-7B:
保持航迹到 AA233，再直飞 HUR 台，
执行 RWY19ILS/DME 仪表进近。

图 5.13　通信失效程序标注

5.2　标准仪表进场图应用

标准仪表进场（STAR）图向飞行机组提供使其能够从航路阶段至起始进近阶段遵照规定的标准仪表进场航线飞行的资料。在航前准备、进场以及进近准备阶段都会参照进场图给定的各种航空要素实施进场运行与监控。

航空公司运行控制人员将通过进场图进行航线评估与航程测算，在资料周期性更新时核对程序与机载导航数据库之间的一致性，当收到导航台失效等航行通告时，还可利用进场图分析进场程序的可用性。值得注意的是一个机场会涉及多幅进场图，如附录 5 中公布的乌鲁木齐地窝堡机场有多幅进场图，一部分为传统进场图对应 07 与 25 号跑道，其中 ZWWW-9C 为 25 号跑道需管制许可使用的进场程序，另一部分为 RNAV 进场图分别对应 07 与 25 号跑道，如图 5.14 所示。在每次实际进场阶段执行哪种程序除与航班计划航路走向、风向风速等影响航空器起落的重要气象因素外，当日流量、空域情况、导航设施工作情况也会被管制员或机场相关运行人员纳入考虑。因此，为了完成保证航空公司运行安全，在进行航线计划时，都会选择进场程序中航段距离最长的程序进行测算。

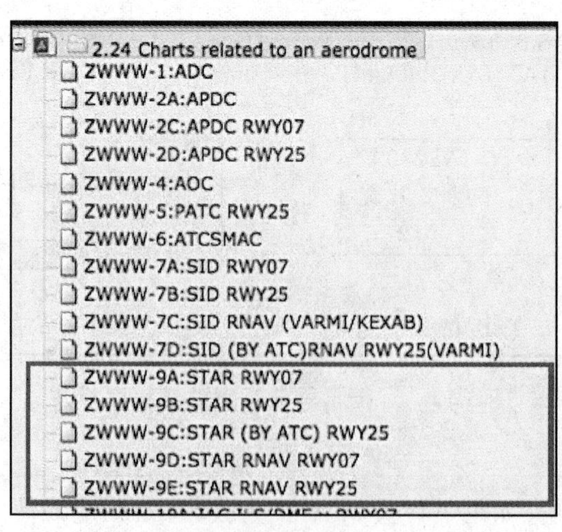

图 5.14　机场多幅进场图示意

空管人员在进场、进近阶段需参考进场图实施管制指挥，根据进场图熟悉区域内进场航线的布局，从而理顺不同方向的航线与进近程序之间顺序，尤其是存在多进场程序的汇集于同一航路点时需特别关注，该点是易产生流量冲突的位置点。此外，管制人员还可以从进场图中获取不同航段高度限制、速度限制等信息，从而根据这些限制信息实施安全高效的管制指挥。

以附图 5.2 为例说明进场图的使用要点。

附图 5.2 是乌鲁木齐地窝堡机场 07 号跑道 RNAV 进场程序。该进场程序导航精度为 RNAV 1，必须在具有 GNSS 与雷达监视的条件下实施。图中展示了两条进场程序航线，分别是从导航台 FKG 至起始进近定位点（IAF）WW405 的进场航线（代号 FKG-08A），以及从导航台 FKG 至起始进近定位点（IAF）WW406 的进场航线（代号 FKG-09A）。因该程序为 PBN 进场程序，各航路点坐标以及各航段均由航径终止码编码并存储于导航数据中。由此可见，每一幅进场图包含了与此图相对应跑道不同方向的进场过渡点（过渡点通常为进场航路的第一个点，也是航空公司计划航路的最后一个点）。如附图 5.2 所示，与 07 号跑道相关的所有方向的 RNAV 进场图均在图中标识（如某一个飞往乌鲁木齐的航班，公司计划航路点到 DUMAM 结束）。从航线飞行阶段进入进场阶段实施前，机组成员可提前通过机场通播 ATIS 获取当时运行跑道为 07 号，预设 DUMAM-08A/09A 为进场程序以减小进场繁忙阶段的工作负荷。

进入进近管制区域后，机组将调定相应进近管制扇区频率，以获取实际执行进场程序或走向。进场程序实施过程中若高度下降至 3 600 m 且进入机场 QNH 区域（进场图中标有该机场使用 QNH 的高度及水平范围），机组将把高度表基准面调制 QNH，以确保在 3 000 m 以下适用 QNH 作为高度基准。以进场程序 FKG-08A 说明实施过程。

（1）该进场起始点为 VOR/DME 导航台“FKG”，过台后直飞至 WW411，两点之间航向 233°，航段距离 24 km，过 WW411 点时高度应建立在 2 400 m 以上。值得注意的是过 FKG 台设置了等待程序，根据交通流量管制员将指挥航空器加入等待程序。该等待程序以 FKG 台为等待定位点，出航航向 53°、出航时间 1 min、入航航向 233°、等待高度 2 400 m，等待程序执行是最大速度 465 km/h。

（2）过 WW411 点后直飞 WW412 点，两点之间航向 251°，航段距离 10 km，过 WW411 点时高度应建立在 2 400 m 以上。

（3）随后依次直飞航路点 WW601、WW414，并保持高度 2 400 m 上。在 WW414 需限制最大速度为 390 km/h。

（4）随后依次直飞航路点 WW415、WW405。WW405 为 FKG-08A 进场程序的截止点，以及后续进近程序的开始点，该点最低高度为 2 100 m。

以上进场程序实施过程中，根据机场图给定的进场点、各点高度限制、航段距离以及管制员指挥信息，机组将预先进行进场下降计划，计划会根据高度限制与航段距离、速度限制等信息计算并控制下降率等运行参数。

各主要民航岗位对仪表进场图的应用阶段与重点关注信息，如表 5.1 所示。

表 5.1　仪表进场图中民航岗位应用阶段与重点关注信息

航空公司性能人员	使用阶段	① 公司新开航评估阶段； ② 着陆性能分析阶段
	重点关注信息	① 航段距离； ② 航路最低飞行安全高度
航空公司情报人员	使用阶段	① 公司新开航评估阶段； ② 新周期数据分析阶段； ③ 导航台失效类等航行通告处理阶段； ④ 导航数据制作阶段
	重点关注信息	① 导航方式、RNAV 规范； ② 航线走向、磁航向、距离，最低飞行安全高度； ③ 关键导航台信息，航路点坐标； ④ 新旧程序的更替； ⑤ 程序使用限制信息； ⑥ PBN 数据库编码表
航空公司签派员	使用阶段	① 导航台类等航行通告处理阶段； ② 航班放行分析阶段； ③ 运行监控阶段
	重点关注信息	① 导航方式、RNAV 规范； ② 航线走向、磁航向、距离，最低飞行安全高度； ③ 关键导航台信息，航路点坐标； ④ 新旧程序的更替； ⑤ 程序使用限制信息； ⑥ PBN 数据库编码表
航空公司飞行员	使用阶段	① 航前准备阶段； ② 进场准备阶段； ③ 进场实施和进近阶段
	重点关注信息	① 进场程序、走廊口，核实路径跟数据库编码是否一致； ② 跑道号、TA/TL、MSA、磁航向、距离、高度、涉及点、导航台基本信息，如坐标、高度限制等； ③ 通讯失效程序； ④ 程序使用限制信息
管制员	使用阶段	进场、进近管制阶段
	重点关注信息	① 航线结构布局； ② 高度限制； ③ 速度限制； ④ 等待程序

5.3 标准仪表进场图编绘

5.3.1 制图基本要求

（1）计量单位：标准仪表进场图中的标高必须表示到最近似的 1 m；线性长度必须表示到最近似的 1 km。

（2）范围和比例尺：标准仪表进场图的覆盖范围应能清楚地表示航路终点至起始进近定位点的各航段情况。按比例尺绘制，其比例尺应根据进场航线涉及的范围以及图幅尺寸确定。通常采用 1∶1 000 000 比例尺或 1∶500 000 比例尺，并在图中适当的位置绘出线段比例尺。如果不按比例尺绘制时，应在图中适当的位置标明“NOT TO SCALE”（不按比例尺），但各个进场航线的方位应与实际基本相同。如果采用变比例尺绘制时，因制图的图幅太小，部分方向的航迹不按比例尺绘制，应在该航迹上和航图的其他方向使用比例中断符号。当起始进近定位点附近图素过于拥挤时，拥挤部分可放大比例尺，但图素之间相对关系保持不变。

（3）投影方式：6° 高斯-克吕格投影。

（4）高程系：1956 黄海高程或 1985 国家高程。

（5）坐标系统：大地坐标系。

5.3.2 航图绘制过程

步骤 1：资料收集与分析

根据编图范围收集以下资料：

（1）收集 1∶500 000 和 1∶1 000 000 地形图；

（2）经批准的仪表飞行程序设计原图和设计报告；

（3）以制图资料为基础，从制图区域的全局出发，对各要素的分布情况以及它们之间的相互联系进行分析比较、综合研究，查明航空要素的分布情况，确定制图比例尺和所使用的资料；

（4）确定按比例尺制图还是不按比例尺制图，或使用半按比例尺制图的制图范围；

（5）确定机场资料（机场基准点坐标，跑道数据）；

（6）确定航路、通信和导航设备和限制空域资料的使用程度和范围。

步骤 2：图框上方注记绘制

（1）航图名称。

NAIP 的图名：标准仪表进场图；AIP 的图名：STANDARD ARRIVAL CHART-INSTRUMENT。

航图名称应在图框上方左边位置，用加粗字体注记，格式及布局如图 5.15 所示。

NAIP： 标准仪表进场图	AIP： STANDARD ARRIVAL CHART-INSTRUMENT

图 5.15 航图名称标注

（2）识别名称。

图框右侧上方用中（英）文标注机场所在城市或地区名称/机场名称、跑道编号。PBN 程序会增加“RNAV”的标注，并在航图空白处标注导航源、导航规范。如图 5.16 所示。

NAIP 传统： 乌鲁木齐/地窝堡 RWY07		AIP 传统： ZWWW URUMQI/Diwopu RWY07	
NAIP PBN： 乌鲁木齐/地窝堡 RNAV RWY07	雷达监视 要求 GNSS RNAV1	AIP PBN： ZWWW URUMQ/Diwopu RNAV RWY07	1. RNAV 1 2. GNSS REQUIRED 3. RADAR REQUIRED

图 5.16 识别名称标注

（3）磁差。

图框外上方以 VAR 标注机场所在地磁差，应精确到度，如图 5.17 所示。

NAIP： VAR3° E	AIP： VAR3° E

图 5.17 磁差标注

（4）无线电通信频率。

NAIP 在图框外上面分别列出飞行员进场过程中使用的无线电通信频率，各频率的排列顺序依次为 ATIS（或 D-ATIS）、TWR（塔台）和 APP（进近）。当频率值较多时，应分多列表示。若受限于篇幅条件，可不按此顺序排列。无线电通信频率的表示方式为“{通信服务代号}{空格}{主用频率}（{备用频率}）”。若无线电通信频率是整数，则保留小数点后一位，不是整数则按照实际情况公布。不需要公布频率的单位、工作时间和特殊规定。如图 5.18 所示列出了 D-ATIS、TWR（塔台）和 APP（进近）。

NAIP：		AIP：
	APP01 120.25(119.9) APP02 126.05(119.9)	D-ATIS 126.7 TWR 118.1(125.0)
D-ATIS 126.7 TWR 118.1(125.0 130.0)	APP03 123.80(119.9) APP04 127.90(119.9)	APP01 120.25(119.9) APP02 126.05(119.9) APP03 123.8(119.9) APP04 127.9(119.9)

图 5.18 无线电通信频率标注

步骤 3：图框中注记绘制。

（1）计量单位。

AIP 在图框线内左上角标注计量单位的英文注记，如图 5.19 所示。

AIP：

BEARINGS ARE MAGNETIC
ALTITUDES, ELEVATIONS
AND HEIGHTS IN METERS
DME DISTANCES IN
NAUTICAL MILES
DISTANCES IN KM

图 5.19　计量单位标注

（2）过渡高度/过渡高度层。

NAIP 在图框线内左上角标注过渡高度/过渡高度层，单位为 m/ft，注明水平区域边界；AIP 在图框线内右上角标注过渡高度/过渡高度层，单位为 m。如图 5.20 所示。

NAIP：

TL 3 600/11 800′
TA 3 000/9 800′
3 300/10 800′(QNH≥1 031 hPa)
2 700/8 900′(QNH≤979 hPa)
使用机场 QNH 区域水平边界：
同乌鲁木齐进近管制区水平边界。

AIP：

TL 3 600
TA 3 000
3 300(QNH≥1 031 hPa)
2 700(QNH≤979 hPa)

图 5.20　过渡高度/过渡高度层标注

（3）出版日期/生效日期。

出版日期采用北京时间，表示方式为“年-月-日”，其中年以四位数表示，月、日以一位或两位数表示，如果表示月、日的数字小于 10，省略数字前面的“0”。

生效日期应采用 AIRAC 规定的共同生效日期，生效日期前面加注“EFF”。NAIP 采用北京时间，表示方式为“EFF 年-月-日”，其中年月日的规定与出版日期相同；AIP 采用 UTC 时间，表示方式为“EFF 年月日时分”。其中年、月、日、时、分均为两位数字。

出版日期和生效日期的位置在图的左下角或右下角，出版日期应位于外侧，当位于左下角时，生效日期在出版日期的后面；当位于右下角时，生效日期在出版日期的前面。出版日期和生效日期之间以空格分开。如图 5.21 所示。

NAIP：

2019-2-15　EFF2019-3-28

AIP：

2019-2-15　EFF1903271600

图 5.21　出版日期/生效日期标注

（4）出版单位。

在图框下方中间绘制出版单位。我国航图出版单位为中国民用航空局 CAAC，如图 5.22 所示。

NAIP/AIP：

中国民用航空局 CAAC

图 5.22　出版单位标注

（5）图的编号。

在图框下方右侧标注该图的编号。

NAIP 中标准仪表进场图在 NAIP 中的序号为 4。如果该机场有多张标准仪表进场图，则在序号最后加字母 A、B……以区别，并应在序号前加注机场四字地名代码；

AIP 中标准仪表进场图在 AIP 中的序号为 AD2.24-9。如果该机场有多张标准仪表进场图，则在序号最后加字母 A、B……以区别，并应在序号前加注机场四字地名代码。如图 5.23 所示。

NAIP：	AIP：
ZWWW-4A	ZWWW　AD2.24-9A

图 5.23　标准仪表进场图编号标注

步骤 4：平面图绘制。

（1）跑道。

机场的所有跑道均应按跑道图形绘出，制图范围内的其他机场的跑道也应绘出其轮廓，但使用的符号应与着陆机场跑道有明显差异。如果跑道长度按比例尺绘制，跑道宽度可适当放大。跑道应依据其磁方位，用实线表示，如图 5.24 所示。

NAIP/AIP：

图 5.24　跑道磁方位标注

（2）无线电导航设施。

为进场程序（含等待程序）提供航迹引导的导航设施，应在图中绘出。导航设施包括 VOR、DME、NDB，所有导航设施都需要有数据框，其数据框应包括名称、频率、识别、莫尔斯电码、DME 波道、地理坐标。如果有使用限制还应注记说明。无线电导航设施和定位点的地理坐标注记精度至少为 0.1′。测距台的 DME 距离精度要求精确到 0.1 NM。

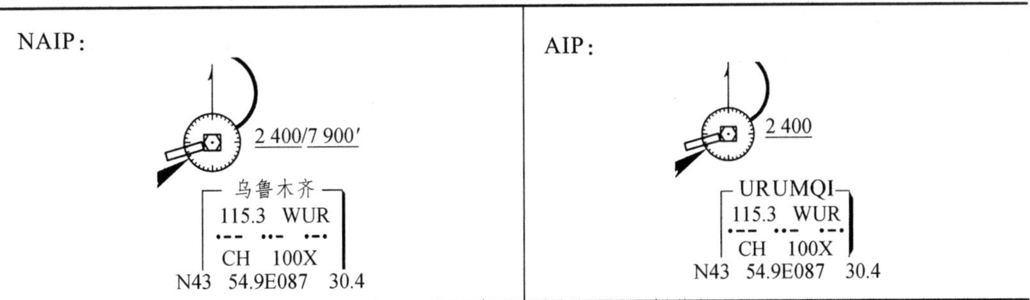

图 5.25 导航设施标注

（3）航路点。

PBN 导航采用 GPS 定位，在航图中以四角星（航路点）的形式表示，如图 5.26 所示。

NAIP/AIP PBN:

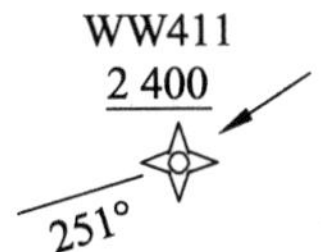

图 5.26 航路点标注

NAIP 附上数据库编码表，如图 5.27 所示。

NAIP:

数据库编码　　乌鲁木齐/地窝堡

航经描述	定位点标识	是否飞越点	磁航向/（°）	转弯指示	高度/m	速度限制/（km/h）	VPA/TCH	导航性能
IF	CWB				3 300			RNAV1
RWY25 离场 CWB-19D								
CF	WW501	Y	251			MAX390		RNAV1
DF	WW721				2 100			RNAV1
TF	CWB				3 300			RNAV1
RWY07 进场 FKG-08A								
IF	KFG				2400			RNAV1
TF	WW411				2400			RNAV1
TF	WW412				2400			RNAV1
TF	WW601				2400			RNAV1
TF	WW414				2400	MAX390		RNAV1
TF	WW415				2400	MAX390		RNAV1

图 5.27 数据库编码表标注

（4）航迹。

图中应用实线描绘航迹线，并注明进场航线代号。所有航迹线的直线段均应在起始位置注明飞行的磁航迹。如果进场程序中某些航段对航空器的类型有所限制，则应注明可以使用的航空器类型。应在图中明确地标注航线段中的定位点对航空器飞行高度的限制。所有航线段均应注明飞行距离。如图 5.28 所示。

NAIP：

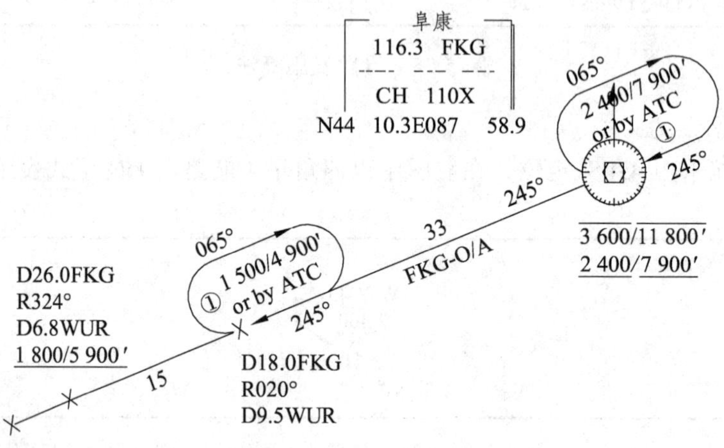

AIP：

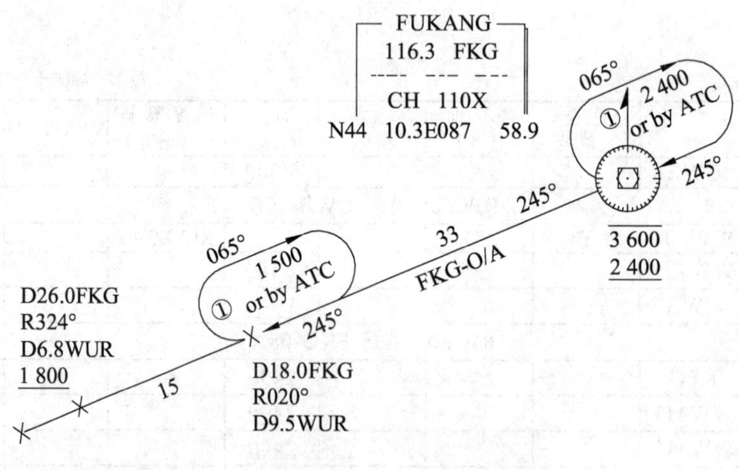

图 5.28　航迹线标注

若进场航线设有等待航线，图中应注明等待定位点、等待最低高度层和出航限制，如图 5.29 所示。

NAIP/AIP：

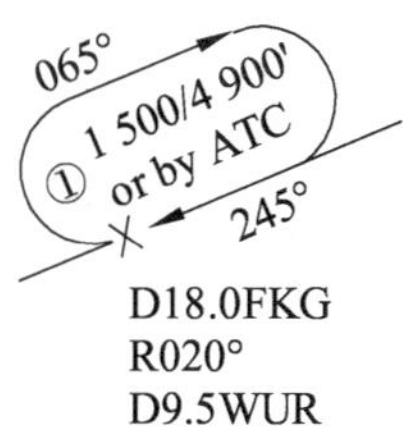

图 5.29　等待航线标注

进场程序中，使用雷达引导航空器飞行的航线段应使用连续的三角形符号标绘，如图 5.30 所示。

NAIP/AIP：

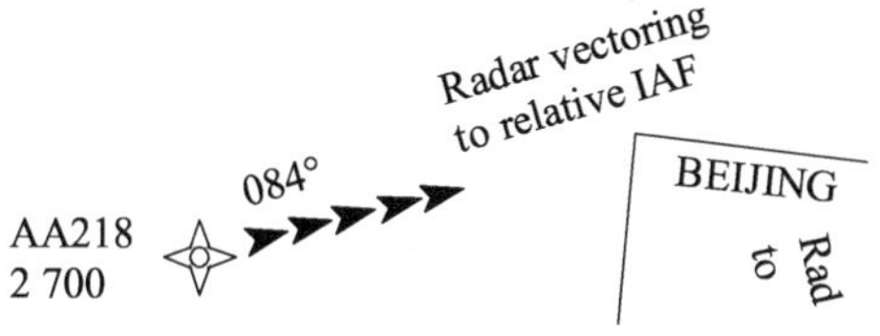

图 5.30　雷达引导航线标注

（5）限制空域。

制图范围内所有限制空域边界均应描绘，并标注其代码、高度下限和上限、限制时间。当同一个限制空域内不同的位置高度限制有所不同时，应使用虚线表示高度规定的界限，并分别注明其高度。如图 5.31 所示。

NAIP：

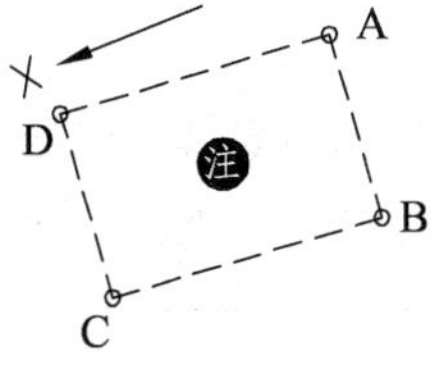

注 A-B-C-D连线范围内为限制空域。
当该限制空域有活动时，航空器禁止入内。
空域限制时间听从ATC指令。
A点：N43°56.7′ E087°17.8′
B点：N43°52.8′ E087°19.3′
C点：N43°51.1′ E087°11.3′
D点：N43°55.0′ E087°09.7′

AIP：

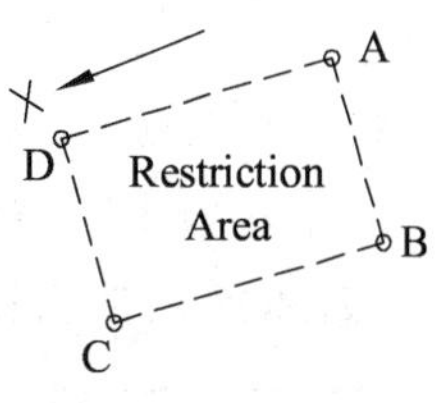

Notes:
When the restriction area within A-B-C-D active, aircraft flying into the area is forbidden.
1. Aircaft flying into the area is forbidden.
2. This chart is forbidden to use.
3. Restriction time followed by ATC.
4. A：N43 56.7 E087 17.8
B：N43 52.8 E087 19.3
C：N43 51.1 E087 11.3
D：N43 55.0 E087 09.7

图 5.31　限制空域标注

注：也可以用空白处文字的形式标注其限制条件。

（6）扇区最低安全高度。

扇区中心的归航台用其识别表示，方位线使用带箭头的细实线，箭头指向中心；在方位线中断开放置方位角，角度是该方位线指向中心的磁向角度，按度取整。由于平面图上方为真北方向，摆放方位线时要注意沿真北方向，即公布的方位角需加上磁差。

最低扇区高度外圆的正下方，标注“MSA 46km”。如图 5.32 所示。

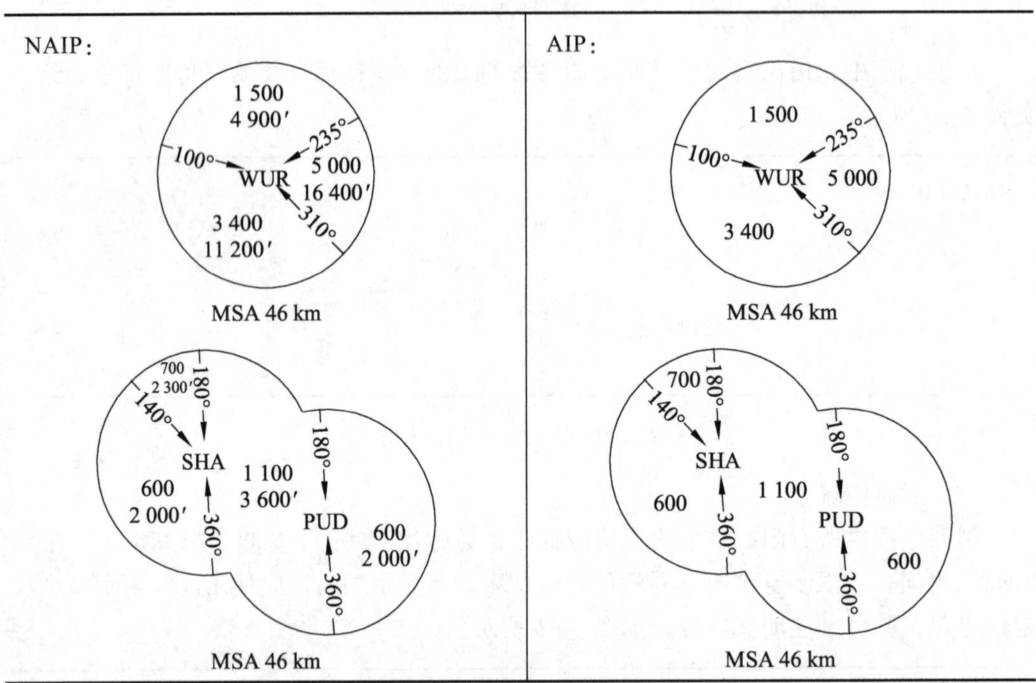

图 5.32　扇区最低安全高度标注

（7）本次修订的资料变化摘要。

在修订栏公布修订的主要数据、资料变更情况的摘要。若修订数据较多或不便描述，可公布为“程序”。若本次修订为初始修订，可公布为“新图”。如图 5.33 所示。

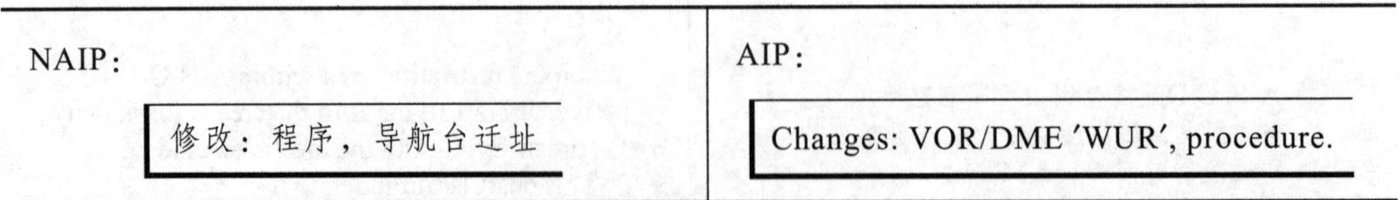

图 5.33　修订内容标注

（8）航图注释。

有关进场程序的注释应尽量排放在一起。若注释条数较多，应进行编号。如果注释内容对本航图的使用非常重要，需要引起使用者特别注意，则应将该内容突出显示，可以加大字号，加粗字体，在外面加上框线等。如图 5.34 所示。

NAIP: 起始进近最大 IAS380 km/h	AIP: Initial approach MAX IAS380 km/h

图 5.34　航图注释标注

若注释内容涉及某一具体航段、定位点或数据，最好在相关位置标上注释标志，例如“①”“②”“㊟”“❹”等，在注释内容前也增加相同的标志，以便于查询，如图 5.35 所示。

NAIP:

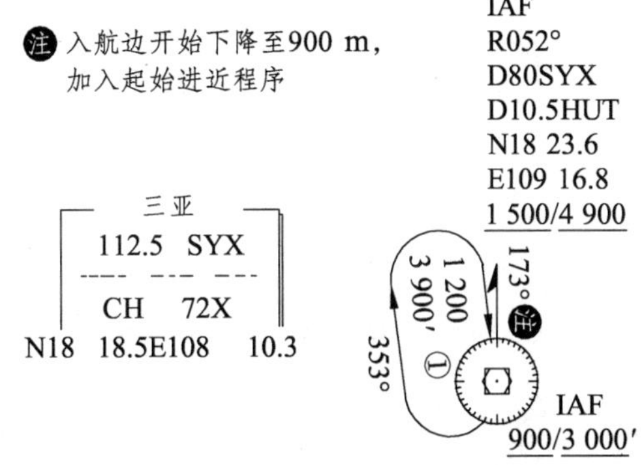

AIP:

❶ by ATC
❷ No aircraft is permitted to maneuver or circumnavigate CB in the dash-line area.
❸ MAX IAS 280kt within APP Area.
❹ Communication failure:
BOBAK-7B.7F.7G,KM-7C.7F,VYK-7B.7F.7G, JB- 7B.7F.7G:
Keep track to AA217, then carry out RWY18R IL S/DME instrument approach procedure.
DOGAR- 7B, GITUM-7B:
keep track to 'HUR' over AA233, then carry out RWY19 ILS/DME instrument approach procedure.

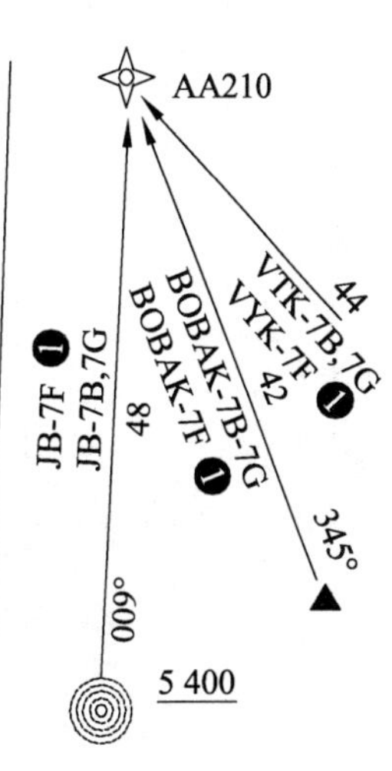

图 5.35　具体注释内容标注

注：该航图绘制过程中，航图要素的符号、线型、注记、颜色要求可具体参见《民用航空图编绘规范》（MH/T4019—2012）与《民用航空图编绘图式》（IB-TM-2015-004）

实践练习题

（1）传统进场程序与 PBN 进场程序在航图元素表达上存在哪些差异？

（2）进场图中标注了哪些运行限制？

（3）请根据附录 5 的传统进场图与 PBN 进场图描述进场实施过程，以及在运行过程中需关注的航空要素。

（4）根据给定资料，进行进场图布局分析并完成进场图原图编绘。

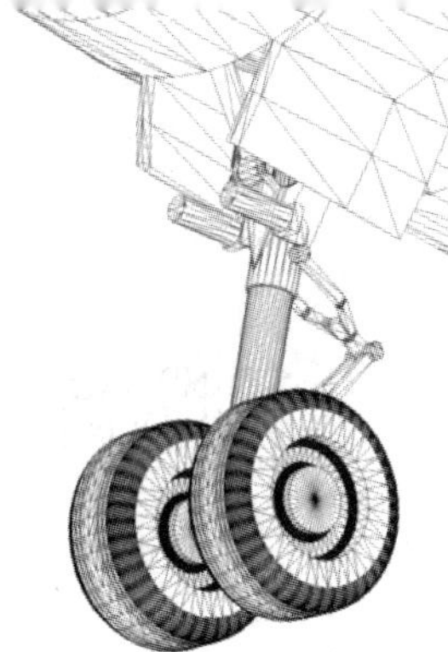

6 标准仪表离场图

【导　读】

标准仪表离场图是向机组提供资料，使其能够从起飞阶段到航路阶段遵照指定的标准仪表离场航线飞行。目前飞行程序分为传统程序和PBN程序，两类程序在航图展示上存在航行要素的差异。从离场图中机组可以获取从DER至离场终点的航线走向，以及航段距离、航段最低安全飞行高度等重要航行要素。同时航空运行控制人员可以根据离场图中展示的各离场程序必须具有的导航设备、运行限制等信息，进行运行评估，以及航程预测。空管人员可以根据离场图了解离场航线布局、高度限制、空域限制等信息，尤其是离场航线交汇处可能存在管制冲突的位置。

6.1 标准仪表离场图布局与航图元素

6.1.1 航图布局

标准仪表离场图如图6.1所示，分为以下部分：

（1）标题栏部分。该部分包括标题信息与图边标注信息，包含了采用的图名、磁差、通信频率、城市/机场名、跑道号、图的出版与生效日期，图的出版单位、航图编号。

（2）平面图部分。该部分的航空要素包括跑道方向、离场航线走向、航线数据、无线电导航设施、定位点、过渡高度/过渡高度层、扇区最低安全高度、制图比例尺、限制信息、本期修订等内容。

（3）扇区最低安全高度。该部分应注明扇区中心导航台的识别，并表示出扇区的起始和结束方位，同时标注沿该方位线向台飞行时的磁航向。应注明每一个扇区的最低安全高度。

（4）图框下边部分。该部分给出图的出版日期、生效日期、出版当局以及航图编号。

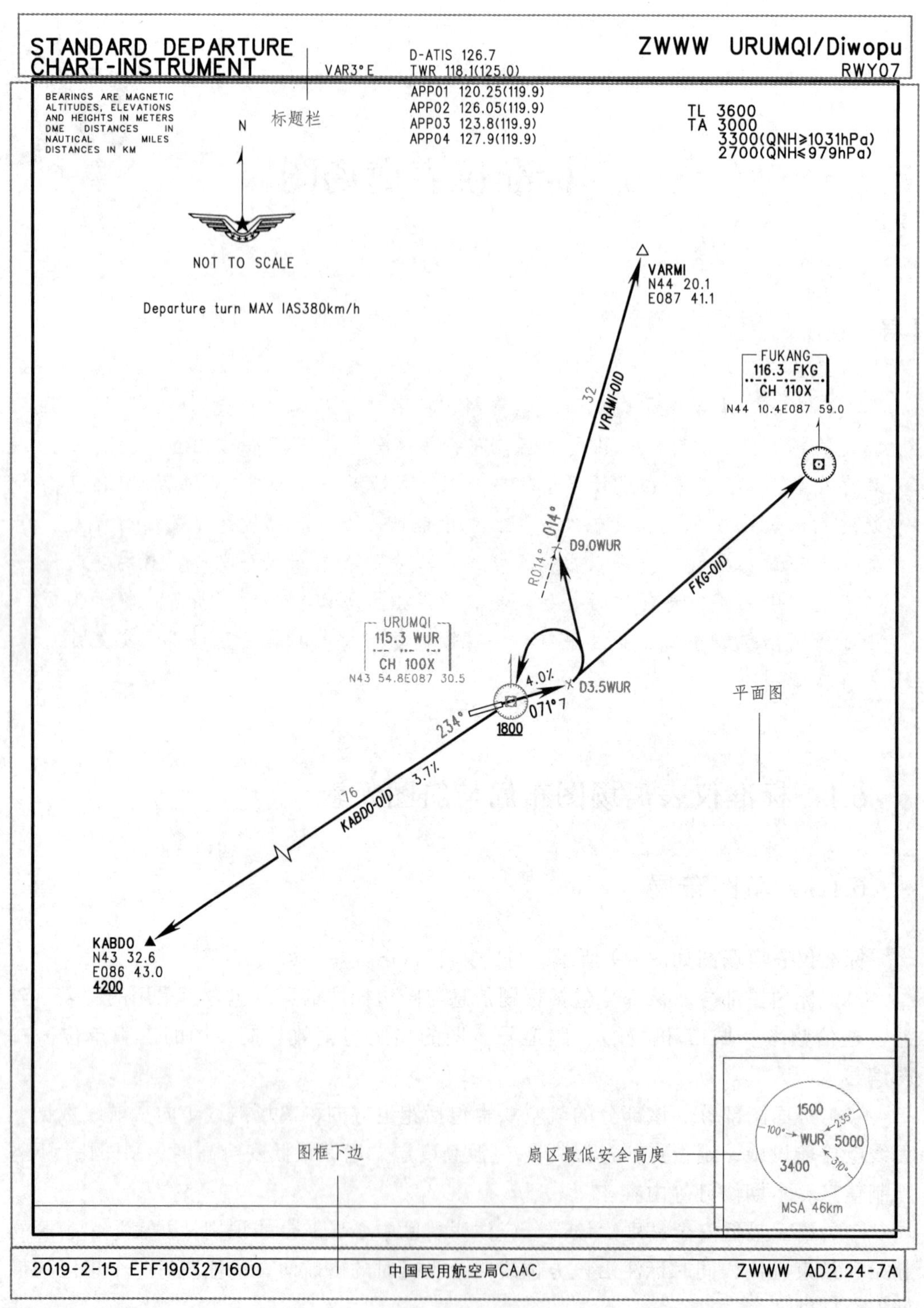
STANDARD DEPARTURE
CHART-INSTRUMENT
VAR3°E
D-ATIS 126.7
TWR 118.1(125.0)
ZWWW URUMQI/Diwopu
RWY07
标题栏
BEARINGS ARE MAGNETIC ALTITUDES, ELEVATIONS AND HEIGHTS IN METERS DME DISTANCES IN NAUTICAL MILES DISTANCES IN KM
APP01 120.25(119.9)
APP02 126.05(119.9)
APP03 123.8(119.9)
APP04 127.9(119.9)
TL 3600
TA 3000
3300(QNH≥1031hPa)
2700(QNH≤979hPa)
N
NOT TO SCALE
Departure turn MAX IAS380km/h
VARMI
N44 20.1
E087 41.1
FUKANG
116.3 FKG
CH 110X
N44 10.4E087 59.0
32
VRAMI-OID
014°
R014°
D9.0WUR
FKG-OID
URUMQI
115.3 WUR
CH 100X
N43 54.8E087 30.5
4.0%
D3.5WUR
071°7
234°
1800
平面图
3.7%
76
KABDO-OID
KABDO
N43 32.6
E086 43.0
4200
1500
100°
235°
WUR
5000
3400
310°
MSA 46km
图框下边
扇区最低安全高度
2019-2-15 EFF1903271600
中国民用航空局CAAC
ZWWW AD2.24-7A

图 6.1 传统离场图布局

6.1.2　主要航图要素

1．上图框信息

图框中包括常规特种航图图框信息，如图名、磁差、通信频率、机场所在地名称、适用跑道等。其中导航类型区分了该离场图采用导航方式的差异，PBN 离场图需在跑道编号前标注“RNAV”，传统导航离场图则不需要，区别如图 6.2 所示。

ZWWW URUMQI/Diwopu RWY07	ZWWW URUMQI/Diwopu RNAV（VARMI/KEXAB）

图 6.2　跑道编号标注

值得注意的是某些离场程序的执行，需要获得管制许可，这类离场图会在导航类型与跑道编号下标注“By ATC”，如图 6.3 所示。

ZWWW URUMQI/Diwopu
（BY ATC）RNAV RWY25（VARMI）

图 6.3　获管制许可标注

离场图标注的通信频率和进场图一致。

2．爬升梯度

在仪表离场中，飞行员必须遵守最小爬升梯度的限制。如果图中没有另外公布，程序设计梯度（Procedure Design Gradient，PDG）规定为最小 3.3%，不需要在航图中标注，超过 3.3% 时应在该航段注明具体梯度。如图 6.4 所示。

3．航　线

每一条标准仪表离场航线的图形，包括航线代号、确定航线的重要点、沿航线每一航段的航迹或径向方位最近似的度数、重要点中间的距离（精确至最近似的 km 数或 NM 数），沿航线或航段并按照程序所要求的高度飞行的最低超障高度等。

（1）离场航线代号有两种表示方法：一种是英文字母 D 后加数字编号，如 D-02；另一种是离场过渡使用的导航台呼号加上数字编号及英文字母 D，如 JTG-21D。PBN 离场代号使用的字母暂时没有统一的规定。对于繁忙枢纽机场采用分幅方式制图，如北京首都机场离场图按照离场终点分幅，如 RNAV RWY36L/36R/01（SOSDI）、RNAV（YV）。

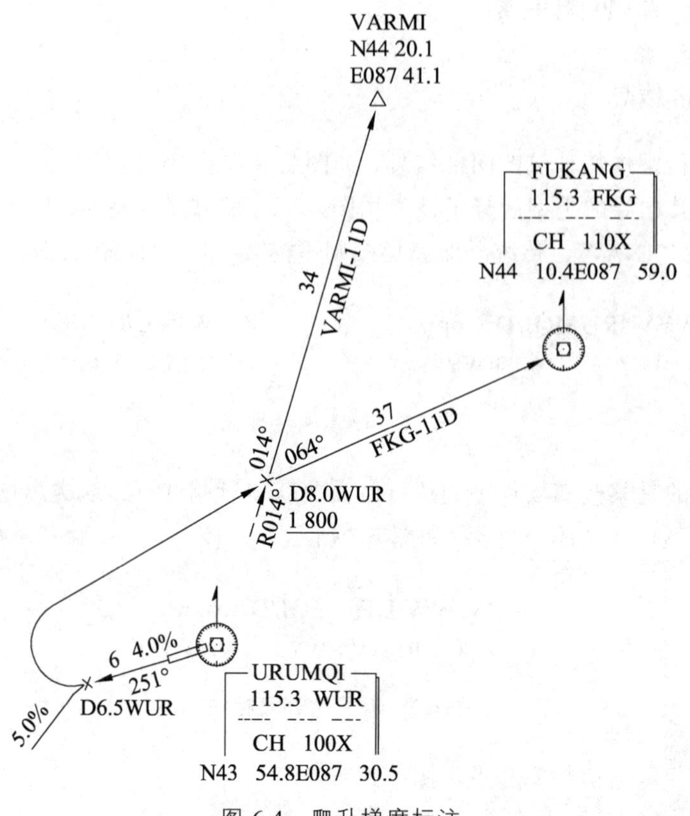

图 6.4 爬升梯度标注

（2）重要点。传统导航通常使用无线电导航系统确定，其方法分为交叉定位、飞越电台上空定位以及雷达定位。PBN 导航采用 GPS 定位，在航图中以四角星（航路点）的形式表示。

（3）航向。为传统离场（见图 6.5）提供航向，对于 PBN 离场（见图 6.6）起到检查目的。

（4）航段距离。各航路点之间以 km 数标注了航段里程。

（5）重要点的高度限制，和进场图一致。

4. 运行限制

在平面图的空白处还可能包含实施该离场程序所需的各项限制条件与运行要求，如速度限制、禁止绕飞区域限制、雷达监视、导航规范等，运行限制与运行要求在平面图中空白处以文字描述程序，与进场图一致。

扇区最低安全高度等航行要素与进场图一致，不再赘述。

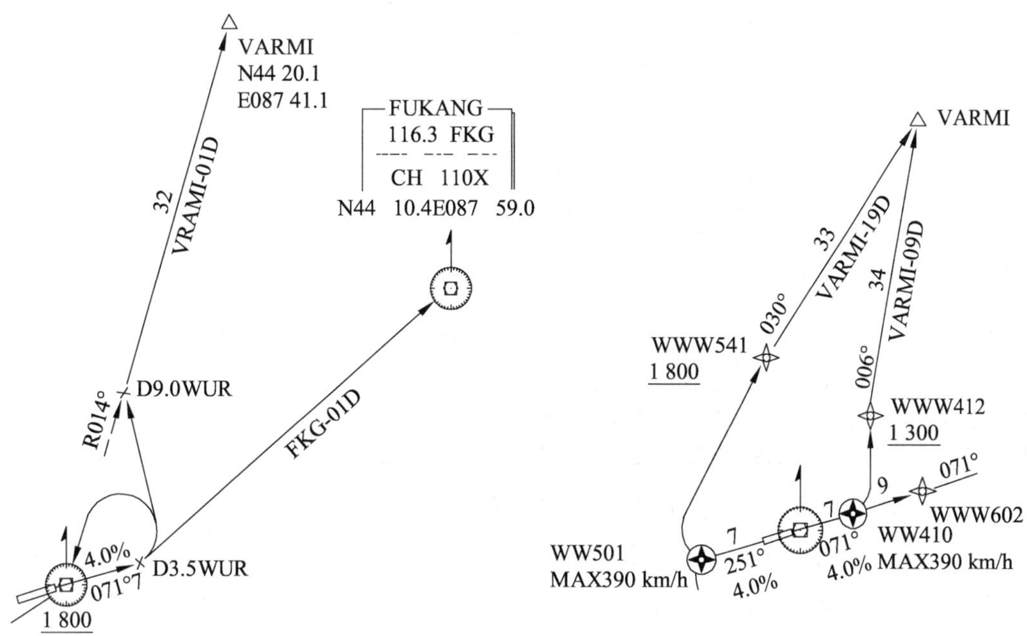

图 6.5 传统离场航线

图 6.6 PBN 离场航线

6.2 标准仪表离场图应用

标准仪表离场图向飞行机组提供使其能够从起飞阶段至航路阶段遵照规定的标准仪表离场航线飞行的资料，在航前准备阶段、离场实施阶段参照离场图给定的各航空要素实施离场程序与监控。

航空公司运行控制人员将通过离场图进行航线评估与航程测算，在资料周期性更新时，核对程序与机载导航数据库之间的一致性，当收到导航台失效等航行通告时，还可利用离场图分析离场程序的可用性。与进场图相同，一个机场会涉及多幅离场图，如附录 6 所示 AIP 中公布的乌鲁木齐地窝堡机场有几幅离场图，一部分为传统离场图对应 07 与 25 号跑道，另一部分为 RNAV 离场图幅，如图 6.7 所示。在每次实际机场阶段执行哪种程序与航路走向、当日流量、空域情况、导航设施工作情况有关。因此，为了保证航空公司运行安全，在进行航线计划时，都会选择离场程序中航段距离最长的程序进行测算。

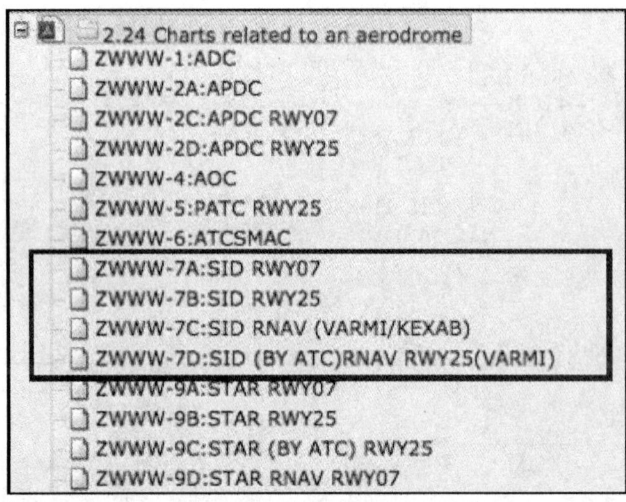

图 6.7　机场多幅离场图示意

空管人员在离场阶段需要参考离场图实施管制指挥，根据离场图熟悉区域内离场航线的布局、不同航段高度限制、速度限制等信息，从而根据这些限制信息实施安全高效的管制指挥。

以附图 6.3 为例，详细说明离场程序实施要点。

附图 6.3 是乌鲁木齐地窝铺机场向航路点 VARMI 和航路点 KEXAB 的 RNAV 离场程序。该离场程序导航规范为 RNAV 1，必须在具有 GNSS 与雷达监视的条件下实施。该图中展示了四条离场程序航线，分别是

（1）从 07 号至 VARMI 的离场航线（代号 VARMI-09D）;

（2）从 25 号至 VARMI 的离场航线（代号 VARMI-19D）;

（3）从 07 号至 KEXAB 的离场航线（代号 KEXAB-09D）;

（4）从 25 号至 KEXAB 的离场航线（代号 KEXAB-19D）。

因该程序为 PBN 离场程序，各航路点坐标以及各航段均由航径终止码编码并存储于导航数据中。

在停机坪机组获取 ATIS 信息，如起飞跑道信息、天气条件等。然后联系放行频率，得到使用跑道、离场程序方式、起始高度、应答机等信息后推出航空器。联系地面或机坪频率，根据给定的滑行路线滑到指定的跑道外等待。联系塔台频率，塔台给出上跑道、可以起飞指令后上跑道实施起飞离场。离场程序实施过程中若高度上升至 3 000 m，机组将把高度表基准面调制 QNE，以确保在 3 600 m 以上适用 QNE 作为高度基准。以下以离场程序 KEXAB-09D 说明实施过程。

（1）在 07 号跑道起飞后，以不小于 4.0% 梯度直线爬升至 WW410 点，航向 71°，航段距离 7 km，在 WW410 需限制最大速度为 390 km/h;

（2）随后依次直飞航路点 WW602、WW604、WW511、WW512，过 WW512 点时高度应建立在 3 600 m/11 800 ft 以上;

（3）过 WW512 点后直飞 WW513 点，两点之间航向 105°，航段距离 26 km，过 WW513 点时高度应建立在 4 800 m/15 700 ft 以上；

（4）随后直飞航路点 KEXAB。KEXAB 为 KEXAB09D 离场程序的截止点，以及后续航路阶段的开始点。

各主要民航岗位对仪表离场图的应用阶段与重点关注信息，如表 6.1 所示。

表 6.1　仪表离场图中民航岗位应用阶段与重点关注信息

<table>
<tr><td rowspan="2">航空公司性能人员</td><td>使用阶段</td><td>① 公司新开航评估阶段；
② 起飞性能分析阶段</td></tr>
<tr><td>重点关注信息</td><td>① 航段距离；
② 航路最低飞行安全高度</td></tr>
<tr><td rowspan="2">航空公司情报人员</td><td>使用阶段</td><td>① 公司新开航评估阶段；
② 新周期数据分析阶段；
③ 导航台失效类等航行通告处理阶段；
④ 导航数据制作阶段</td></tr>
<tr><td>重点关注信息</td><td>① 导航方式、RNAV 规范；
② 航线走向、爬升梯度、磁航向、距离，最低飞行安全高度；
③ 关键导航台信息，航路点坐标；
④ 程序使用限制信息；
⑤ PBN 数据库编码表</td></tr>
<tr><td rowspan="2">航空公司签派员</td><td>使用阶段</td><td>① 导航台类等航行通告处理阶段；
② 航班放行分析阶段；
③ 运行监控阶段</td></tr>
<tr><td>重点关注信息</td><td>① 导航方式、RNAV 规范；
② 航线走向、磁航向、距离，最低飞行安全高度；
③ 关键导航台信息，航路点坐标；
④ 程序使用限制信息；
⑤ PBN 数据库编码表</td></tr>
<tr><td rowspan="2">航空公司飞行员</td><td>使用阶段</td><td>① 航前准备阶段
② 离场准备阶段；
③ 离场阶段</td></tr>
<tr><td>重点关注信息</td><td>① 离场程序、走廊口，核实路径跟数据库编码是否一致；
② 跑道号，TA/TL，MSA；
③ 磁航向，距离，高度；
④ 涉及点、导航台基本信息，如坐标、高度限制等；
⑤ 程序使用限制信息；
⑥ 特殊程序（单发失效离港、通信失效、减噪程序）</td></tr>
<tr><td rowspan="2">管制员</td><td>使用阶段</td><td>离场管制阶段</td></tr>
<tr><td>重点关注信息</td><td>① 航线结构布局；
② 高度限制；
③ 速度限制</td></tr>
</table>

以上离场程序实施过程中，在雷达管制时，实际飞行高度听从管制员指令。根据机场图给定的各点高度限制、航段距离以及管制员指挥信息，机组将预先进行离场爬升计划，计划会根据高度限制与航段距离、速度限制等信息计算并控制爬升率等运行参数。

6.3 标准仪表离场图编绘

6.3.1 制图基本要求

（1）计量单位：标准仪表离场图中的标高必须表示到最近似的 1 m；线性长度必须表示到最近似的 1 km。

（2）范围和比例尺：标准仪表离场图的覆盖范围应能清楚地表示起飞跑道至加入航路的那一点，包括各定位点之间航段的情况。按比例尺绘制，其比例尺应根据离场航线涉及的范围以及图幅尺寸确定。通常采用 1∶1 000 000 比例尺或 1∶500 000 比例尺，并在图中适当的位置绘出线段比例尺。如果不按比例尺绘制时，应在图中适当的位置标明“NOT TO SCALE”（不按比例尺），但各个离场航线的方位应与实际基本相同。如果采用变比例尺绘制时，因制图的图幅太小，部分方向的航迹不按比例尺绘制，应在该航迹上和航图的其他方向使用比例中断符号。

（3）投影方式：6° 高斯-克吕格投影。

（4）高程系：1956 黄海高程或 1985 国家高程。

（5）坐标系统：大地坐标系。

6.3.2 航图绘制过程

步骤 1：资料收集与分析。

根据编图范围收集以下资料。

（1）1∶500 000 和 1∶1 000 000 地形图。

（2）经批准的仪表飞行程序设计原图和设计报告。

（3）以制图资料为基础，从制图区域的全局出发，对各要素的分布情况以及它们之间的相互联系进行分析比较、综合研究，查明航空要素的分布情况，确定制图比例尺和所使用的资料。

（4）确定按比例尺制图还是不按比例尺制图，或使用半按比例尺制图的制图范围。

（5）确定机场资料（机场基准点坐标，跑道数据）。

（6）确定航路、通信和导航设备和限制空域资料的使用程度和范围。

（7）确定补充资料的增补内容和增补方法。

步骤 2：图框上方注记绘制。

（1）航图名称。

NAIP 图名：标准仪表离场图；AIP 图名：STANDARD DEPARTURE CHART-INSTRUMENT。

航图名称应在图框上方左边位置，用加粗字体注记，格式及布局如图 6.8 所示。

NAIP：	AIP：
标准仪表离场图	STANDARD DEPARTURE CHART-INSTRUMENT

图 6.8　航图名称标注

（2）识别名称。

图框右侧上方用中（英）文标注：机场所在城市或地区名称/机场名称、跑道编号。PBN 程序会增加“RNAV”的标注，并且在航图空白处标注导航源、导航规范。对于繁忙枢纽机场采用分幅方式制图，如乌鲁木齐 RNAV 离场图按照离场终点分幅，如 RNAV（VARMI/KEXAB）、RNAV（P138/EPDAG/P135）、RNAV（HTB）、RNAV（CWB）、RNAV（VARMI）须经 ATC 许可，如图 6.9 所示。

NAIP 传统：	AIP 传统：
乌鲁木齐地窝堡 RWY07	ZWWW URUMQI/Diwopu RWY07

NAIP PBN：		AIP PBN：	
乌鲁木齐/地窝堡 RNAV(VARMI/LEXAB)	雷达监视 要求GNSS RNAV1	ZWWW URUMQI/Diwopu RNAV(VARMI/KEXAB)	1. RNAV 1 2. GNSS REQUIRED 3. RADAR REQUIRED
乌鲁木齐/地窝堡 RNAV (P138/EPDAG/P135)	雷达监视 要求GNSS RNAV1	ZWWW URUMQI/Diwopu (BY ATC)RNAV RWY25(VARMI)	1. RNAV 1 2. GNSS REQUIRED 3. RADAR REQUIRED
乌鲁木齐/地窝堡 RNAV(HTB)	雷达监视 要求GNSS RNAV1		
乌鲁木齐/地窝堡 RNAV(CWB)	雷达监视 要求GNSS RNAV1		
乌鲁木齐/地窝堡 RNAV RWY25(VARMI) 使用此图需经ATC许可	雷达监视 要求GNSS RNAV1		

图 6.9　识别名称标注

（3）磁差。

图框外上面以 VAR 标注机场所在地磁差，应精确到度，如图 6.10 所示。

NAIP:	AIP:
VAR3° E	VAR3° E

图 6.10 磁差标注

（4）无线电通信频率。

NAIP 在图框外上面分别列出飞行员离场过程中使用的无线电通信频率，各频率的排列顺序依次为 ATIS（或 D-ATIS）、TWR（塔台）、APP（进近）放在图框内。当频率值较多时，应分多列表示。若受限于篇幅条件，可不按此顺序排列。若无线电通信频率是整数，则保留小数点后一位。不是整数则按照实际情况公布。不需要公布频率的单位、工作时间和特殊规定。如图 6.11 所示列出了 D-ATIS、TWR（塔台）和 APP（进近）。

NAIP:	AIP:
D-ATIS 126.7 TWR 118.1(125.0 130.0) APP01 120.25(119.9) APP02 126.05(119.9) APP03 123.80(119.9) APP04 127.90(119.9)	D-ATIS 126.7 TWR 118.1(125.0) APP01 120.25(119.9) APP02 126.05(119.9) APP03 123.80(119.9) APP04 127.90(119.9)

图 6.11 无线电通信频率标注

步骤 3：图框中注记绘制。

（1）计量单位。

AIP 在图框线内左上角标注计量单位的英文注记，如图 6.12 所示。

AIP:

BEARINGS ARE MAGNETIC
ALTITUDES，ELEVATIONS
AND HEIGHTS IN METERS
DME DISTANCES IN
NAUTICAL MILES
DISTANCES IN KM

图 6.12 计量单位英文标注

（2）过渡高度/过渡高度层。

NAIP 在图框线内左上角标注过渡高度/过渡高度层，单位为 m/ft，注明水平区域边界；AIP 在图框线内右上角标注过渡高度/过渡高度层，单位为 m。如图 6.13 所示。

NAIP：	AIP：
TL 3 600/11 800′ TA 3 000/9 800′ 3 300/10 800′(QNH≥1 031 hPa) 2 700/8 900′(QNH≤979 hPa) 使用机场 QNH 区域水平边界； 同乌鲁木齐进近管制区水平边界。	TL 3 600 TA 3 000 3 300(QNH≥1 031 hPa) 2 700(QNH≤979 hPa)

图 6.13 过渡高度/过渡高度层标注

（3）出版日期/生效日期。

出版日期采用北京时间，表示方式为“年-月-日”，其中年以四位数表示，月、日以一位或两位数表示，如果表示月、日的数字小于 10，省略数字前面的“0”。

生效日期应采用 AIRAC 规定的共同生效日期，生效日期前面加注“EFF”。NAIP 采用北京时间，表示方式为“EFF 年-月-日”，其中年月日的规定与出版日期相同；AIP 采用 UTC 时间，表示方式为“EFF 年月日时分”，其中年、月、日、时、分均为两位数字。

出版日期和生效日期的位置在图的左下角或右下角，出版日期应位于外侧，当位于左下角时，生效日期在出版日期的后面；当位于右下角时，生效日期在出版日期的前面。出版日期和生效日期之间以空格分开。如图 6.14 所示。

NAIP：	AIP：
2019-2-15 EFF2019-3-28	2019-2-15 EFF1903271600

图 6.14 出版日期/生效日期标注

（4）出版单位。

在图框下方中间绘制出版单位。我国航图出版单位为中国民用航空局 CAAC，如图 6.15 所示。

NAIP/AIP：

中国民用航空局 CAAC

图 6.15 出版单位标注

（5）图的编号。

在图框下方右侧标注该图的编号。

NAIP 中标准仪表离场图在 NAIP 中的序号为 3。如果该机场有多张标准仪表离场图，则在序号最后加字母 A、B……以区别，在序号前加注本机场四字地名代码；AIP 中标准仪表离场图在 AIP 中的序号为 AD2.24-7。如果该机场有多张标准仪表离场图，则在序号最后加字母 A、B……以区别，在序号前加注本机场四字地名代码。如图 6.16 所示。

NAIP：	AIP：
ZWWW-3A	ZWWW　AD2.24-7A

图 6.16　图编号标注

步骤 4：平面图绘制。

（1）跑道。

机场的所有跑道均按跑道图形绘出，制图范围内的其他机场的跑道也应绘出其轮廓，但使用的符号应与着陆机场跑道有明显差异。如果跑道长度按比例尺绘制，跑道宽度可适当放大。跑道应依据其磁方位，用实线表示。如图 6.17 所示。

NAIP/AIP：

图 6.17　跑道标注

（2）无线电导航设施。

为离场程序提供航迹引导的导航设施，应在图中绘出。导航设施包括 VOR、DME、NDB，所有导航设施都需要有数据框，其数据框包括名称、频率、识别、莫尔斯电码、DME 波道、地理坐标，如果有使用限制还应注记说明。无线电导航设施和定位点的地理坐标注记精度至少为 0.1′。测距台的 DME 距离精度要求精确到 0.1 NM。如图 6.18 所示。

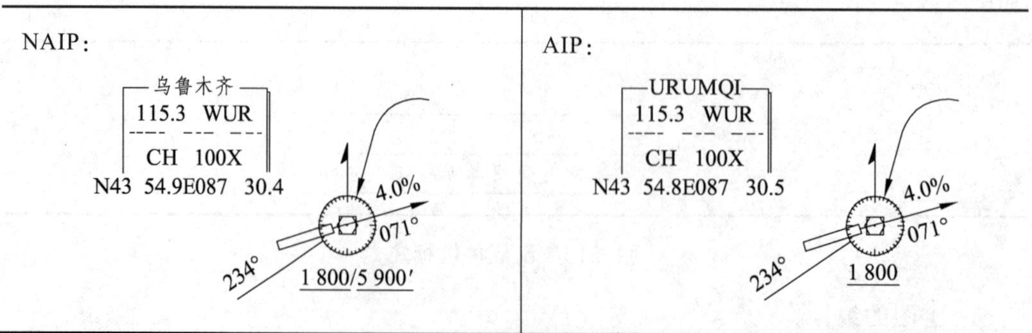

图 6.18　无线电导航设施标注

（3）航路点。

PBN 导航采用 GPS 定位，在航图中以四角星（航路点）的形式表示，如图 6.19 所示。

NAIP/AIP PBN：

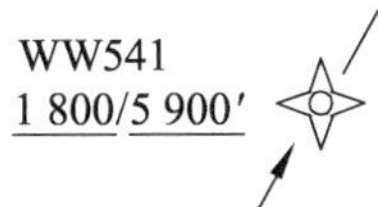

图 6.19 航路点标注

NAIP 附上航路点坐标以及数据库编码表，如图 6.20 所示。

NAIP：

数据库编码　　　　乌鲁木齐/地窝堡

航径描述	定位点标识	是否飞越点	磁航向/（°）	转弯指示	高度/m	速度限制/（km/h）	VPA/TCH	导航性能
RWY07 离场 VARMI-09D								
CF	WW410	Y	071			MAX390		RNAV1
DF	WW412			L	1 300			RNAV1
TF	VARMI							RNAV1

图 6.20 数据库编码表标注

（4）航迹。

图中应用实线描绘航迹线，并注明离场航线代号。所有航迹线的直线段均在起始位置注明飞行的磁航迹。如果离场程序中某些航段对航空器的类型有限制，则应注明可以使用的航空器类型，在图中明确地标注航线段中的定位点对航空器飞行高度的限制。所有航线段均应注明飞行距离。爬升梯度不标注默认最小为 3.3%，超过 3.3%时应在该航段注明。如图 6.21 所示。

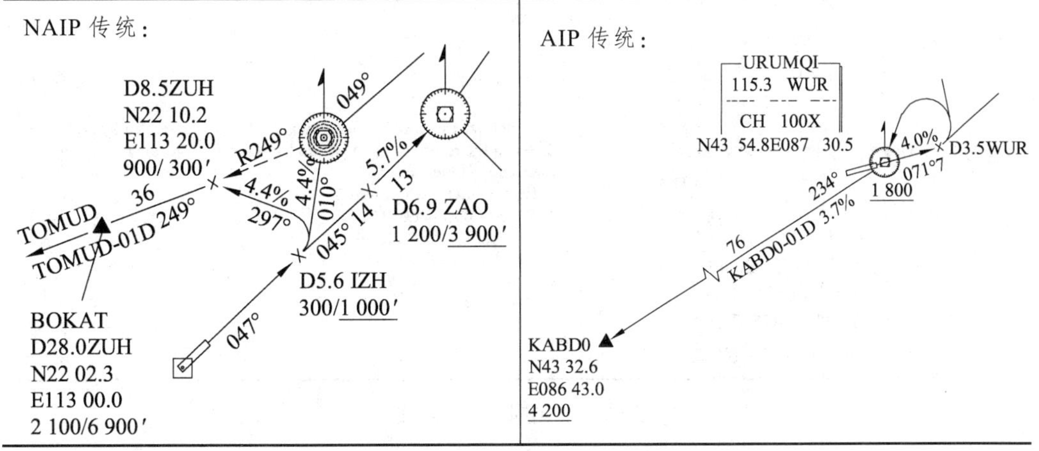

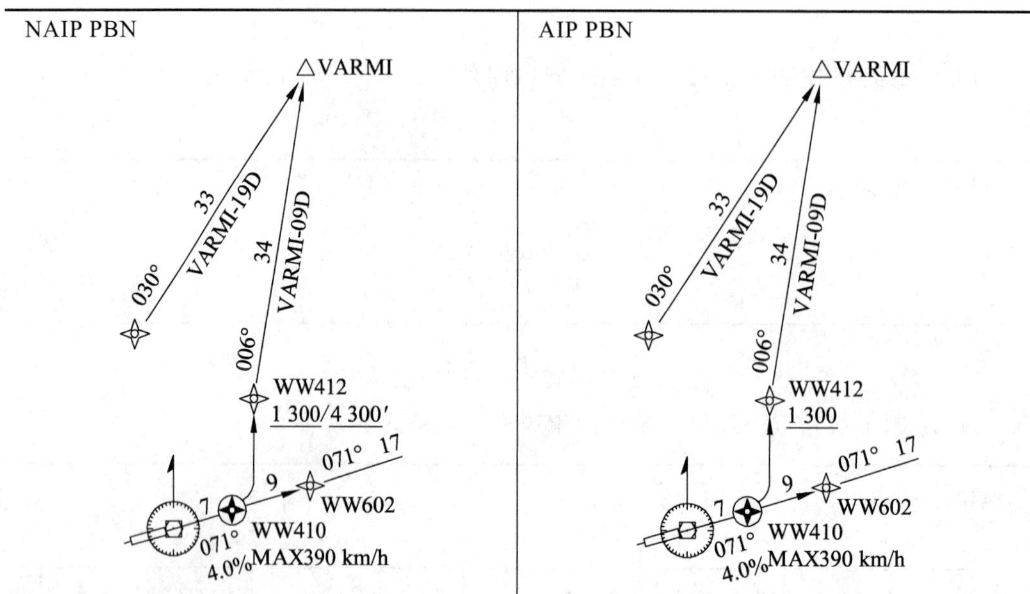

图 6.21 航迹标注

（5）限制空域。

描绘出制图范围内的所有限制空域边界范围，并标注其代码、高度下限和上限、限制时间。当同一个限制空域内不同的位置高度限制有所不同时，应使用虚线表示高度规定的界限，并分别注明其高度。也可以用标注的方式，在空白处用文字的形式标注其限制条件。如图 6.22 所示。

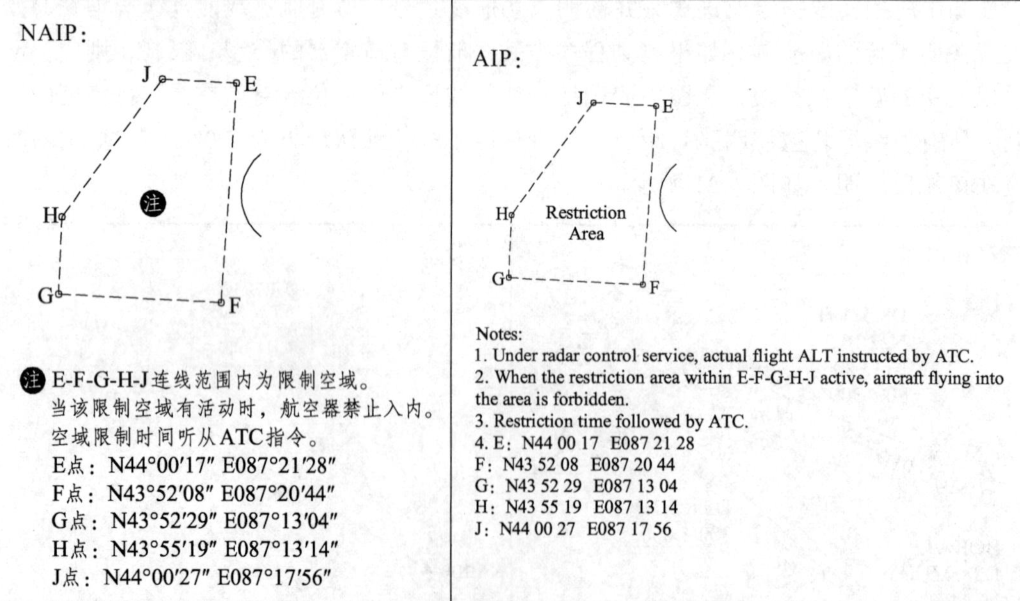

图 6.22 限制空域标注

（6）扇区最低安全高度。

扇区中心的归航台用其识别表示，方位线使用带箭头的细实线，箭头指向中心；在方位线中断开放置方位角，角度是该方位线指向中心的磁向角度，按度取整；由于平面图上方为真北方向，摆放方位线时要注意沿真北方向，即公布的方位角需加上磁差。最低扇区高度外圆的正下方，标注“MSA 46 km”。如图 6.23 所示。

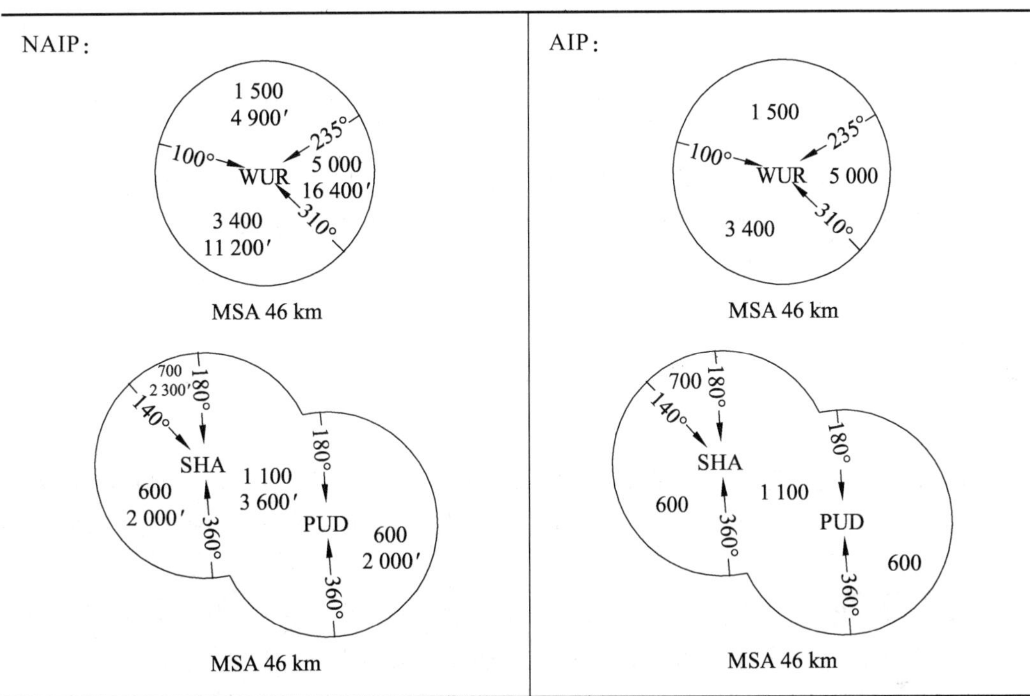

图 6.23　扇区最低安全高度标注

（7）本次修订的资料变化摘要。

在修订栏公布修订的主要数据、资料变更情况的摘要。若修订数据较多或不便描述，可公布为“程序”；若本次修订为初始修订，可公布为“新图”。如图 6.24 所示。

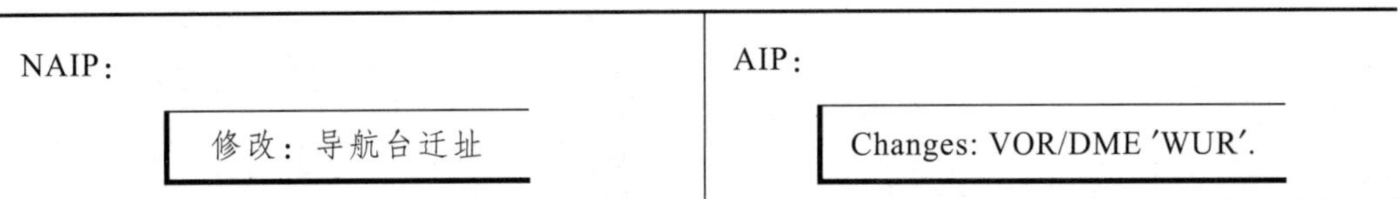

图 6.24　修订的资料变化摘要标注

（8）航图注释。

有关离场程序的注释应尽量排放在一起。若注释条数较多，应进行编号。如果注释内容对本航图的使用非常重要，需要引起使用者特别注意，则应将该内容突出显示，可以加大字号，加粗字体，在外面加上框线等，如图 6.25 所示。

NAIP：	AIP：
离场转弯最大 IAS380 km/h	Departure turn MAX IAS380 km/h

图 6.25 注释标注

若注释内容涉及某一具体航段、定位点或数据，最好在相关位置标上注释标志，例如“①”“②”“㊟”“Ⓐ”等，在注释内容前也增加相同的标志，以便于查询，如图 6.26 所示。

NAIP：	AIP：
注：❶离场起始转弯高度230/800′ 绕飞雷雨和机动飞行不得进入禁止绕飞机动区	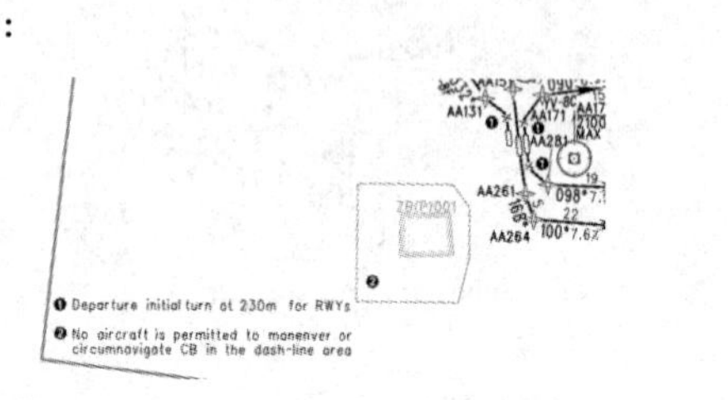

图 6.26 注释标志标注

注：航图绘制过程中，航图要素的符号、线型、注记、颜色要求可具体参见《民用航空图编绘规范》（MH/T4019—2012）与《民用航空图编绘图式》（IB-TM-2015-004）

实践练习题

（1）传统离场程序与 PBN 离场程序在航图元素表达上存在哪些差异？

（2）请根据附录 6 的传统离场图与 PBN 离场图描述进场实施过程，以及需关注的航空要素。

（3）根据给定资料，结合离场图布局分析并完成进场图原图编绘。

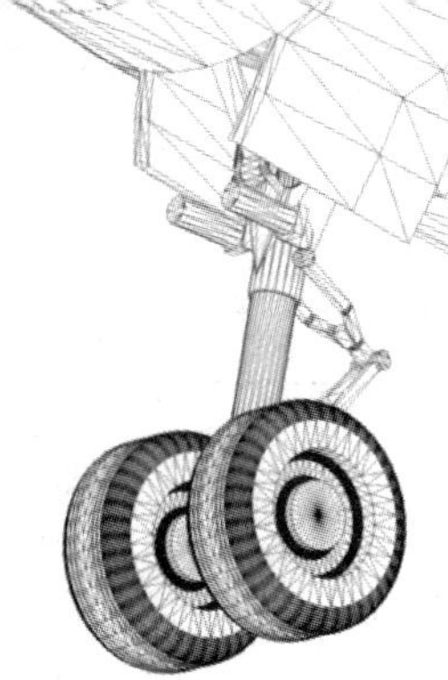

7　仪表进近图

【导　读】

仪表进近程序是指根据飞行仪表和对障碍物保持规定的超障余度所进行的一系列预定的机动飞行。这种机动飞行是从起始进近定位点开始，或从规定的进场航路开始，直至能完成着陆的一点为止。之后，如果不能完成着陆，则飞至一个等待或航路超障准则适用的位置。ICAO 附件 4 要求，供国际民用航空使用，并已由有关国家制定了仪表进近程序的全部机场，必须绘制仪表进近图。进近图中包含了进近程序实施的大量要素，如导航方式、程序模式、各类运行限制等，还包含了执行该进近程序在各种情况下应遵循的着陆标准，是飞行员实施进近阶段运行、管制人员实施进近阶段指挥时必须参照的重要航行资料。

7.1　仪表进近图布局与航图元素

7.1.1　航图布局

仪表进近图布局如图 7.1 所示，分为以下部分：

（1）标题栏部分。该部分标注图名、机场标高和入口标高、进近/复飞和等待飞行过程中使用的无线电通信频率与呼号、城市/机场名、最后进近所用导航台类型和着陆跑道的编号、机场所在位置的磁差等。

（2）平面图部分。该部分包括地形、地物、国境线（如有）、航空要素中给出进近着陆机场的所有跑道、无线电导航设施、航迹、定位点，以及障碍物、限制空域、扇区最低安全高度，以位于机场基准点附近的测距台为圆心，或者以机场基准点为圆心，半径为 20 km 的参考圆，进近程序和空中交通服务对航空器运行的限制的特殊规定。

（3）剖面图部分。该部分包括着陆所用跑道、无线电导航设施、航迹、定位点，本机场使用的过渡高度和过渡高度层应在剖面图中适当的位置注明。

（4）机场最低着陆标准部分。该部分包括各类机型（不允许使用该图的机型除外）使用该图时所需着陆最低运行标准。

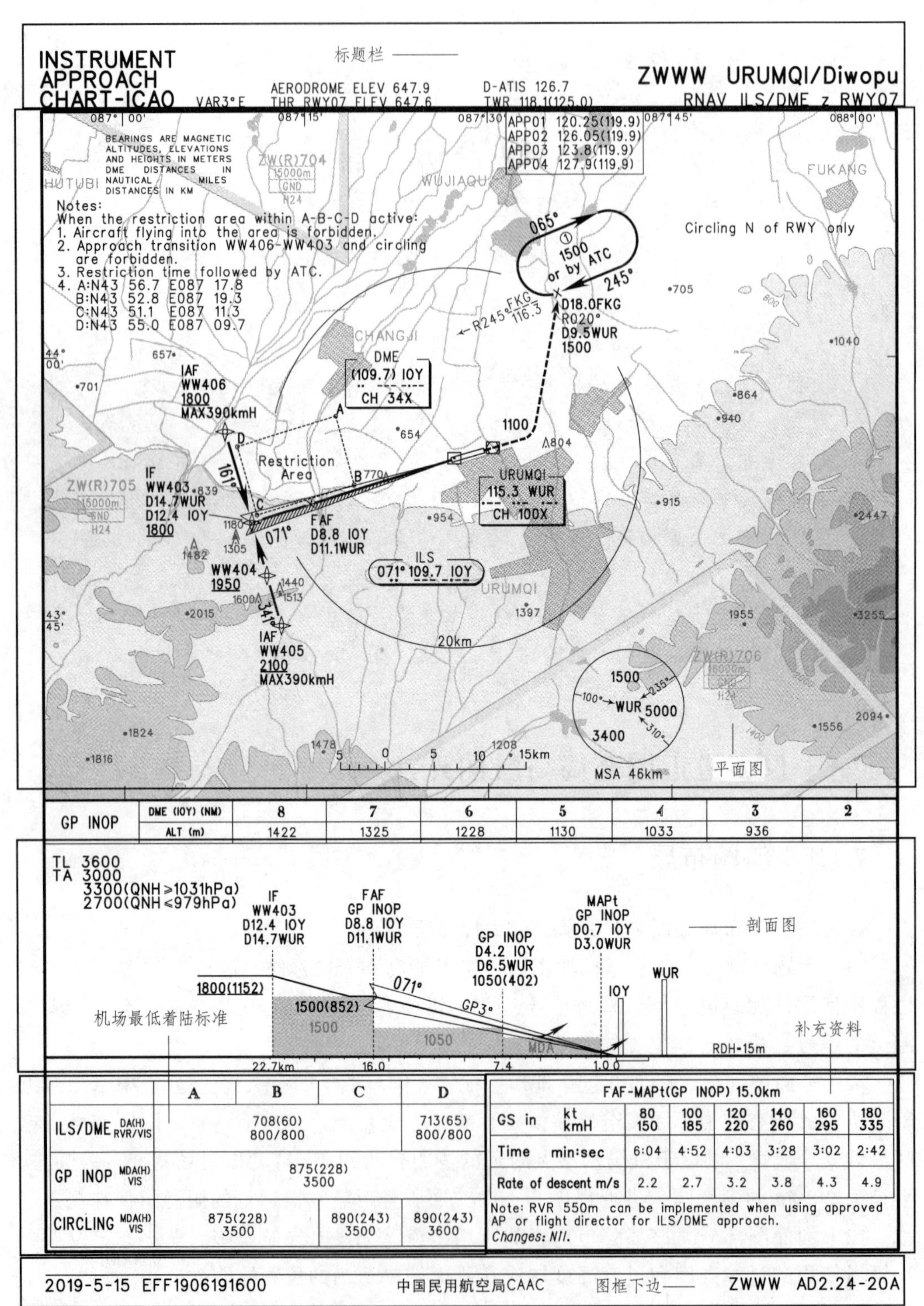
标题栏
INSTRUMENT APPROACH CHART-ICAO
VAR3°E
AERODROME ELEV 647.9
THR RWY07 ELEV 647.6
D-ATIS 126.7
TWR 118.1(125.0)
ZWWW URUMQI/Diwopu
RNAV ILS/DME z RWY07
APP01 120.25(119.9)
APP02 126.05(119.9)
APP03 123.8(119.9)
APP04 127.9(119.9)
BEARINGS ARE MAGNETIC ALTITUDES, ELEVATIONS AND HEIGHTS IN METERS DME DISTANCES IN NAUTICAL MILES DISTANCES IN KM
Notes:
When the restriction area within A-B-C-D active:
1. Aircraft flying into the area is forbidden.
2. Approach transition WW406-WW403 and circling are forbidden.
3. Restriction time followed by ATC.
4. A:N43 56.7 E087 17.8
B:N43 52.8 E087 19.3
C:N43 51.1 E087 11.3
D:N43 55.0 E087 09.7
Circling N of RWY only
065°
1500 or by ATC
245°
D18.0FKG
R020°
D9.5WUR
1500
R245° FKG 116.3
CHANGJI
DME (109.7) IOY CH 34X
IAF WW406 1800 MAX390kmH
1100
Restriction Area
URUMQI 115.3 WUR CH 100X
IF WW403 D14.7WUR D12.4 IOY 1800
161°
071°
FAF D8.8 IOY D11.1WUR
ILS 071° 109.7 IOY
WW404 1950
341°
IAF WW405 2100 MAX390kmH
20km
1500
WUR 5000
3400
MSA 46km
平面图
GP INOP
DME (IOY) (NM) 8 7 6 5 4 3 2
ALT (m) 1422 1325 1228 1130 1033 936
TL 3600
TA 3000
3300(QNH≥1031hPa)
2700(QNH≤979hPa)
IF WW403 D12.4 IOY D14.7WUR
FAF GP INOP D8.8 IOY D11.1WUR
GP INOP D4.2 IOY D6.5WUR 1050(402)
MAPt GP INOP D0.7 IOY D3.0WUR
剖面图
1800(1152)
1500(852)
071°
GP3°
机场最低着陆标准
补充资料
RDH=15m
22.7km 16.0 7.4 1.0
	A	B	C	D
ILS/DME DA(H) RVR/VIS	708(60) 800/800			713(65) 800/800
GP INOP MDA(H) VIS	875(228) 3500			
CIRCLING MDA(H) VIS	875(228) 3500		890(243) 3500	890(243) 3600
FAF-MAPt(GP INOP) 15.0km
GS in kt / kmH	80 150	100 185	120 220	140 260	160 295	180 335
Time min:sec	6:04	4:52	4:03	3:28	3:02	2:42
Rate of descent m/s	2.2	2.7	3.2	3.8	4.3	4.9
Note: RVR 550m can be implemented when using approved AP or flight director for ILS/DME approach.
Changes: Nil.
2019-5-15 EFF1906191600
中国民用航空局CAAC
图框下边
ZWWW AD2.24-20A

图 7.1 仪表进近图布局

（5）补充资料部分。该部分包括地速、时间、下降率换算表，测距仪读数、至入口距离、航空器飞行高度对照表。

（6）修订资料部分。该部分给出该图修订的数据、资料变更情况的摘要，并标注在图框内运行标准表的下方。

（7）图框下边部分。该部分给出图的出版日期、生效日期、出版当局以及航图编号。

7.1.2 主要航图要素

1. 上图框信息

图框中包括常规特种航图图框信息，如图名、磁差、通信频率、机场所在地名称、最后进近所用导航类型和着陆跑道等。其中导航类型区分了该仪表进近图采用导航方式的差异。根据导航方式的不同，仪表飞行程序分为传统程序和基于性能导航（PBN）程序。

传统仪表进近程序在最后进近通常使用的导航设施为 ILS/DME、VOR/DME 或者 NDB/DME 等。传统仪表进近程序公布的进近图是“仪表进近图—传统程序”。

PBN 进近程序一般采用的导航规范是 RNP APCH，还有 RNP AR APCH 进近程序，是需要中国民航局特殊授权批准的。PBN 进近程序公布的进近图是“仪表进近图—RNP APCH”。目前我国 PBN 导航进近程序在 AIP 中不予公布，“仪表进近图—RNP APCH”航图编绘规范仅适用于 NAIP 中。

2. 平面图信息

（1）无线电导航设施及注记框。

平面图中应标出所有进近程序所需要的导航设施，包括提供航迹引导的导航设施、提供定位的导航设施，以及作为 MSA 中心的导航设施。如果上述导航设施在图幅以外，则不必标出，但在定位信息中需注明这些导航设施的识别和频率。部分程序设计中，由于最低扇区高度（MSA）使用无线电导航设施作为中心的归航台，因此，在图上应公布该无线电导航设施。

图幅中进近程序不需要的其他导航设施应舍去。但如果最后进近航迹对正跑道中心线，则位于五边上的作为远近台的 NDB、中指点标、外指点标都需要标出；如果最后进近航迹偏置（主要是 VOR 进近），上述导航设施作为定位点（FAF、MAPt、SDF、高度检查点）时需要标出，否则不必标出。如图 7.2 所示，该 VOR 进近程序最后进近航迹偏置，LMM 是 MAPt，平面图和剖面图需标注这个台。

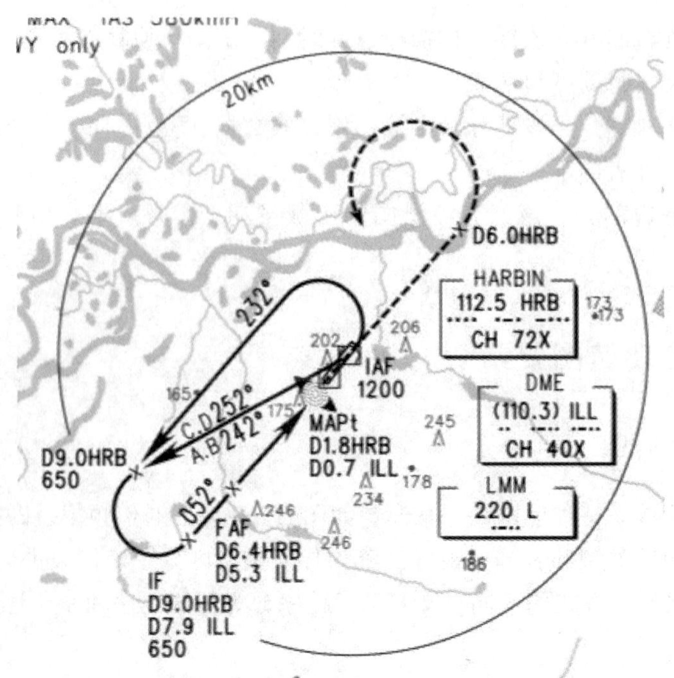

图 7.2　无线电导航设施平面图注记

对于以 GNSS 为导航源的 RNP APCH 程序，原则上不需要地面无线电导航设施的引导。因此，无线电导航设施及其注记框无须画出。仪表进近图中常用无线电导航设施图例详见附表 7.1。平面图中除 MKR 外，所有的无线电导航设施都需要有注记框，注记框的内容包括导航设施名称、频率、识别、电码识别、DME 波道，ILS 航向台注记框中还包括航向道的磁方向。进近图中导航设施的坐标不在注记框中公布。不同类型的导航设施占用不同的频段，对于 DME 航图中仅公布与之合装的 VOR 或 ILS 频率所对应的波道；与 GP 合装的 DME 除公布波道外，还需公布所对应的 ILS 频率，且在频率外加括号。ILS 航向台注记框中应公布航向道的磁方向。如果 VOR/DME 和 NDB 合装在一起或位置很近，名称相同，则两者的数据框合并在一起，有关 VOR/DME 的信息放在上方。仪表进近图中常用无线电导航设施注记示例如附表 7.2 所示。

（2）定位点。

在平面图中，定位点应使用与其类型相一致的符号表示，并注明定位点名称。采用交叉定位方法确定其位置的定位点，应标明所使用的导航台的识别，以及定位点与导航台的方位关系或距离。交叉定位点信息标注表示方法如下：

① VOR 径向线的方位信息注记的表示方法为“R{径向线角度}{VOR 识别}”，径向线角度按度取整，如果图中仅有一个 VOR，或有一个以上 VOR 但不会引起混淆，注记中的 VOR 识别可以省略，例如“R171° SZY”“R240°”，如图 7.3（a）、（b）所示；

② NDB 方位线的方位信息注记的表示方法为“{NDB 识别}{方位线角度}”，方位线角度按度取整，例如“PU326°”，如图 7.3（c）所示；

③ DME 定位距离的表示方法为“D{DME 数值}{DME 识别}”，DME 数值精确至 0.1 NM，例如“D10.6CKG”，如图 7.3（d）所示。

（a）VOR 径向方位标注　　（b）VOR 径向方位标注

（c）NDB 方位线标注

（d）VOR 与 DME 交叉定位标注

图 7.3　仪表进近图中常见交叉定位点图例与标注

（3）航路点。

使用 PBN 导航方法设计的程序，其航路点还应注明地理坐标，由于采用 GNSS 导航方式，各航路点坐标在航路点坐标中予以公布，因此平面图中可省略标注航路点坐标。对于 PBN 导航进近程序，航路点标识有飞越点、旁切点以及报告点。其中，视报告性质分为强制报告点和要求报告点。如果导航台作为航路点，则不用标注航路点符号，仅保留导航台符号。航路点图例如图 7.4 所示。

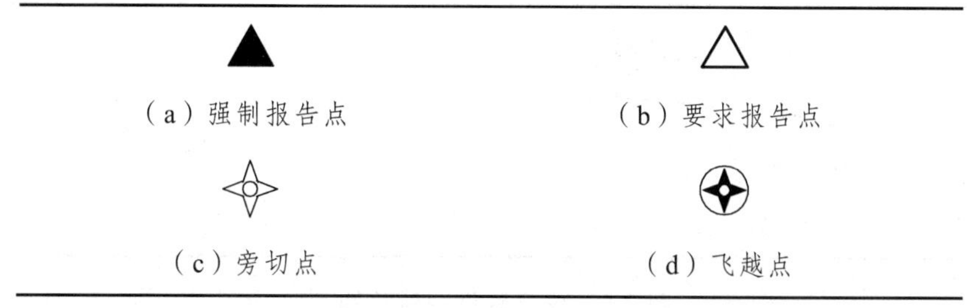

（a）强制报告点　　（b）要求报告点

（c）旁切点　　（d）飞越点

图 7.4　航路点图例

（4）进近航迹。

在平面图中，应描绘进近程序所有航段的航迹线，包括起始进近航段、中间进近航段、最后进近航段、复飞航段，以及与复飞程序有关的等待航线，仪表进近程序的结构如图 7.5 所示。

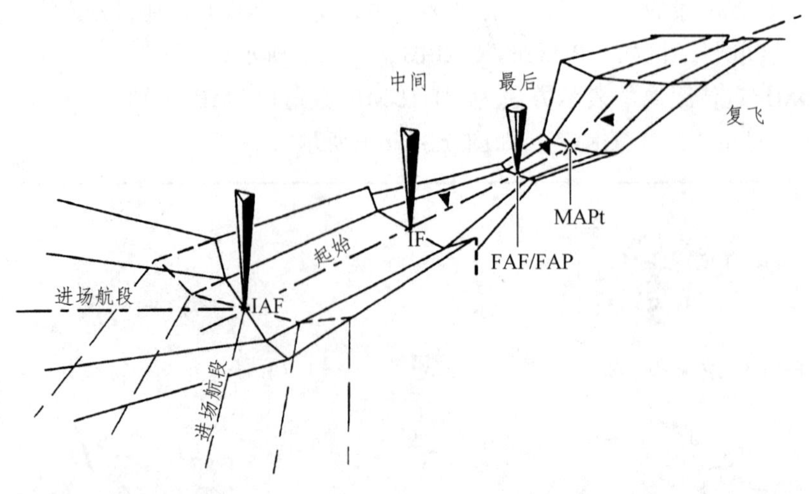

图 7.5　仪表进近程序的结构

起始进近航段从起始进近定位点（IAF）开始，到中间进近定位点（IF）或最后进近定位点/最后进近点（FAF/FAP）止，主要用于航空器下降高度，并通过一定的机动飞行完成对准中间或最后进近航段。中间进近航段是从 IF 到 FAF/FAP 之间的航段，是起始进近与最后进近的过渡航段，主要用于调整航空器构型、速度和位置，并下降少量高度，完成对准最后进近航段。最后进近航段是完成对准着陆航迹和下降着陆的航段，其仪表飞行部分是从 FAF/FAP 开始，至复飞点（MAPt）或建立目视飞行结束。复飞航段是从复飞点（MAPt）开始，到航空器爬升至可以做另一次进近，或回到指定的等待航线，或重新开始航线飞行的高度为止。仪表进近图中一般航迹标注如图 7.6 所示。

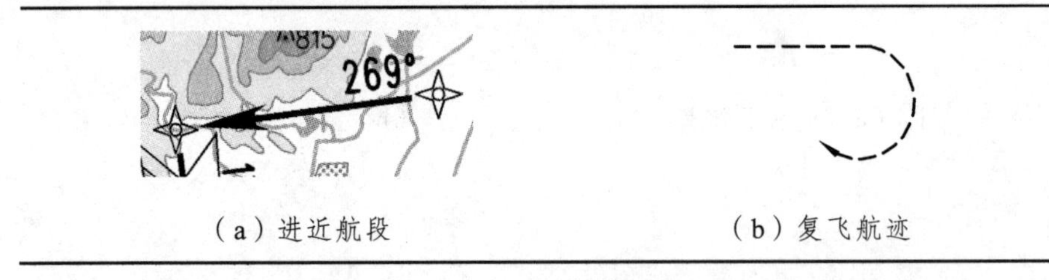

（a）进近航段　　（b）复飞航迹

图 7.6　仪表进近图航迹图例

起始进近航段主要有四种程序模式：直线航线程序、反向航线程序、直角航线程序和推测航迹程序，如图 7.7 所示。基线转弯和直角航线程序的出航边如果采用计时的方法来确定其长度，应在平面图中注明飞行时间。当不同类型的航空器使用不同的飞行时间时，应分别注明各类航空器的飞行时间，如图 7.7（b）和图 7.7（c）所示。基线转弯程序当不同类型的航空器使用不同的出航航迹时，也应分别注明各类航空器的出航航向，如图 7.7（b）所示。

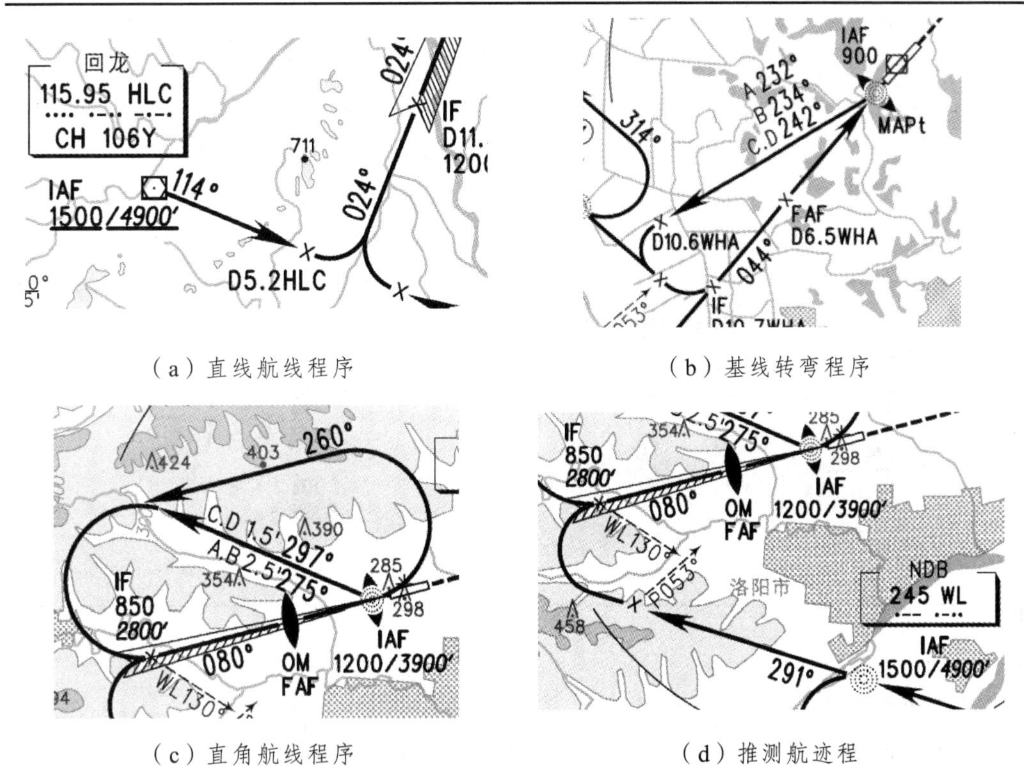

（a）直线航线程序　　（b）基线转弯程序

（c）直角航线程序　　（d）推测航迹程

图 7.7　起始进近航迹类型

特殊仪表进近航迹标绘说明：

① 如果起始进近航段或复飞航段的一部分超出图幅以外，经评估没有必要缩小平面图比例尺或扩大图幅，可不按比例绘制相关航段，将不按比例部分用边线为细实线的长方形框起来。框线内不标绘地形、水系、城市轮廓等地理信息，如图 7.8（a）所示。

② 对于复飞偏置，即复飞起始段航迹角与最后进近航迹角不一致的，还应当在航迹线上标注复飞起始段的航迹角，如图 7.8（b）所示。

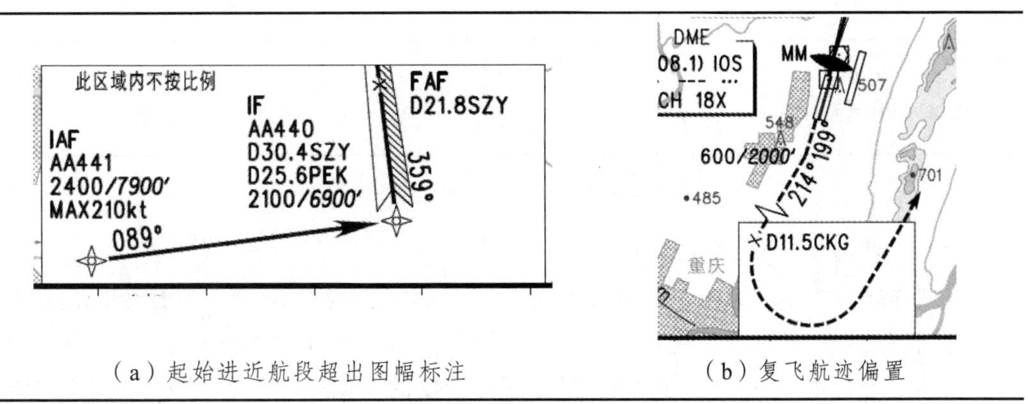

（a）起始进近航段超出图幅标注　　（b）复飞航迹偏置

图 7.8　特殊航迹标绘

（5）等待程序。

平面图上仅公布与进近和复飞相关的等待航线，IAF 处的等待航线如果已经在进场图中公布，且和复飞程序无关，则可不在平面图上公布。进近图复飞程序中的等待与进场等待完全一致的，使用与进近程序航迹线相同的粗实线描绘等待航线，如图 7.9（a）所示；如果复飞等待的等待点、出航角、入航角、等待时间、等待高度等任何一项与进场不一致的，则用虚线（复飞线）描绘，如图 7.9（b）所示。

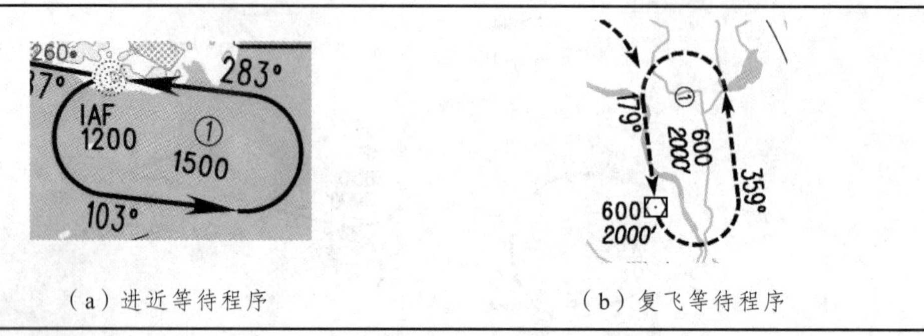

（a）进近等待程序　　　　（b）复飞等待程序

图 7.9　等待程序

（6）重要障碍物。

在平面图中，必须标出重要障碍物。障碍物选取条件如下：

① 飞行程序设计专家指定的障碍物，决定各个航段最低超障高度的控制障碍物；

② 在保护区之外，但对程序设计起着重要影响的障碍物；

③ 制图范围内，高于入口标高 150 m 以上有影响的障碍物。

障碍物分为自然地物、人工障碍物以及顶部加装有指示灯光的人工障碍物。障碍物的图例旁，还应标注障碍物的高程值。高程值应向上 1 m 取整。障碍物高程值的基准面为平均海平面，加括号的为场压高。障碍物类别如图 7.10 所示。

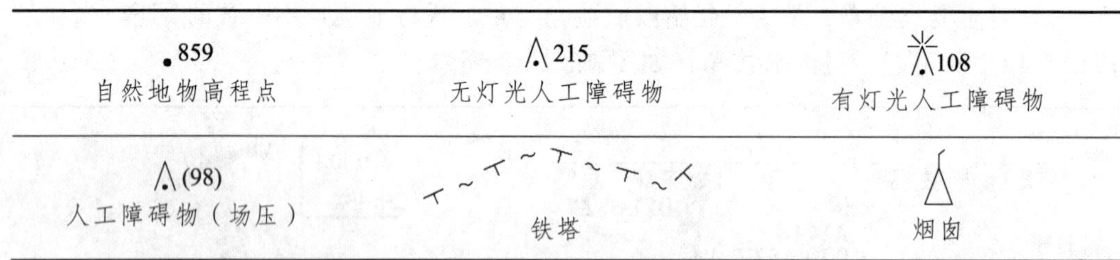

图 7.10　障碍物类别

（7）终端进场高度（TAA）。

区域导航程序中，为便于下降和加入程序，可以提供终端区进场高度（TAA）。终端区进场高度是以起始进近定位点（IAF）为圆心，46 km（25 NM）为半径的圆弧内所有物体之上提供 300 m（1 000 ft）最小超障余度的最低高度。如果没有起始进近定位点，则以中间进近定位点（IF）为圆心，圆弧末端与 IF 的连线为边界。一个程序的联合 TAA 必须是一个以 IF 为中心的 360° 区域，如图 7.11 所示。

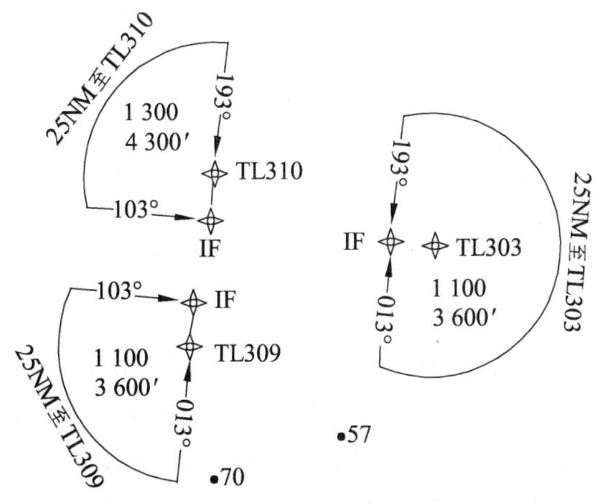

图 7.11　联合终端区进场高度（TAA）

如果程序设计设定公布最低扇区高度（MSA），则可不设定公布终端进场高度（TAA）。若设定了终端进场高度（TAA），则进近图中可省略公布最低扇区高度（MSA）。

（8）实施本图的重要说明。

在平面图的空白处还可能包含实施该进近程序和空中交通服务对航空器运行限制的特殊规定。如运行限制、速度限制、目视盘旋限制、温度限制等重要说明，在平面图中空白处以文字描述。

3. 剖面图信息

（1）下降/下滑剖面。

在剖面图中，应标绘进近程序从中间进近定位点至复飞的航迹、定位点及其名称、高度限制、磁航迹以及无线电导航设施。在公布最低超障高度数值的同时，剖面图上还使用长方形灰色阴影，以图形的方式来表示最低超障高度（OCA），便于飞行员更加直观的感受。

非精密进近程序在最后进近航段标注下降梯度，最佳下降梯度为“5.2%”，非精密进近程序的复飞程序是从复飞点（MAPt）开始。如图 7.12 所示。一般情况下位于跑道中线延长线上的导航设施，其符号是从剖面图底线开始，直至所需高度位置；其他位置的导航设备，其符号不从剖面图底线开始，仅在航线通过其上空的高度位置，绘出所需部分。

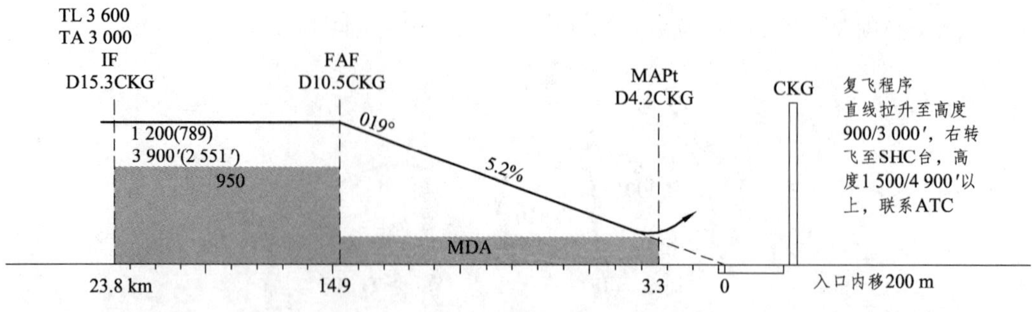

图 7.12　非精密进近程序下降剖面

精密进近程序应在最后进近航段标注下滑角度，标准下滑角为“3°”，并在跑道入口处注明 ILS 基准高（RDH），RDH 标准值为“15 m”。精密进近程序不设置复飞点，复飞程序的实施时机是从航空器沿着下滑道下降到决断高度/高（DA/DH）的位置，如果不能建立目视参考，则飞行员应立即复飞。精密进近图中公布的 MAPt 位置是当 GP 不工作（GP INOP）时，实施非精密进近程序的复飞点。如图 7.13 所示。当 MDA（H）与 DA（H）相差大于 50 m。则应在 MDA（H）和 DA（H）对应的高度处，分别标绘两个示意复飞航迹。

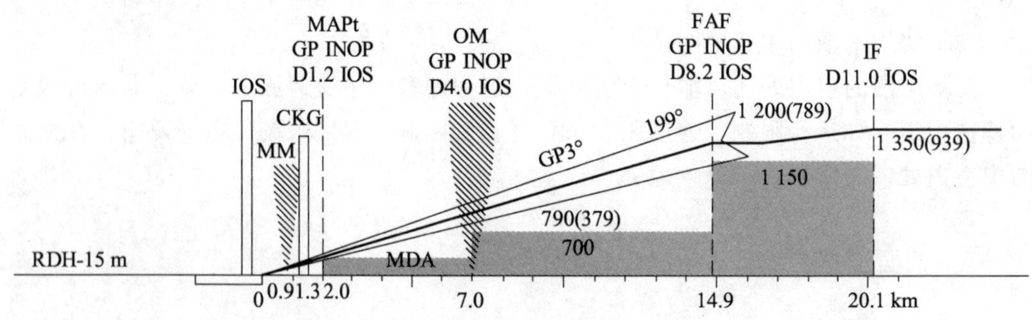

图 7.13　精密进近程序下滑剖面

针对 RNP-APCH 进近程序应公布的进近程序航路点，包括 IF、FAF、高度检查点和 MAPt 等进近功能点，并在进近程序功能点名称之下标注航路点名。注明 TCH，一般情况下为 15 m，以及沿最后进近航迹，标注最后进近垂直航径角，一般为“3°”。如图 7.14 所示。

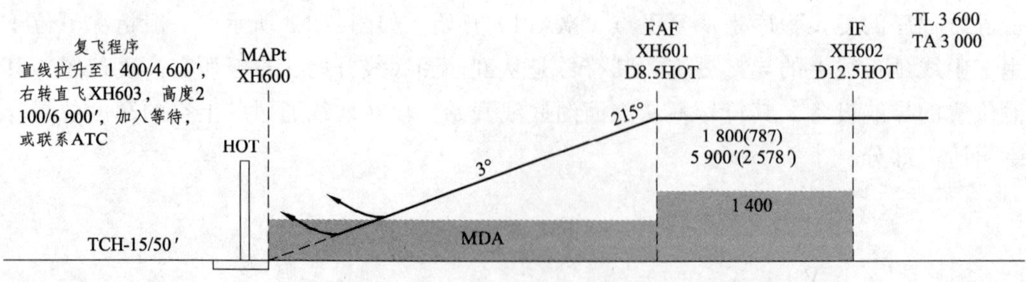

图 7.14　RNP-APCH 进近程序下滑剖面

（2）复飞程序说明。

所用程序的复飞航段如果采用非标准的复飞爬升梯度（标准复飞梯度为 2.5%），则该梯度应在剖面图中加以说明。复飞程序的绘制，从复飞点使用上扬的箭头表示，并应在剖面图图框靠近复飞点位置公布对复飞程序详细的文字描述，注意描述内容应与平面图中公布的复飞程序相一致。如图 7.1 所示。

4．表格信息

（1）机场最低着陆标准表。

机场最低着陆标准是指机场可用于进近着陆的运行限制，对于精密进近（PA）和有垂直引导的进近程序（APV），用决断高度/决断高（DA/H）和跑道视程/能见度（RVR/VIS）表示；对于精密进近（NPA）和盘旋进近，用最低下降高度/下降高（MDA/H）和跑道视程/能见度（RVR/VIS）表示。机场最低着陆标准公布在图左下方位置，并按照进近程序类型、进近方式以及航空器机型分别标注。如图 7.1 所示。

仪表进近程序分为非精密进近程序（NPA）、有垂直引导的进近程序（APV）和精密进近程序（PA）三种类型，精密进近又分为Ⅰ类、Ⅱ类、Ⅲ类 A、Ⅲ类 B、Ⅲ类 C，不同进近类别的运行标准的制定和标注方式也不相同。

① 非精密进近程序（NPA）：设计用于 2D 仪表进近运行类型 A 的仪表进近程序。

② 精密进近程序（PA）：设计用于 3D 仪表进近运行类型 A 或 B 的基于导航系统（ILS，MLS，GLS 和 SBAS CatⅠ）的仪表进近程序。

③ 有垂直引导的进近程序（APV）：设计用于 3D 仪表进近运行类型 A 的基于性能导航（PBN）仪表进近程序。

如图 7.15 所示，传统进近程序最低着陆标准，第一行为航空器类别，第二行为 ILS/DME 精密进近着陆标准，第三行为非精密进近着陆标准，第四行为目视盘旋进近着陆标准。

<table>
<tr><td></td><td></td><td>A</td><td>B</td><td>C</td><td>D</td></tr>
<tr><td>ILS/DME</td><td>DA(H)
RVR/VIS</td><td colspan="4">472(60)
1 550′(200′)
550/800</td></tr>
<tr><td>GP INOP</td><td>MDA(H)
VIS</td><td colspan="4">565(153)
1 860′(510′)
2 100</td></tr>
<tr><td>盘旋</td><td>MDA(H)
VIS</td><td>640(224)
2 100′(740′)
3 000</td><td>780(364)
2 560′(1 200′)
3 000</td><td colspan="2">980(564)
3 220′(1 860′)
5 000</td></tr>
</table>

图 7.15　传统进近程序最低着陆标准

如图 7.16 所示，RNP-APCH 进近程序最低着陆标准，第二行为 APV 进近着陆标准（LNAV/VNAV），第三行为非精密进近（LNAV）着陆标准。

	A	B	C	D
LNAV/VNAV DA(H) 复飞梯度≥4% /VIS	705(95) 2 320′(320′) 1 000			
LNAV/VNAV DA(H) 复飞梯度≥2.5% VIS	795(185) 2 610′(610′) 2 500			
LNAV MDA(H) VIS	860(251) 2 830′(830′) 3 700			
盘旋 MDA(H) VIS	930(304) 3 050′(995′) 4 900	950(369) 3 270′(215′) 5 000	1 345(719) 4 420′(2 365′) 5 000	

图 7.16 RNP-APCH 进近程序最低着陆标准

（2）测距仪读数、航空器飞行高度对照表。

如果进近程序中要求最后进近航段需要使用测距仪，应在图中部位置列表注明从最后进近定位点至跑道入口之间,所有测距仪读数为整数海里时标称航迹的高度(高)。传统进近程序测距仪读数、航空器飞行高度对照如图 7.17 所示。如果进近程序不要求最后进近航段使用测距仪，但如果有一位置适当的测距仪可提供咨询性质的下降剖面资料时，亦应按上述原则列表。

GP INOP	测距（IOS）	2	4	6	8	10	12	
	高度	605/1 980′	799/2 620′	994/3 260′	1 188/3 900′	1 382/4 530′	1 576/5 170′	

图 7.17 传统进近程序测距仪读数、航空器飞行高度对照表

（3）航空器飞行高度对照表。

对于 LNAV 进近程序，由于只提供水平引导，垂直方向上没有下滑引导，因此需要提供航空器飞行高度对照表，以便航空器建立最后进近航段高度参考。

① 最后进近航段无高度检查点，表格第一行标题栏公布为“距+复飞点点名+（NM）”，之后为距跑道入口（即复飞点）的测距距离，通常以 1 NM 为间隔，取 1 至 7 NM 共 7 个测距距离。如图 7.18 所示。

LNAV	距 XH600/NM	1	2	3	4	5	6	7
	高度			1 319/4 330′	1 416/4 650′	1 513/4 960′	1 610/5 280′	1 707/5 600′

图 7.18 航空器飞行高度对照表（最后进近无高度检查点）

② 最后进近航段有高度检查点，表格第一行标题栏公布为“距下一航路点（NM）”，之后为距复飞点和高度检查点共 8 个测距距离，通常以 1 NM 为间隔，也可以 2 NM 为间隔，视复飞点和高度检查点距离跑道入口距离及相对位置而定。第二行为航空器在飞行至第一行各个测距距离位置时的参考高度。第一个测距距离的高度应在 MDA 之上，最后一个测距距离的高度应小于 FAF 点的高度。如图 7.19 所示。

LNAV	距下一航路点/NM	RW20L	3	5	CK621	1	3	5
	高度		716/2 350′	910/2 990′		1 047/3 440′	1 241/4 070′	1 435/4 710′

图 7.19 航空器飞行高度对照表（最后进近有高度检查点）

（4）地速、时间、下降率换算表。

在剖面图右下方应给出不同地速航空器从最后进近定位点（FAF）到复飞点（MAPt）的飞行时间和应使用的下降率。地速范围应包括允许使用该图的航空器类型在最后进近航段可能使用的地速范围。对于非精密进近，在最后进近阶段，为了满足下降梯度的要求，飞行员会根据航空器的地速，开始航空器的下降率。

如图 7.20 所示，最后进近定位点（FAF）到复飞点（MAPt）的距离为 11.1 km，在下滑台不工作的情况下，如果航空器以地速 160 kt（295 km/h）进近，从最后进近定位点（FAF）飞到复飞点（MAPt）的时间是 135 s；航空器如果按照图中公布的最后进近下滑角 3°，即 5.2% 梯度下降的情况下，航空器的下降率为 850 ft/min（4.3 m/s）。

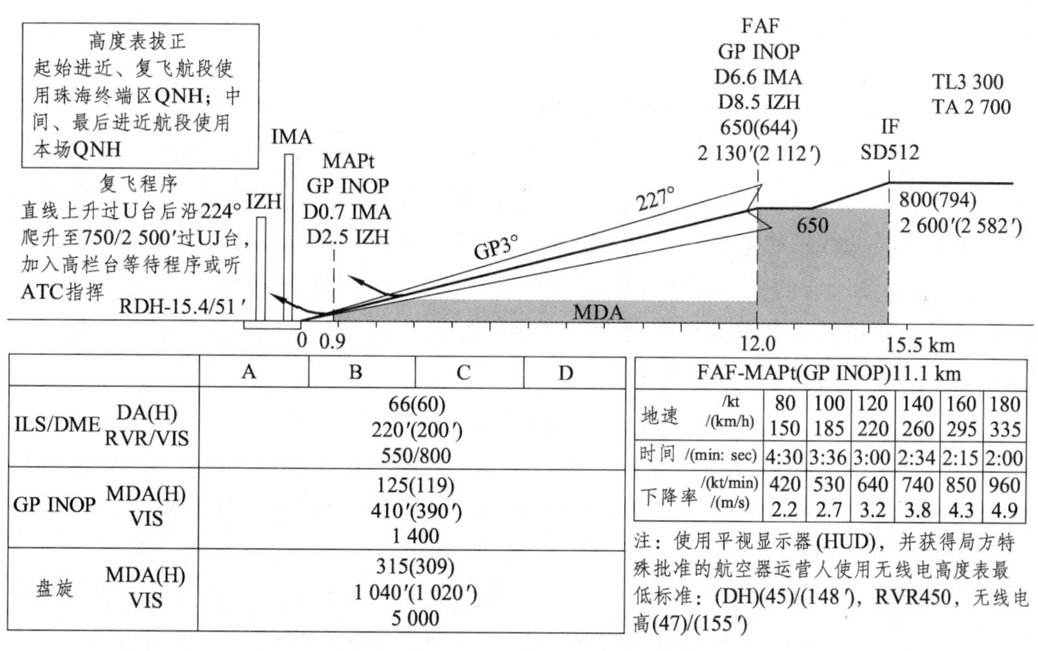

		A	B	C	D
ILS/DME	DA(H) RVR/VIS	66(60) 220′(200′) 550/800			
GP INOP	MDA(H) VIS	125(119) 410′(390′) 1 400			
盘旋	MDA(H) VIS	315(309) 1 040′(1 020′) 5 000			

FAF-MAPt(GP INOP)11.1 km						
地速 /kt	80	100	120	140	160	180
/(km/h)	150	185	220	260	295	335
时间 /(min: sec)	4:30	3:36	3:00	2:34	2:15	2:00
下降率 /(kt/min)	420	530	640	740	850	960
/(m/s)	2.2	2.7	3.2	3.8	4.3	4.9

注：使用平视显示器(HUD)，并获得局方特殊批准的航空器运营人使用无线电高度表最低标准：(DH)(45)/(148′)，RVR450，无线电高(47)/(155′)

图 7.20 地速、时间、下降率换算表

7.2 仪表进近图应用

仪表进近图—ICAO 是为飞行机组提供预定着陆跑道的仪表进近程序的资料，包括复飞程序，以及适用的有关等待航线和天气标准。仪表进近程序分为非精密进近程序（NPA）、有垂直引导的进近程序（APV）和精密进近程序（PA）三种类型。通对制定的每一种仪表进近程序单独绘制一幅仪表进近图—ICAO。如果中间进近、最后进近和复飞航段的程序相同，可以在一张精密进近或非精密进近图上标绘一种以上的进近程序。当不同类别的航空器在仪表进近程序最后进近航段以外的航段上，出现航迹、时间或高度数值不同，而且将这些数据全标绘在同一张图上会造成杂乱或混淆时，必须绘制多幅进近图。任何时候，安全飞行需要的基本资料过期时，必须对仪表进近图—ICAO 进行修订。

随着 PBN 技术的应用，我国很多机场的同一跑道已拥有两个以上使用相同导航设备类型提供最后进近引导的进近程序，标识相同的进近程序无法在导航数据库中区分，导致了使用上的困难。我国机场在实施Ⅱ类 ILS 运行或平视显示器（HUD）运行时，仪表进近图中公布的着陆标准格式也需要统一。民航局通过发布国内航空资料汇编航空资料通报（AIC）、召开航空情报原始数据提供人协调会等形式，对航图标注的标准化进行了规范说明，要求签派员、管制员等航空运行相关人员能够正确使用航图，尤其是航空情报人员上报的机场原始资料应参照相关规定提供，飞行程序设计人员在程序设计报告中也应参照标准格式上报。其中关于仪表进近图相关规定如下。

（1）同一跑道相同标识进近程序增加后缀。

按照国际民航组织（ICAO）的要求，同一机场同一跑道拥有两个及以上相同标识的进近程序，则应该在标识中增加一个字母后缀予以区分，否则这些标识相同的进近程序无法在导航数据库中区分，会导致使用上的困难，进而对飞行的正常运行造成一定影响。为保证所有的进近程序都能编入导航数据库中，参照 ICAO 的相关规范，NAIP 中对于同一机场同一条跑道拥有两个以上相同标识进近程序，在程序标识中通过增加后缀的方式加以区分，具体方法如下：

① 在程序标识中的导航设备名称与跑道编号之间增加小写字母后缀，中间留一空格。后缀从字母 z 开始编起，程序标识相同的第一个程序增加后缀 z，第二个程序增加后缀 y，以此类推，例如“ILS/DME z RWY02”“ILS y RWY05”“RNAV ILS/DME w RWY02L”“VOR/DME y RWY26”等。

② 编排航图顺序时，在征求程序设计、批复及使用单位意见的前提下，了解程序重要等级，将标识相同的程序中较常用、较重要的程序放在前面，不常用的程序放在后面。

③ 同一条跑道若既有 ILS/DME 程序，又有 ILS 程序，则在程序标识中增加后缀加以区分。同一条跑道若既有 ILS/DME 程序，又有 RNAV ILS/DME 程序，则增加后缀加以区分。

④ 公布了Ⅱ类 ILS 进近程序的跑道，若Ⅱ类 ILS 进近程序航迹与Ⅰ类 ILS 程序完全一致，则认为是相同的进近程序，不增加后缀；如果Ⅱ类航迹与Ⅰ类不一致（通常不会出现），标识中则增加后缀来区分。

如图 7.21 和图 7.22 所示，重庆/江北机场 02L 跑道进近程序既有 ILS/DME 程序，又有 RNAV ILS/DME 程序，因此在程序标识中的导航设备名称后增加小写字母进行区分，其中 RNAV CAT-Ⅰ/Ⅱ ILS/DME 为主用程序，程序后缀字母为 z，CAT-Ⅰ/Ⅱ ILS/DME 为次用程序，程序后缀字母为 y；并且该机场 02L 跑道的Ⅱ类 ILS/DME 进近程序与Ⅰ类 ILS/DME 的进近程序航迹完全一致，因此Ⅰ/Ⅱ类 ILS/DME 程序公布在了一张图中。

图 7.21　RNAV CAT-Ⅰ/Ⅱ ILS/DME 进近程序

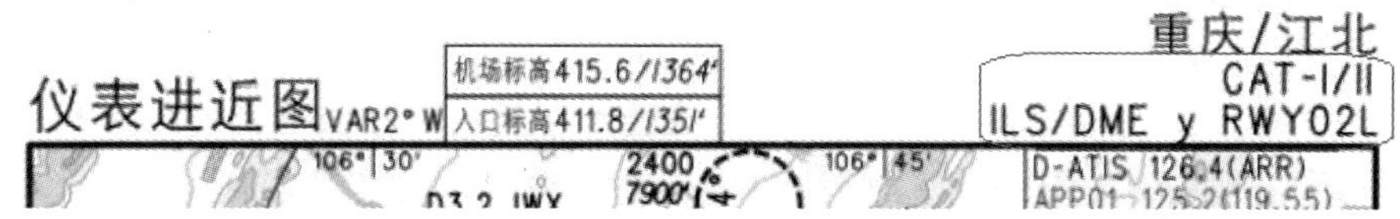

图 7.22　CAT-Ⅰ/Ⅱ ILS/DME 进近程序

（2）实施Ⅱ类运行着陆标准单独公布。

实施Ⅱ类运行的机场必须制定该机场仪表着陆系统（ILS）Ⅱ类运行低能见度程序。该程序由机场空中交通管制部门会同机场有关单位共同制定。例如重庆/江北机场 02L 跑道能够实施Ⅱ类 ILS 进近程序，由于该跑道的Ⅱ类 ILS 进近程序航迹与Ⅰ类 ILS 程序中间进近、最后进近和复飞航段完全一致，则Ⅰ类和Ⅱ类 ILS 进近程序绘制在同一张图中，标识中增加“CAT-Ⅰ/Ⅱ”，但是Ⅱ类着陆最低标准应在进近图着陆标准格下方单独制作表格公布。

如图 7.23 所示，某机场跑道Ⅰ/Ⅱ类运行程序，C 类航空器Ⅰ/Ⅱ类 IILSDME 运行的着陆最低标准如下。

① Ⅰ类 ILSDME 进近：着陆最低标准为决断高度（DA）742 m，决断高（DH）60 m，跑道视程（RVR）550 m，能见度（VIS）800 m。

② GP 下滑台不工作时：着陆最低标准为最低下降（MDA）565 m，最低下降高（MDH）153 m，能见度（VIS）2 100 m。

③ 目视盘旋进近：着陆最低标准为最低下降（MDA）980 m，最低下降高（MDH）564 m，能见度（VIS）5 000 m。

④ Ⅱ类 ILSDME 进近：着陆最低标准为决断高（DH）30 m，无线电高度表（RA）32 m。

		A	B	C	D
ILS/DME 复飞梯度4%	DA(H) RVR/VIS HUD	472(60) 1 550′(200′) 550/800			
GP INOP	MDA(H) VIS	565(153) 1 860′(510′) 2 100			
盘旋	MDA(H) VIS	640(224) 2 100′(740′) 3 000	780(364) 2 560′(1 200′) 3 000	980(564) 3 220′(1 860′) 5 000	

飞机分类	决断高 (DH)	无线电 高度表	自动驾驶到 (DH)以下	(DH)以下 手操作
A、B、C、D	(30) (100′)	(32) (105′)	RVE300	A.B.C: RVR300 D: RVE350

FAF-MAPt(GP INOP)17.8 km							
地速	kt /(km/h)	80 150	100 185	120 220	140 260	160 295	180 335
时间	/(min: sec)	7:13	5:47	4:49	4:08	3:37	2:13
下降率	/(kt/min) /(m/s)	420 2.2	530 2.7	640 3.2	740 3.8	850 4.3	960 4.9

HDU特殊Ⅰ类，需局方批准(DH)(45)/(148′)，(RA)(53)/(174′)，RVR450

修改：APP、TWR

图 7.23　Ⅰ/Ⅱ类运行着陆标准公布

（3）实施平视显示器（HUD）运行进近程序。

实施平视显示器（HUD）是一种可以把飞行数据投射到驾驶员正前方的透明显示组件上的显示器，它可以使驾驶员保持平视就能获取飞行信息。平视显示着陆系统（HUDLS）是具备进近着陆引导能力的平视显示系统，它可在整个飞机进近、着陆或复飞阶段提供平视显示引导，包括自身专用的传感器、工作状态信号牌、计算机、平视显示器等。HUDLS 典型用于人工操纵飞机进行Ⅱ类与ⅢA 类进近。实施平视显示器（HUD）运行进近程序用图标HUD标注，公布办法为中文文字“需局方批准”，英文文字“(DH)”“(RA)”“RVR”及其对应的“(米)/(英尺)”数值。特殊Ⅰ类着陆最低标准公布在着陆标准框 ILS 表头格内，加图标HUD，表示有 HUD 特殊Ⅰ类标准（无HUD，表示没有），同时将HUD特殊Ⅰ类的标准放在进近图右下方文字注释区域内。特殊Ⅱ类着陆最低标准则在进近图着陆最低标准格下方单独制作表格公布。

如图 7.24 所示，某机场跑道特殊Ⅰ和特殊Ⅱ类运行程序，C 类航空器运行的着陆最低标准如下。

① HUD 特殊Ⅰ类运行：需局方批准，着陆最低标准为决断高（DH）45 m，无线电高度表（RA）45 m，跑道视程（RVR）450 m。

② HUD 特殊Ⅱ类运行：需局方批准，着陆最低标准为决断高（DH）30 m，无线电高度表（RA）30 m，跑道视程（RVR）350 m。

		A	B	C	D
ILS/DME	DA(H) RVR/VIS	212(60) 700′(200′) 550/800			
GP INOP	MDA(H) VIS	320(169) 1 050′(560′) 2 400			
盘旋	MDA(H) VIS	340(189) 1 120′(620′) 2 400		370(219) 1 220′(720′) 2 800	370(219) 1 220′(720′) 3 600

HUD特殊Ⅱ类	
A、B、C、D类	需局方批准(DH)(30)/(100′)，(RA)(30)/(100′)，RVR350

FAF-MAPt(GP INOP)11.1 km							
地速	/kt /(km/h)	80 150	100 185	120 220	140 260	160 295	180 335
时间	/(min: sec)	5:01	4:01	3:21	2:52	2:31	2:14
下降率	/(kt/min) /(m/s)	420 2.2	530 2.7	640 3.2	740 3.8	850 4.3	960 4.9

HUD特殊Ⅰ类，需局方批准(DH)(45)/(148′)，(RA)(53)/(148′)，RVR450

图 7.24　特殊Ⅰ和特殊Ⅱ类运行着陆标准公布

以附图 7.1 进近图为例，该图为乌鲁木齐地窝铺机场 07 号跑道 RNAV 程序接 ILS（盲降）进近方式。程序涉及两个 PBN 起始进近定位点（IAF），分别为 IAF（WW406）和 IAF（WW405）。

飞行员自航路沿着进场程序下降进入进近管制区或塔台管制区，接收管制员指挥。管制员将根据飞行实际数据，告知飞行员实施何种进近程序所需要的信息，诸如气象信息、设备运行情况等，同时确定进行跑道及着陆方向。

本例以 C 类飞机从 VOR/DME 导航台 FUKANG 代号“FKG”进场至 WW405，加入 RNAV ILS/DME 进近程序为例说明实施过程。

① 进场阶段：参考附图 5.2 中 RNAV 标准仪表进场图可知，从 FKG 至 WW405 起始进近定位点的进场航线代号为 FKG-08A。从导航数据库编码表可知，该进场程序导航规范为 RNAV1，导航数据从进场点 FKG 开始依次编码至 IF（WW403），导航数据库编码表如图 7.25 所示。

RWY07 进场 KFG-08A								
IF	FKG				2 400			RNAV1
TF	WW411				2 400			RNAV1
TF	WW412				2 400			RNAV1
TF	WW601				2 400			RNAV1
TF	WW414				2 400	MAX390		RNAV1
TF	WW415				2 400	MAX390		RNAV1
TF	WW405				2 100	MAX390		RNAV1
TF	WW404				1 950	MAX390		RNAV1
TF	WW403				1 800	MAX390		RNAV1

图 7.25　FKG-08A 导航数据库编码表

② 起始进近阶段：参考附图 7.1，起始进近采用的是 T 型程序设计，飞机从（IAF）WW405 做起始进近，此时飞机高度不低于 2 100 m，在起始进近航段有限速，指示空速不得超过 390 km/h。此航段为 PBN 进近方式，飞机根据导航数据库编码“TF”沿航迹 341° 飞至 WWW 404，至该点高度不能低于 1 950 m，根据导航数据库编码“TF”沿航迹 341° 飞至 WWW 405 即中间进近定位点。在该航段飞行过程中保持 VOR/DME 台“FKG”频率 116.3 MHz 调定，调定 VOR/DME 台“WUR”频率 115.3 MHz 预选航道 071°，同时 ILS/DME 频率调至 109.7 MHz，设定最后进近航道 071°。在起始进近阶段飞机须下降高度，到达 IF 点时高度为 1 800 m。

③ 中间进近阶段：当 PFD 显示 LOC 截获预选航道 071°，进入中间进近阶段。从剖面图可知，中间进近航段飞机可继续下降高度，但不得低于 1 500 m。该阶段调整飞机速度至该机型最后进近速度，修正航迹偏差使飞机对正最后进近航道，当 PFD 显示截获下滑道，表明飞机切入 ILS 下滑道，参考 IOY DME 指示显示距离为 8.8 NM 时，表示飞机到达最后进近定位点。

④ 最后进近阶段：完成着陆前项目检查，从最后进近定位点开始操纵飞机下滑，借助地速、时间、下降率换算表修正飞机的姿态，调整油门获得合适的下降率，以保持 3° 稳定的下滑角。

⑤ 着陆阶段：根据公布的机场着陆最低标准可知，C 类飞机 ILS/DME 着陆最低标准决断高度（DA）为 708 m，当飞机下降至决断高度时，若能够建立目视参考，则继续进近着陆；若飞机下降至 DA 仍不能建立目视参考，则应立即复飞。

⑥ 如果实施复飞程序，起始复飞保持磁航向角 071° 直线爬升至 1 100 m，联系管制员或左转至 KFG 245° 径向线、DME 距离 18 NM 等待定位点加入等待程序，等待高度不低于 1 500 m 过台，随后联系管制员。

各主要民航岗位对仪表进近图的应用阶段与重点关注信息，如表 7.1 所示。

表 7.1　仪表进近图中民航岗位应用阶段与重点关注信息

航空公司情报人员	使用阶段	① 周期性航行资料分析阶段； ② 校核每周期机载导航数据库； ③ 着陆标注析阶段； ④ 维护导航数据库需求； ⑤ 关键导航台不工作、新增障碍物等通告分析
	重点关注信息	① 进近程序设计类型； ② 使用限制信息； ③ 程序涉及的定位点信息，如定位点名称、定位方式、磁航向、距离、高度等； ④ 导航台基本信息，如坐标、高度要求等； ⑤ 各类航空器最低着陆标准、MSA、复飞梯度； ⑥ PBN 运行特殊要求，如运行最低温度限制（Baro-VNAV）； ⑦ PBN 程序导航数据库编码表； ⑧ 程序是否对外开放
航空公司签派人员	使用阶段	① 放行评估阶段； ② 关键导航台不工作、新增障碍物等通告分析； ③ 新增进近程序； ④ 周期资料分析阶段
	重点关注信息	① 进近程序设计类型； ② 使用限制信息； ③ 关键导航台； ④ PBN 运行特殊要求，如运行最低温度限制（Baro-VNAV）； ⑤ 进近程序过渡段，RNAV 接 ILS； ⑥ RNP APCH，RNP AR 进近； ⑦ 各类航空器最低着陆标准
航空公司飞行员	使用阶段	① 航前驾驶舱准备阶段，初始准备； ② 进近准备； ③ 进近全过程； ④ 复飞

续表

航空公司飞行员	重点关注信息	① 进近程序设计类型； ② 机场标高，入口标高，跑道号，ATIS 频率，塔台频率，MSA，过渡高度/过渡高度层； ③ 航路点，关键导航台，导航台频率； ④ 程序点如 IAF、IF，FAF，MAPt； ⑤ 航向道与下滑道相关数据； ⑥ 下降剖面，五边向台截获高度，高距比表，各航段最低超障高度； ⑦ 复发程序实施方式与要求； ⑧ 最低着陆标准，MDA（H）/DA（H），能见度要求； ⑨ 地形及山区安全高度，特别是在山区机场； ⑩ 特殊注意事项
管制员	使用阶段	进近管制阶段
	重点关注信息	① 进近程序设计类型； ② 高度限制、速度限制； ③ 等待程序、复飞程序； ④ 着陆最低标准

7.3 仪表进近图编绘

7.3.1 制图基本要求

（1）计量单位：距离必须以 km 或 NM 表示，或两者兼用，但两种单位要有明显的区分，精确至 0.1 km 或 0.1 NM；高度、标高、高必须以 m 或 ft 表示，或两者兼用，但两种单位要有明显的区分。其中，机场标高和跑道入口标高精确至 0.1 m 或 1 ft，程序高度（高）根据不同飞行阶段，精确值不同，详见后续章节。

（2）投影：底图采用 3° 分带高斯-克吕格投影。

（3）基准面：平原或丘陵地区的机场，其剖面图的基准面应以 1985 国家高程基准为基准面。因受图幅限制，不能用标准海平面作为基准面时，应使用假定基准面，并应说明使用基准面的标高。

（4）制图范围和比例尺：覆盖范围必须足以包括仪表进近程序的所有航段，以及对预期进近方式视为必要的其他类似区域。

（5）比例尺：仪表进近图的平面图应按比例绘制，比例尺的选择应考虑程序覆盖范围和图幅尺寸的大小，使航图便于判读。平面图通常采用 1∶500 000 比例尺。在一些小机场，如果进近程序所涉及的范围较小，也可采用 1∶250 000 比例尺。有些机场的进近程序覆盖范围很大，可采用较小的 1∶750 000 或 1∶1 000 000 比例尺。使用的比例尺用线段比例尺标在平面图内下方的适当位置。仪表进近图的剖面图应尽量按比例绘制。视情况选择水平比例尺和垂直比例尺，以保证按要求的尺寸绘制出五边的长度和高度。

（6）坐标系统：采用航空直角坐标系。

（7）精度：按比例尺绘制的航图，其制图要素的位置误差不应超过 ± 0.2 mm；长度误差不应超过 0.5 mm。描绘线状要素如分界线、道路、水涯线和等高线等线状符号时，误差不应超过 ± 0.5 mm。

7.3.2　航图绘制过程

步骤 1：资料收集。

根据编图范围收集以下资料：

（1）机场测量资料，包括 1∶100 000、1∶250 000、1∶500 000 地形图。

（2）经批准的机场飞行程序设计报告中的仪表进近程序设计原图和资料；

（3）机场相关技术部门提供的机场资料、通信资料、导航设备资料、相关地图和文字资料、地磁图、行政区划手册、机场周围的地理要素资料和限制区域的资料等。

步骤 2：确定制图比例尺。

根据收集的资料，首先对收集的资料进行全面分析、比较，确定用于编绘仪表进近图底图的地形图，机场、通信和导航设备资料的使用程度和范围，补充资料的增补内容和增补方法，最后确定制图比例尺。然后，以制图资料为基础，从制图区域的全局出发，对各要素的分布情况以及它们之间的相互联系进行分析比较、综合研究，查明航空要素的分布情况，明确在图上反映此项内容的详细程度。研究水系、道路、居民地、地貌等要素的分布特点、特征，确定图上内容的表示。

步骤 3：图框注记绘制。

（1）航图名称。

NAIP 图名：仪表进近图；AIP 图名：INSTRUMENT APPROACH CHART-ICAO；航图名称应在图框外上方左侧位置绘制，格式及布局如图 7.26 所示。

NAIP： 仪表进近图	AIP： INSTRUMENT APPROACH CHART-ICAO

图 7.26　航图名称标注

（2）识别名称。

图框外右侧上方用中英文标注：机场所在城市或地区名称/机场名称、机场四字代码、程序依据设备名称及跑道编号，如图 7.27 所示。

NAIP：	AIP：
锡林浩特 RNP ILS/DME　z　RWY22	ZUCK　CHONGQING/Jiangbei ILS/DME　y　RWY20R

图 7.27　识别名称标注

（3）磁差。

图框外上方标注机场所在地磁差。磁差表示为“VAR{磁差值}° W”或“VAR{磁差值}° E”，磁差值应按度四舍五入精确到 0.1°，如图 7.28 所示。

NAIP/AIP：VAR6.8° W

图 7.28　磁差标注

（4）机场标高和入口标高。

图框外上方中部位置用标注机场标高、入口标高，机场标高和入口标高标准单位高度精确到 0.1 m，英制单位高度精确到 1 ft，机场标高位于入口标高的上方。机场标高为跑道最高点的标高，多跑道机场为所有跑道最高点的标高；入口标高为本图公布的进近程序适用的跑道的入口标高，若跑道入口内移，则为内移入口的标高，如图 7.29 所示。

NAIP：	AIP：
机场标高 1 017.2/3 337′ 入口标高 1 012.6/3 322′	AERODROME ELEV 416 HEIGHTS RELATED TO THR RWY20R ELEV 411

图 7.29　标高标注

（5）无线电通信频率。

图框外上方中部位置标注进近、复飞和等待飞行过程中使用的无线电通信频率，标注方法与进场图相同。

当 TWR 划分为不同的管制区域时，只公布与该进近图使用的跑道对应的管制频率，可分多列表示，表示方式为“TWR{序号}{空格}{主频}（{备频}）{空格}{适用的跑道号}”或“TWR{（方位）}{空格}{主频}（{备频}）”。当 APP 划分为不同的管制区域时，只公布与本图进近程序有关的扇区管制频率，可分多列表示，表示方式为“APP{序号}{空格}{主频}（{备频}）”。当有多个 TWR 或 APP 频率时，若受图廓外图幅位置所限，也可视情况，将无线电通信频率放置在图廓内的平面图上。如图 7.30 所示。

NAIP：	AIP：
D-ATIS 126.4(ARR) APP01 125.2(119.55) APP02 120.85(119.55) APP03 119.1(119.55) APP06 120.025(124.2) APP07 127.925(124.2) TWR01 118.2(118.65) TWR02 124.35(118.65) TWR03 118.375(118.65)	D-ATIS 126.4 (ARR) APP 125.2(119.55) AP01 120.85(119.55) AP02 119.1(124.2) AP03 TWR 118.2(118.65)

图 7.30　无线电通信频率标注

（6）图的编号。

在图框外下方适当位置标注该图的编号。

AIP 中仪表进近图的序号为 AD2.24-10 仪表进近图（传统）和 AD2.24-20 仪表进近图（区域导航）。如果该机场有多张仪表进近图，则序号最后加字母 A、B……以区别，应在序号前加注本机场四字地名代码，如图 7.31 所示。

AIP 仪表进近图（传统）：	AIP 仪表进近图（区域导航）：
ZUCK　AD2.24-10D	ZUCK　AD2.24-20A

图 7.31　图编号标注

NAIP 中仪表进近图的编号方式为“{机场地名代码}-{进近程序类型编号}{航图顺序号}”，其中 Z*XXX*-5 代表仪表进近图（ILS）、Z*XXX*-6 代表仪表进近图（VOR）、Z*XXX*-7 代表仪表进近图（NDB）、Z*XXX*-8 代表目视进近图、Z*XXX*-9 代表 RNP APCH 进近图。如果一个进近程序类型中只有一张图，则省略航图顺序号。如果同一进近程序类型中有多张图，则以航图顺序号加以区分，航图顺序号以大写英文字母表示，从“A”开始顺序编号，按跑道号由小到大排列，同号从左至右。如果同一跑道有两张以上相同进近程序类型的图，则较常使用的图编号在前。如图 7.32 所示。

NAIP 仪表进近图（传统）：	NAIP 仪表进近图（区域导航）：
ZUCK-5A	ZBXH-9B

图 7.32　两张以上图编号标注

（7）出版日期、生效日期、出版单位。

出版日期、生效日期、出版单位标注方法与前面章节所述航图相同。

步骤 4：平面图绘制。

绘制平面图包括绘制程序层要素和绘制非程序层要素。平面图程序层要素，包括跑道、无线电导航设施及注记框、航迹、定位点、航路点、等待程序、特殊规定、空中交通服务空域、限制空域、最低扇区高度（MSA）、终端进场高度（TAA）、参考圈等。非程序层要素，包括地形等高线、高程点、居民地、河流、国境线、障碍物、经纬网等。首先绘制平面图程序层要素。

（1）跑道。

平面图应绘制进近着陆机场的所有有铺筑面跑道的轮廓，土跑道和草跑道不用表示。跑道为空心的长方形，长度依据跑道的实际长度（跑道的全长，包括不提供使用的部分）及真实磁向按比例尺用黑色实线绘制其轮廓。多跑道机场，各条跑道间的相关位置也应注意按比例尺绘制。如果有特殊要求，平面图图幅范围内其他机场的跑道应按比例尺绘制其轮廓，但使用的符号应与着陆机场跑道有明显区别。如图 7.33 所示。

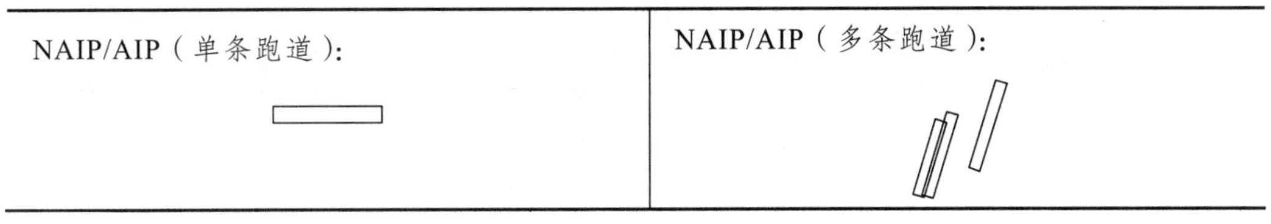

图 7.33　跑道标注

（2）无线电导航设施及注记框。

平面图中应绘出为进近程序中各个航段（含等待程序）提供航迹引导的导航设备，以及进近程序中各个定位点定位时需要使用的导航设施，图中标绘的无线电导航设施应注记名称、识别、频率、莫尔斯代码。如图 7.34 所示。

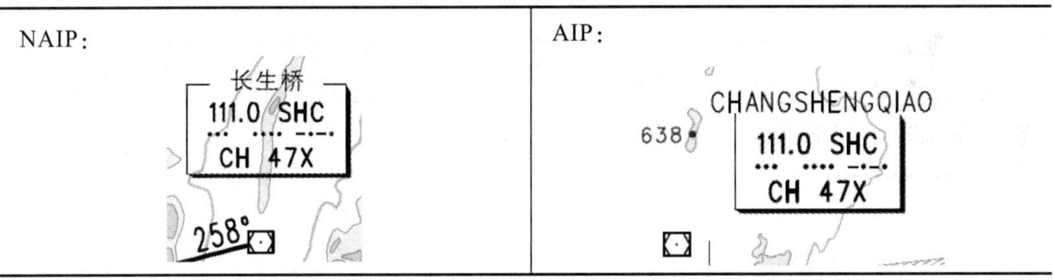

图 7.34　无线电导航设施标注

（3）定位点及信息标注。

进近程序中的定位点包括 IAF、IF、FAF、SDF、MAPt 等进近程序功能点，以及转弯点、高度控制点和等待点等。定位点表示符号有两种，如果需要报告，视报告性质采用实心或空心的三角形符号；不需报告的定位点采用叉形符号“×”。IAF 点符号应与进场图上的 IAF 点保持一致。

只有在有定位的位置才标注定位点符号，采用计时方法确定出航距离的基线转弯和直角航线的出航航段末端不用标注定位点符号，切入五边位置如果没有定位不用标注定位点符号，指定高度转弯复飞程序在转弯位置不用标注定位点符号。如果导航台作为定位点，则不用标注定位点符号，仅保留导航台符号。

定位点的其他信息，包括定位点名称、进近程序功能点名称、DME 定位距离、坐标、高度限制，都在定位点信息块中公布。

定位点信息块中的数据从上到下的排列顺序为① 定位点名称，② 进近程序功能名称，③ 方位信息（如果没有，通过图示方法表示），④ DME 定位距离，⑤ 坐标，⑥ 高度限制。

IAF、IF、FAF 交叉定位点标注如图 7.35 所示。

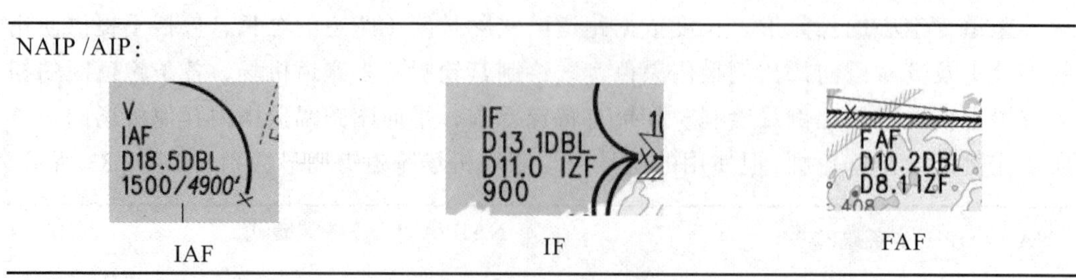

图 7.35　交叉定位点标注

（4）航路点及信息注记。

在平面图中，区域导航进近程序须标注与该跑道进近程序相关的航路点，包括 IAF、IF、FAF、MAPt 等进近程序功能点，以及转弯点、高度控制点和等待点等。

航路点须注记信息，包括进近程序功能点名称、航路点名称、高度限制和速度限制。其中，进近程序功能名称包括 IAF、IF、FAF、MAPt；航路点名称是特别指配的用于陆空通话的名称，主要包括五字地名代码、以字母 P 开头后接数字的地名代码、用英文字母表示的名称（如 C 点、E 点）以及区域导航航路点。对于区域导航航路点，由于采用 GNSS 导航方式，各航路点坐标在航路点坐标中予以公布，因此平面图中可省略标注航路点坐标。FAF 及其之后的高度检查点、MAPt，仅标注进近功能点名称和航路点名称。

IAF 航路点和 FAF 航路点标注如图 7.36 所示。

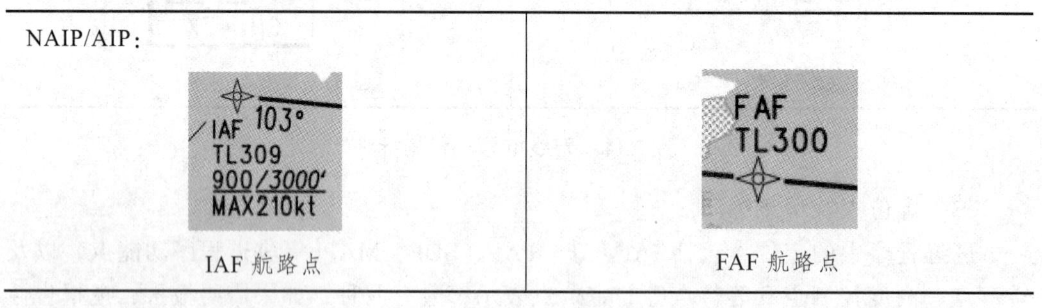

图 7.36　航路点标注

（5）航迹。

在平面图中，航迹、方位和径向方位的注记以磁北为基准。应在所有航迹线的直线段起始位置注明飞行的磁航迹，航迹线用末端带箭头的黑色线状符号描绘，进近航迹用实线表示，复飞航迹用虚线表示。如果进近程序中某些航段对航空器的类型有所限制，则应注明可以使用的航空器类型。进近程序中，使用雷达引导航空器飞行的航线段应使用连续的三角形的雷达引导航线符号表示，描绘方式与进场图相同。进近图中不用公布航段距离。

复飞航迹线应从复飞点 MAPt 画起。对于 RNP APCH 程序，由于复飞点 MAPt 一般设置在跑道入口，因此，复飞航迹线则从跑道末端画起。

传统进近程序航迹描绘如图 7.37 所示。

NAIP：

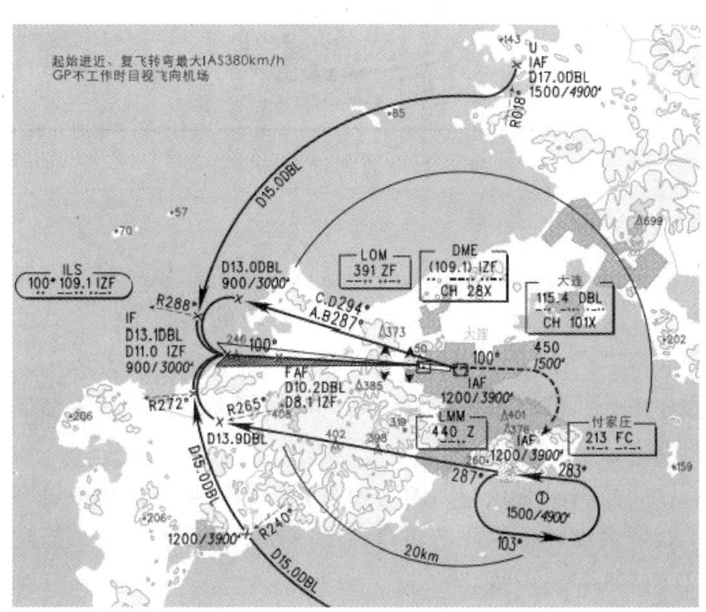

AIP：

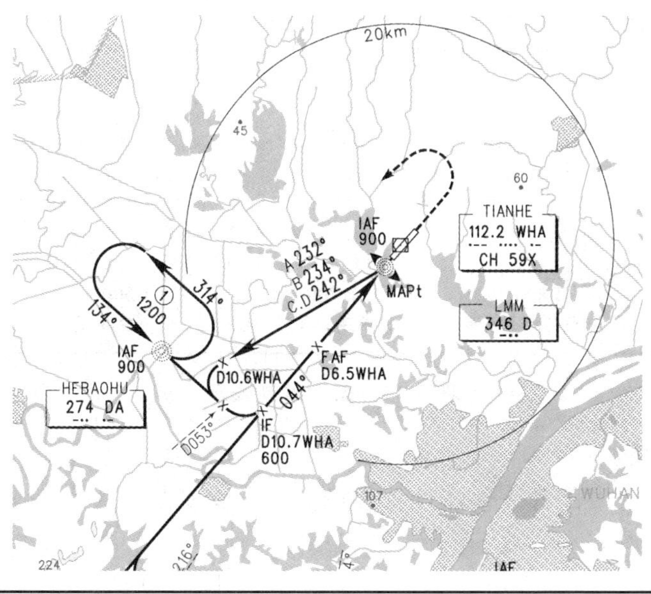

图 7.37　传统进近程序航迹图

（6）等待程序。

等待航线应注明出航边飞行时间和最低等待高度，并在出航边和入航边的末端标注箭头，在出航边和入航边的起始位置标注航迹角。如图 7.38 所示。

NAIP/AIP：

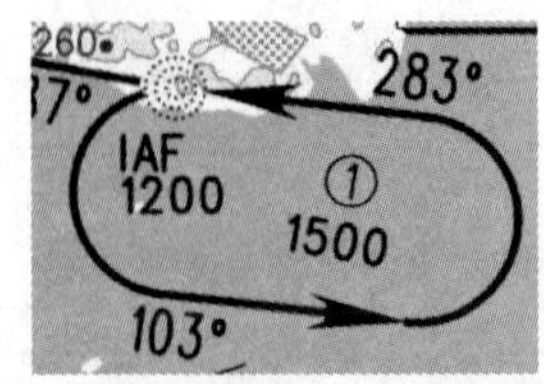

图 7.38 等待程序标注

（7）进近程序高度限制。

在平面图中须明确地标注所有航线段和航线段中的定位点对航空器飞行高度的限制。高度限制采用“标准单位高度+标准单位所对应的英制单位（英尺）高度”的形式公布。二者中间以“/”隔开，也可不加“/”，分两行纵向对齐表示。以英尺为单位的高度值是由程序中公布的以米为单位的高度值换算而来的，计算结果按百英尺或十英尺取整，四舍五入。

最后进近航段的高度限制在剖面图上公布，平面图上不公布最后进近航段各航路点的高度限制。指定高度转弯复飞的转弯高度需在平面图上公布，该高度应与剖面图中的复飞程序文字描述保持一致。

高度限制采用建议高度、最低高度、最高高度、强制性高度、高度区间等方式表示，如图 7.39 所示。

NAIP：

3 900/12 800′	$\underline{1\ 800/5\ 900'}$	$\overline{2\ 700/8\ 900'}$	$\underline{\overline{1\ 500/4\ 900'}}$	$\overline{4\ 000/13\ 100'}$ $\underline{2\ 500/8\ 200'}$
建议高度	最低高度	最高高度	强制性高度	高度区间

AIP：

3 900	$\underline{1\ 800}$	$\overline{2\ 700}$	$\underline{\overline{1\ 500}}$	$\overline{4\ 000}$ $\underline{2\ 500}$
建议高度	最低高度	最高高度	强制性高度	高度区间

图 7.39 高度限制表示

（8）特殊规定。

在平面图内适当位置应标注进近程序和空中交通服务对航空器运行限制的特殊规定。

① 运行限制。

如果规定内容对本航图的使用非常重要，需要引起使用者特别注意，则应将该内容突出显示，可以加大字号，加粗字体，在外面加上框线等，如图 7.40 所示。

NAIP：	AIP：
如果下滑台不工作，程序不可用	Procedure can not be used when GP INOP.

图 7.40　运行限制标注

② 速度限制。

由于进近程序及其保护区受地形、空域、国境线、飞行航段以及管制规定等因素的限制，故程序设计人员，对航空器分别在起始进近、复飞转弯以及等待航线阶段的指示空速（IAS）作出相关限制规定。

传统仪表进近程序中，速度应公布为标准单位；仪表进近程序—RNP APCH 优先使用英制速度单位，军民合用机场有特殊使用需求时，可公布标准速度单位。速度限制的规定应统一表述为“{限速航段}最大 IAS{速度值}km/h”，常见的限速航段有起始进近、复飞转弯及等待，如图 7.41 所示。

NAIP：	AIP：
起始进近最大 IAS205 kt 复飞转弯最大 IAS205 kt	Initial approach MAX IAS 280 kmH. Missed approach turn MAX IAS 380 kmH.

图 7.41　速度限制标注

③ 目视盘旋限制。

由于受地形、空域、国境线、管制规定以及相邻跑道飞行程序等因素的限制，部分机场的目视盘旋程序被限定在跑道的单侧或某一特定区域进行。为避免歧义，表示方式为“目视盘旋只准在跑道某侧进行”或“目视盘旋只准在 *XXX* 之间进行”，如图 7.42 所示。

NAIP：	AIP：
目视盘旋只准在跑道北侧进行 目视盘旋只准在跑道西侧，Q 台方位线 325°-170° 之间进行	2. Circliing W of RWY only, permitted by ATC for aircraft CAT C.D.

图 7.42　目视盘旋限制标注

④ 温度限制。

采用气压式垂直导航（Baro-VNAV）方式的区域导航进近程序，将根据规定的通常为 3° 的垂直航径角（VPA）计算出的垂直引导信息提供给驾驶员。计算机求得的垂直引导是基于气压高度，由从穿越跑道入口高（TCH）开始的垂直航径角确定。由于使用气压式高度表，当地球表面环境温度远低于或高于标准大气温度时，必须调整所计算的最低安全高度/高。因此，Baro-VNAV 程序应公布无温度补偿功能时，运行的最低/最高温度限制。

NAIP 中温度限制表示方式为“无温度补偿的航空器，最高/最低温度限制为 *XX* °C/-*XX* °C（Baro-VNAV）。”NAIP 公布如图 7.43 所示。

NAIP：

无温度补偿的航空器最低温度限制为 − 15 °C（Baro-VNAV）	无温度补偿的航空器最低温度限制为 − 15 °C，最高温度限制为 40 °C（Baro-VNAV）。

图 7.43　温度限制标注

⑤ 其他规定。

有关进近程序的特殊规定应尽量排放在一起，摆放在图幅空白处。若规定条数较多，应逐条进行编号。如图 7.44 所示。

NAIP：	AIP：
注： 1. 目视盘旋只准在跑道西侧进行，C、D类航空器目视盘旋须经ATC许可。 2. 已批准与02L/02R跑道同时仪表进近，由管制员雷达引导航空器切入航向道。 3. 速度限制： 航空器性能许可时，保持lAS330 km/h(180 kt)切向五边，直至距接地点 8NM：2416复飞转弯最大AS370 km/h(200 kt)。 4. 本场实施独立运行时，实际飞行高度听从ATC指令	1. Speed limits: Under the condition that aircraft performance allows, maintain IAS 330 kmH(180 kt)flying to intercept final until D8.0 IOO; Missed approach turning MAX IAS 370km H (200 kt). 2. Circling w of RWY only, permitted by ATC for aircraft CAT C.D. 3. Simultaneous approaches authorized with RWY02L/02R, radar vectoring is used to intercept the ILS localizer course. 4. While independent operation implemented, actual flight ALT instructed by ATC.

图 7.44　特殊规定排放

若相关规定内容涉及某一具体航段、定位点或数据，可在相关位置采用引线或者标上注释标识，用“①”“②”“㊟”“❹”等形式公布。在相关规定内容前也增加相同的标识，以便于查询。如图 7.45 所示。

NAIP：　　　　AIP：

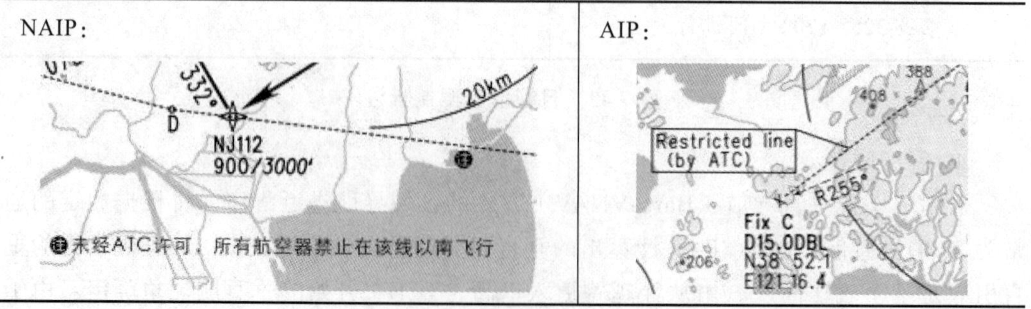

图 7.45　注释标识标注

（9）空中交通服务空域。

应标绘图幅范围内涉及的空中交通服务空域，用规定的符号标明服务空域的界线，并注明服务空域的类别和性质，分别注记所属的名称，如图 7.46 所示。

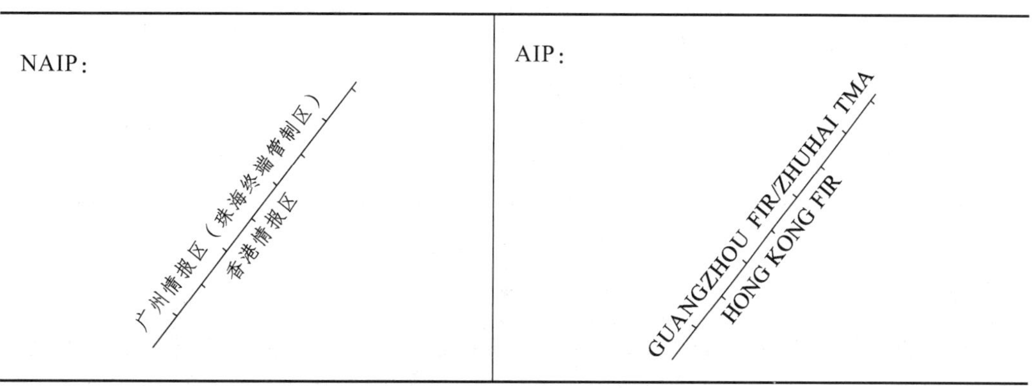

图 7.46　空中交通服务空域标注

（10）限制空域。

在平面图中，应描绘出制图范围内的所有限制空域边界范围，并标注其代码、高度下限和上限、限制时间。当同一个限制空域内不同的位置高度限制有所不同时，应使用虚线表示高度规定的界限，并分别注明其高度。识别名称表示方式为“{所属情报区四字代码的首两位字母}{（空域属性）}{序号}”，空域属性用大写英文字母 P、R、D 分别代表禁区、限制区、危险区，序号为三位数的阿拉伯数字。如图 7.47 所示。

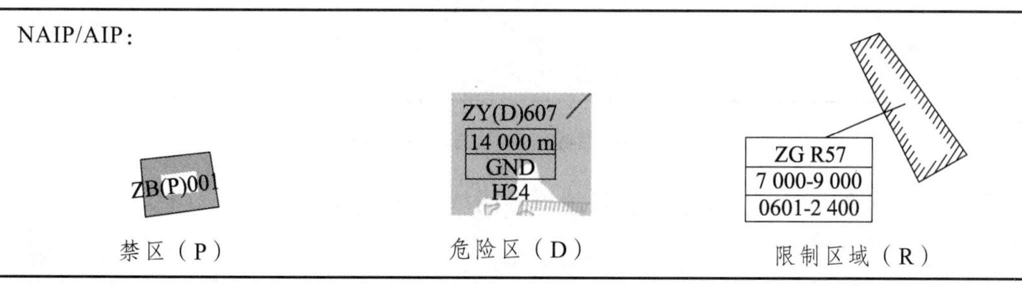

图 7.47　限制空域标注

（11）最低扇区高度。

最低扇区高度的标绘方法与进场图相同。

（12）终端进场高度（TAA）。

TAA 的标识应包括终端进场高度（TAA）基准点（IAF 或 IF）、自基准点的半径以及终端进场高度（TAA）边界的方向，并标注所有 TAA 的最低高度及梯级下降弧。方位线使用带箭头的细实线，箭头指向终端进场高度（TAA）基准点；在方位线断开放置方位角，角度是该方位线指向中心的磁向角度，按度取整，并在扇区内公布该扇区的最低扇区高度。如图 7.48 所示。

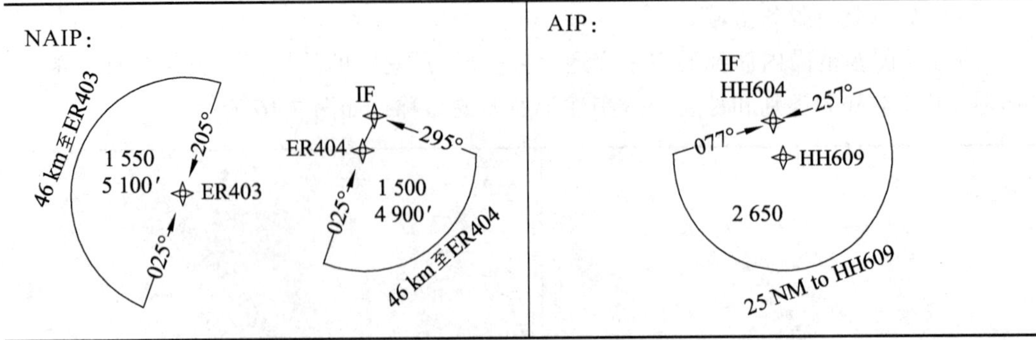

图 7.48　终端进场高度标注

（13）参考圆。

参考圆以位于机场附近的 DME 或者机场基准点为圆心，20 km 为半径，并在距离圈上注明半径数值，字头尽量朝北。位于机场或机场附近的 DME 包括位于跑道侧方和近台附近的与 VOR 合装的 DME，以及与 GP 合装的 DME。通常，ILS/DME 进近选用与 GP 合装的 DME 为距离圈的中心，VOR/DME 进近、NDB/DME 进近选用与 VOR 合装的 DME 为距离圈的中心，不使用 DME 的 NDB 进近及区域导航进近程序选用机场基准点（ARP）为距离圈的圆心。参考圈用黑色细实线描绘，若与图幅内容有冲突时中间可以断开，沿圈内侧标注“20 km”。如图 7.49 所示。

NAIP/AIP:

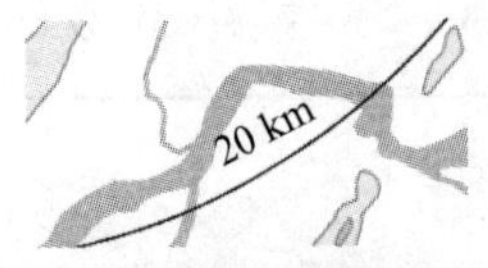

图 7.49　参考圆标注

绘制平面图非程序层要素，包括地形等高线、高程点、居民地、河流、国境线、障碍物、经纬网等。

（14）地形背景。

机场周围高于入口标高 150 m 或以上地形，应使用等高线法或等高包线法制图表示（包括区域最低高度包线法）；等高线和等高包线的选择，相邻两条曲线间隔应视地形高差选择 150 m、300 m 或 600 m，第一条曲线应从距入口标高 150 m 以上的第一个标高为 300 m 倍数的高程开始。

地物，在水系发达地区，图上长于 10 cm，图上应表示面积大于 25 mm^2 的湖泊、水库或在其他地区图上面积大于 10 mm^2 的湖泊、水库；水系较少地区，应表示出图上长于 5 cm 的河流、渠道。沟渠过密，应取舍，优先选干渠。机场跑道两端和导航台附近的河流、渠道应较详细表示。运河一般均应在图中表示。图上宽度不足 0.5 mm 的河流、渠道以单线表示，其余应用双线表示。制图范围内的铁路、进出机场的公路、高速公路和一级公路、机场附近与跑道平行的公路也应在图中绘出。

常用地形背景标注如图 7.50 所示。

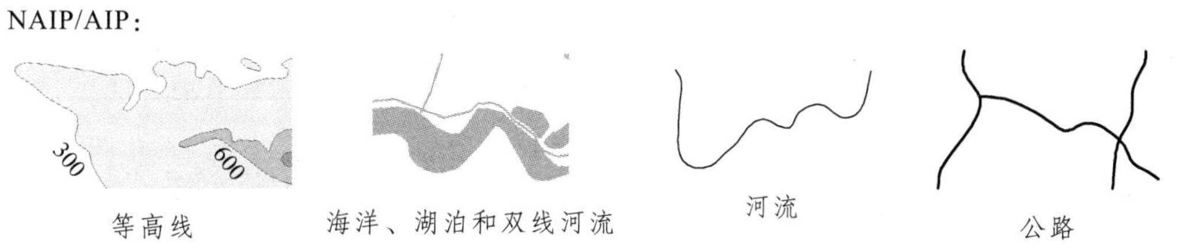

NAIP/AIP：
300
600
等高线
海洋、湖泊和双线河流
河流
公路

图 7.50　地形背景标注

（15）居民地及城市名称。

应标绘机场所在的城市、地区，以及图幅范围内包含的其他主要城市、地区的居民地的范围。在市级以上的居民地旁，标注市名。若机场所在地区为县，且图幅范围内仅有该居民地，也应当在该居民地旁，标注县名。如图 7.51 所示。

NAIP：
清远
AIP：
QINGYUAN
CITY

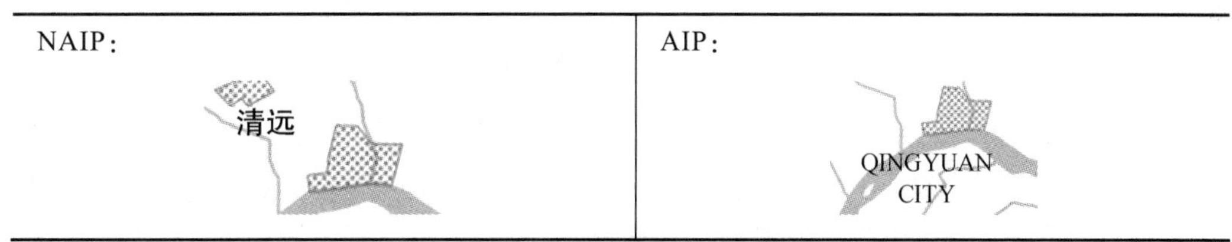

图 7.51　居民地及城市标注

（16）障碍物。

标出重要障碍物。控制障碍物的信息可在机场使用细则“地形特征和障碍物”项中查到。图中仅公布与本进近程序有关的重要障碍物。如图 7.52 所示。

NAIP/AIP：
815
NAIP/AIP：
231
252

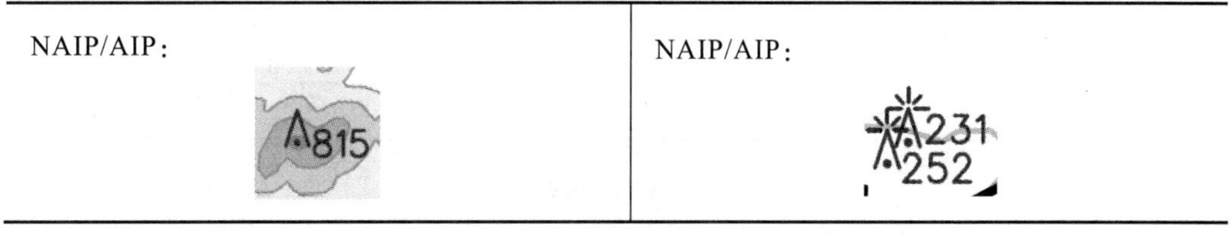

图 7.52　障碍物标注

（17）比例尺。

在平面图内下方的适当位置标注使用的线段比例尺标。应根据进近程序的范围选择适当的比例尺并以线段比例尺的形式公布。比例尺应足够大到覆盖整个进近图的所有要素。比例尺的单位长度应设定为 1 cm，尽量避免使用个位非 0 或 5 的比例尺。比例尺一般采用 1∶500 000、1∶750 000、1∶1 000 000。比例尺的摆放位置应尽量不影响图幅内容，一般放在图幅的下方。如图 7.53 所示。

NAIP/AIP：

5 0 5 10 15 km 1：50万

7.5 0 7.5 15 22.5 km 1：75万

10 0 10 20 30 km 1：100万

图 7.53

（18）经纬度坐标网格。

平面图内应标注机场区域的经纬度坐标网格。以 15′ 间距，沿图廓线绘制平面图的经纬线。通常在上图边的刻度线上标注经度值，经度值的度数以三位数字表示，不足三位的，首位补“0”；在左图边的刻度线上标注纬度值。如图 7.54 所示。

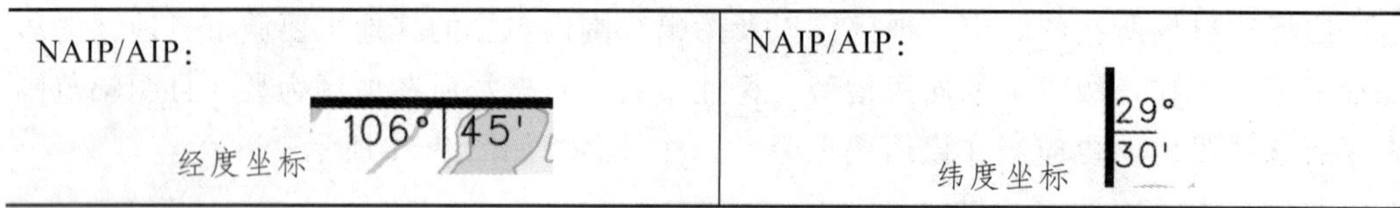

NAIP/AIP：
经度坐标
106°
45'
NAIP/AIP：
纬度坐标
29°
30'

图 7.54 经纬度坐标网格标注

步骤 5：剖面图绘制。

剖面图需绘制跑道、无线电导航设施、进近程序定位点及定位信息、进近程序垂直航径、进近程序高度限制、航段最低超障高度（高）、有关复飞程序的文字描述、过渡高度层和过渡高度（高）。

（1）跑道。

在剖面图只需绘制着陆所用跑道，跑道按其长度依比例尺用黑色实线按水平方向绘出，如图 7.55 所示。

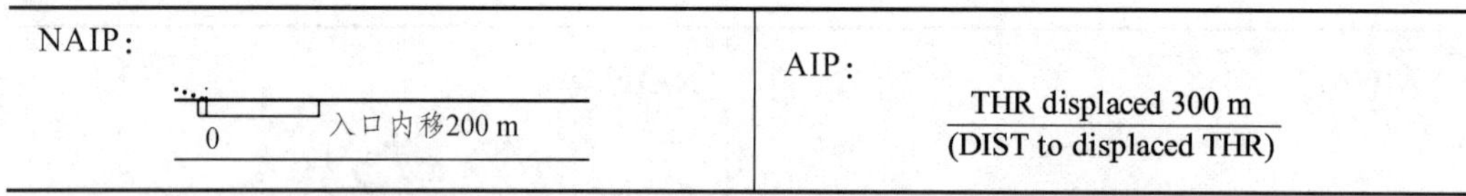

NAIP：
0
入口内移200 m
AIP：
THR displaced 300 m
(DIST to displaced THR)

图 7.55 跑道标注

注：跑道入口内移只需在剖面图绘出。

（2）进近程序垂直航径、无线电导航设备以及定位点。

在剖面图用黑色实线描绘从中间进近定位点至复飞的进近航迹。在剖面图中绘出航线中涉及的所有位置点，凡有高度限制的应在剖面图中加以注记。所有绘制在剖面图中的直线飞行航段均应在起始位置注明飞行磁航迹（航向）。

剖面图上标绘为进近程序中间航段、最后航段、复飞的起始和中间航段提供引导和定位服务的无线电导航设施，进近、复飞航线有关的导航设备使用与其类型相一致的符号，并标注其识别。导航设施符号的表示方法如附表 7.1 所示。

在剖面图上标注所有位于跑道中线延长线上的定位点，并标注其名称。如果该定位点使用侧方导航台进行交叉定位，则应标注导航台的识别和方位；如果该定位点使用测距设备进行定位，则应标注测距设备的识别和距离。剖面图上表示定位点的符号为细断线。如图 7.56 所示。

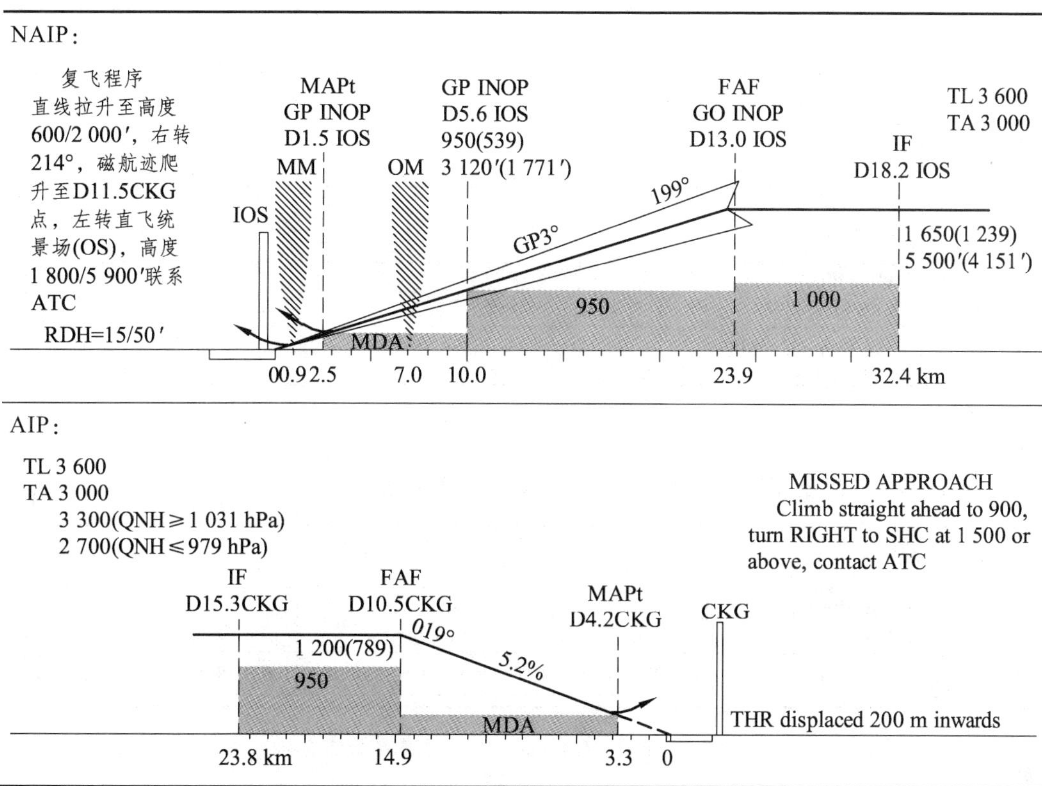

图 7.56　进近程序图标注

（3）过渡高度和过渡高度层。

在剖面图中适当的位置标注本机场使用的过渡高度和过渡高度层，表示方式与进场图相同。

（4）文字说明。

如果航向道偏置，没有对正跑道中线，则剖面图中应公布航向道的偏置角度。例如某机场最后进近航向道偏置，则在剖面图添加文字说明，如图 7.57 所示。

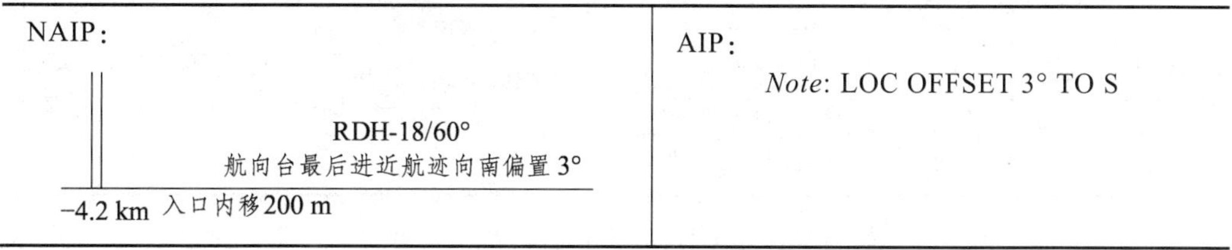

图 7.57　文字说明标注

步骤 6：绘制测距仪读数、航空器飞行高度对照表/航空器飞行高度对照表。

在图中部位置列表注明测距仪读数、航空器飞行高度对照表或者航空器飞行高度对照表。

传统进近程序测距仪读数、航空器飞行高度对照表如图 7.58 所示。

NAIP：

GP INOP	测距 (IOS)	2	4	6	8	10	12	
	高度	605/1 980′	799/2 620′	994/3 260′	1 188/3 900′	1 382/1 430′	1 576/5 170′	

AIP：

GP INOP	DUE (IOS) /NM	2	3	4	5	6	7	8
	ALT/m	603	699	795	892	988	1 084	1 180

图 7.58　传统进近程序飞行高度对照表标注

LNAV 进近程序航空器飞行高度对照表如图 7.59 所示。

NAIP：

LVAV	距 XH600 /NM	1	2	3	4	5	6	7
	高度			1 319/4 330′	1 416/4 650′	1 513/4 960′	1 610/5 280′	1 707/5 600′

图 7.59　LNAV 进近程序飞行高度对照表标注

高度应公布标准单位和英制单位高度，采用“标准单位数值+/+英制单位数值′”的形式公布，其中标准单位高度精确至 1 m，换算成英尺后，以 10 ft 取整，四舍五入。

步骤 7：绘制机场最低着陆标准。

在图左下方位置绘制机场最低着陆标准，应标注各类机型（不允许使用该图的机型除外）使用该图时所需着陆最低运行标准。ILS/DME 进近运行标准表格式如图 7.60 所示。

NAIP：

		A	B	C	D
ILS/DME	DA(H) RVR/VIS	472(60) 1 550′(200′) 550/800			
GP INOP	MDA(H) VIS	565(153) 1 860′(510′) 2 100			
盘旋	MDA(H) VIS	640(224) 2 100′(740′) 3 000	780(364) 2 560′(1 200′) 3 000	980(564) 3 220′(1 860′) 5 000	

AIP：

		A	B	C	D
ILS/DME	DA(H) RVR/VIS	471(60) 550/800′		475(65) 550/800′	
GP INOP	MDA(H) VIS	530(119) 1 5100			
CIRLING	MDA(H) VIS	610(194) 2 900		970(554) 4 400	970(554) 5 000

图 7.60　ILA/DME 进近运行标准表标注

区域导航进近运行标准表格式如图 7.61 所示。

NAIP:

		A	B	C	D
LANV VNAV	DA(H) RVR/VIS	435(100) 1 430′(330′) 1 100			
LNAV	MDA(H) VIS	590(155) 1 610′(510′) 2 100			
盘旋	MDA(H) VIS	656(230) 1 860′(760′) 2 700		595(260) 1 960′(8600′) 3 600	595(260) 1 960′(860′) 4 000

图 7.61　区域导航进近运行标准表标注

步骤 8：绘制地速、时间、下降率换算表。

在图右下方位置绘制地速、时间、下降率换算表。如图 7.62 所示。

NAIP:

FAF-MAPt(GP INOP)21.4 km						
地速 kt /(km/h)	80 150	100 185	120 220	140 260	160 295	180 335
时间 /(min: sec)	8:40	6:56	5:47	4:57	4:20	3:51
下降率 /(kt/min) /(m/s)	420 2.2	530 2.7	640 3.2	740 3.8	850 4.3	960 4.9

AIP:

FAF-MAPt(GP INOP)12.9 km						
GS in kt /(km/h)	80 150	100 185	120 220	140 260	160 295	180 335
Time /(min: sec)	5:13	4:11	3:29	2:59	2:37	2:19
Rate of descent /(m/s)	2.2	2.7	3.2	3.8	4.3	4.9

图 7.62　地速、时间、下降率换算表标注

步骤 9：绘制修改说明和补充说明。

修改说明和补充说明在图框内运行标准表的下方。当图内要素发生变化时，应对图进行修订并用文字说明，修订文字说明使用简略的语言说明本次修订数据、资料变更情况的摘要。若修订数据较多或不变描述，可公布为“程序”。若本次修订为初始修订，可公布为“新图”。如图 7.63 所示。

NAIP:

HUD 特殊 I 类，需局方批准(DH)(45)/(148′), (RA)(48)/(158′), RVR450
修改：运行标准，RDH，内指点标，图名。

AIP:

Changes: Chart name, CDFA, D-ATIS.

图 7.63　修改和补充说明标注

注：该航图绘制过程中，航图要素的符号、线型、注记、颜色要求可具体参见《民用航空图编绘规范》（MH/T4019—2012）与《民用航空图编绘图式》（IB-TM-2015-004）。

实践练习题

（1）不同的进近程序类型，在仪表进近图是如何标注的？

（2）进近图中标注了哪些运行限制？

（3）仪表进近图中公布的着陆标准应如何判读？

（4）请根据附录 7 的不同类型进近图描述进近程序实施过程，以及在运行过程中需关注的航空要素。

（5）根据给定机场资料、程序设计结论，进行进近图布局分析并完成进近图原图编绘。

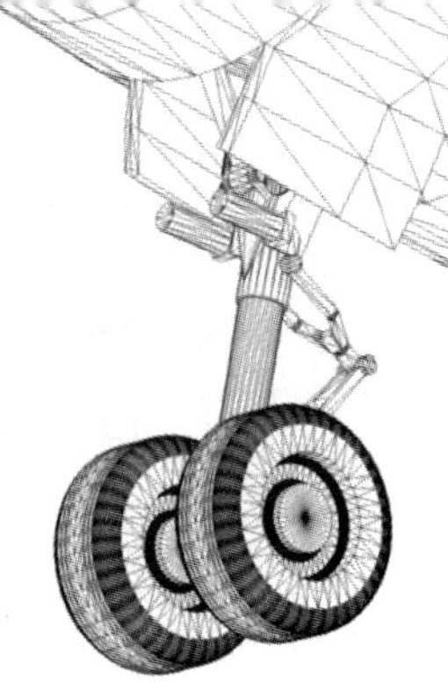

8　最低监视引导高度图

【导　读】

2015 年民航局空管局下发了“关于下发《最低监视引导高度图编制使用暂行规定》”，规定要求由于地形特征或者人工障碍物的影响，使得进近或区域管制单位的雷达引导区域内，必须设置多个最低监视引导高度时，应绘制并公布最低监视引导高度图。最低监视引导高度，是指航空器执行空中交通管制员雷达引导指令、直飞指定位置点和其他机动飞行过程中的最低飞行高度。提供最低监视引导高度图，可以帮助飞行机组监控和交叉检查管制员使用 ATS 监视系统指定的高度。

8.1　最低监视引导高度图布局与航图元素

8.1.1　航图布局

最低监视引导高度图布局如图 8.1 所示，分为以下部分。

（1）标题栏部分。该部分标注图图名、磁差、管制区域通信频率、机场四字码、城市/机场名、机场基准点坐标以及标高等信息。

（2）平面图部分。该部分主要绘制绘图区域的经纬度网格、区域地形地物、空域使用限制、雷达引导扇区边界、预定引导航迹以及文字使用说明。

（3）图框下边部分。该部分给出图的出版日期、生效日期、出版当局以及航图编号。

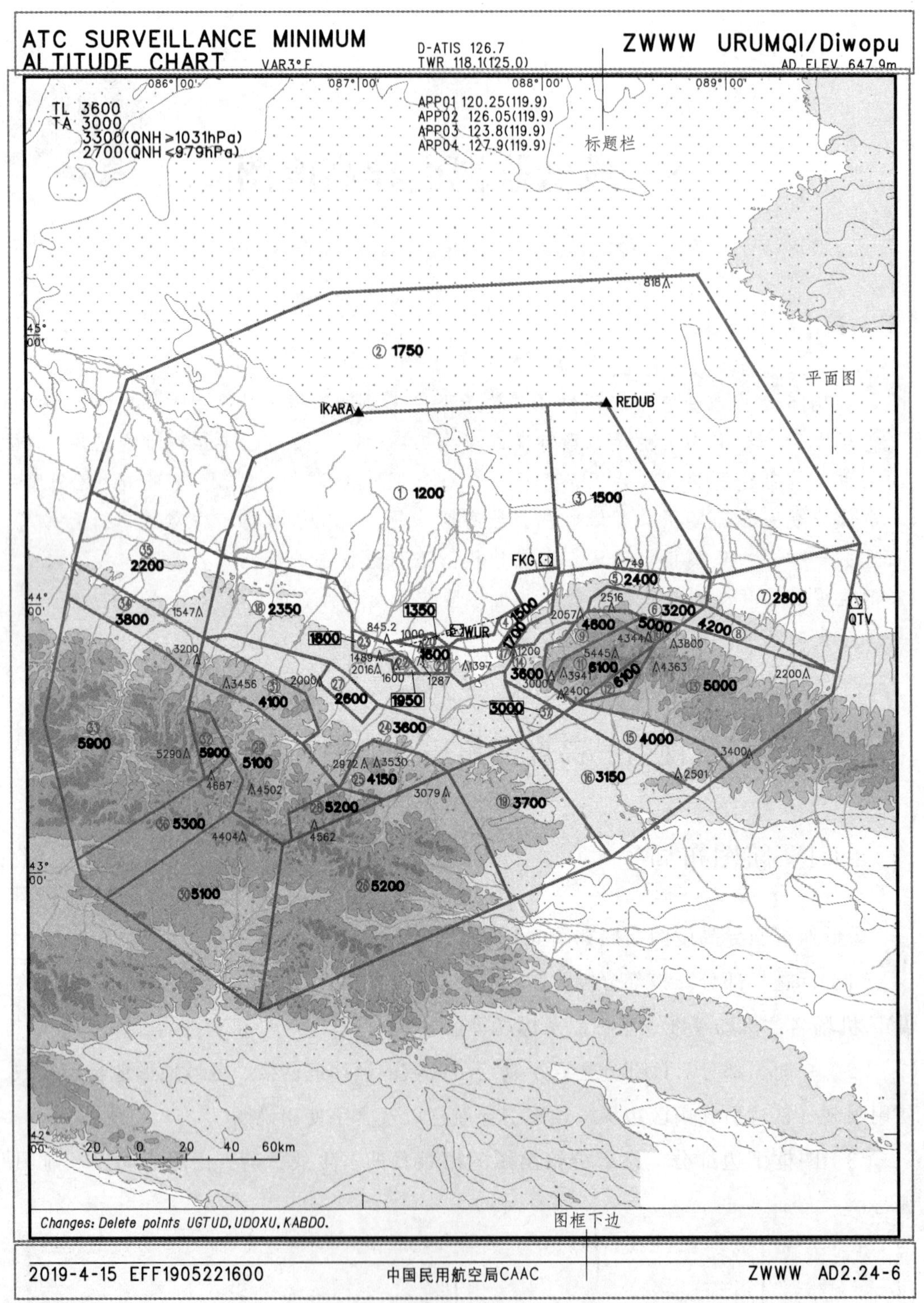
ATC SURVEILLANCE MINIMUM
ALTITUDE CHART
VAR3°E
D-ATIS 126.7
TWR 118.1(125.0)
ZWWW URUMQI/Diwopu
AD ELEV 647.9m
TL 3600
TA 3000
3300(QNH ≥1031hPa)
2700(QNH ≤979hPa)
APP01 120.25(119.9)
APP02 126.05(119.9)
APP03 123.8(119.9)
APP04 127.9(119.9)
标题栏
平面图
IKARA
REDUB
FKG
WUR
QTV
Changes: Delete points UGTUD, UDOXU, KABDO.
图框下边
2019-4-15 EFF1905221600
中国民用航空局CAAC
ZWWW AD2.24-6

图 8.1 最低监视引导高度图

8.1.2 主要航图要素

（1）底图信息，最低监视引导高度图是配备地形底图的航图，需标注出绘图区域的经纬度网格与地形地物，如图 8.2 所示。

① 经纬度网格，标注在平面图内框，以 30′ 间距沿图廓线绘制。通过经纬度可获取该引导区域的范围。

② 地形特征或者人工障碍物。地形与障碍物是影响最低监视引导高度的关键因素，需要在底图中以不同色层表示出地形类型，比如地形用灰色、水系采用蓝色、城镇采用棕色。同时还需要以标高点形式标示出对建立最低监视引导高度有影响的障碍物。

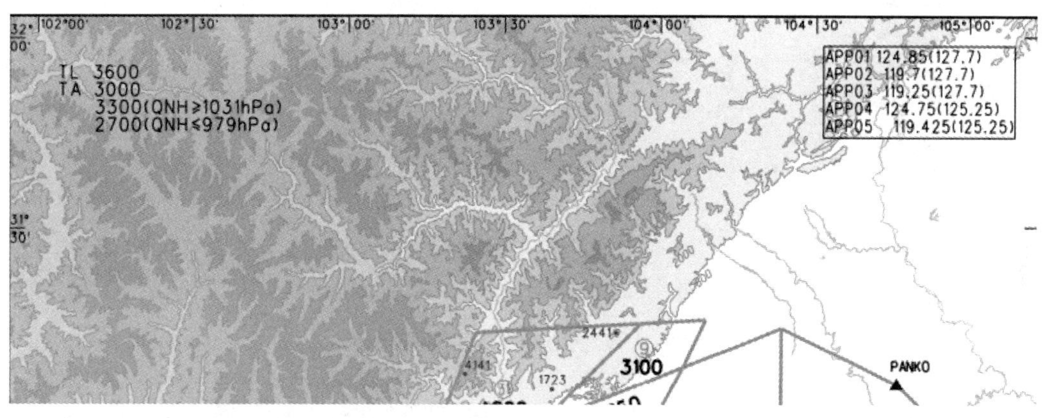

图 8.2　经纬度与地形地物

（2）最低监视引导扇区与高度，最低监视引导高度图平面图主题即是与实施雷达管制的空域范围边界相一致的范围内，在明确进行障碍物分析评估和管制员实施雷达引导的方式后提供的扇区划分和各扇区的最低安全高度，如图 8.3 所示。

① 扇区划设，根据障碍物的分布和标高，雷达引导区域内可以划分为若干个雷达引导扇区。确定雷达引导扇区的大小、形状和位置应当考虑航空器机动飞行所需的空域范围、障碍物对飞行的影响、空中交通的分布、实施雷达引导的安全性和便捷性、管制扇区移交的安全性和便捷性。划设的扇区用灰色实现绘制出轮廓线、水平边界点的名称和经纬度坐标、雷达引导扇区编号。

② 每个雷达引导扇区超障区内的最高障碍物应当确定为控制障碍物。雷达引导扇区的最低监视引导高度，应当为该雷达引导扇区超障区范围内的控制障碍物的标高（自然障碍物应加上 15 m 植被高或实测植被高），加上相应的超障余度，然后向上以 50 m 取整。超障余度应根据地形特征和气象条件确定，至少提供 300 m 的超障余度，在高原和山区适情提供 300 m 至 600 m 的超障余度。

（3）预定引导航迹。必要时最低监视引导高度图上可以通过点线串联的方式标绘预定引导航迹，确保航空公司和飞行人员提前掌握管制指挥意图，做好相关运行准备工作。预定引导航迹是管制员对航空器实施管制指挥时相对固定的雷达引导路径，在最低监视引导高度图中通常使用指定五字代码点（要求报告点）、引导点或导航台、相关连线、航迹代号及文字说明进行描述，如图 8.4 所示。

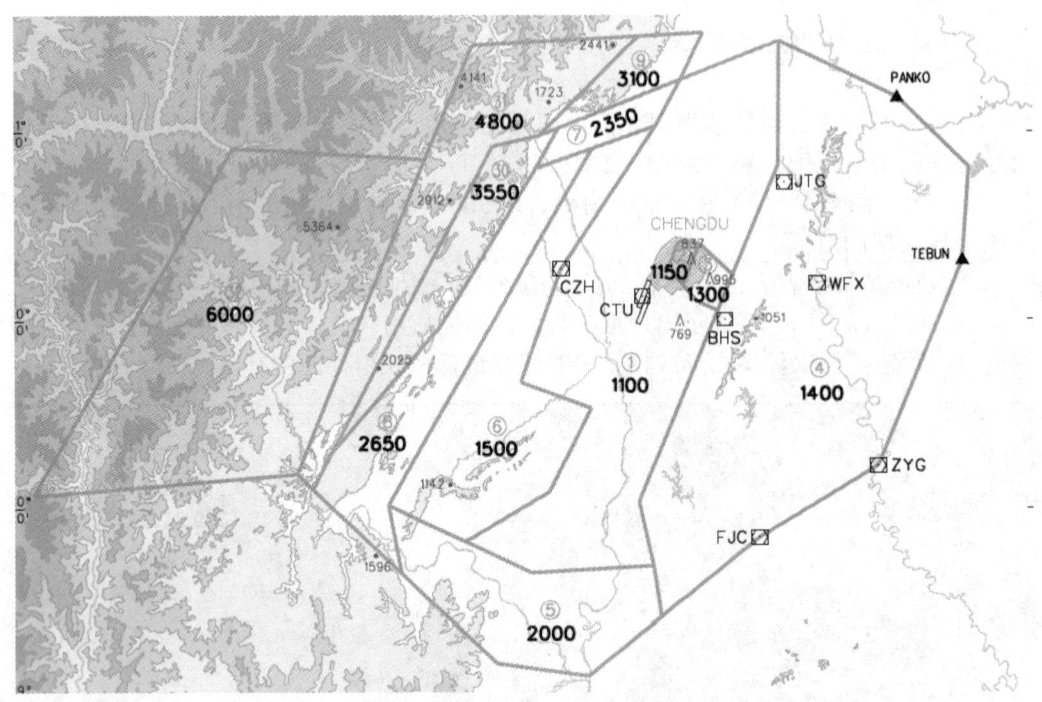

图 8.3　最低监视引导扇区与高度

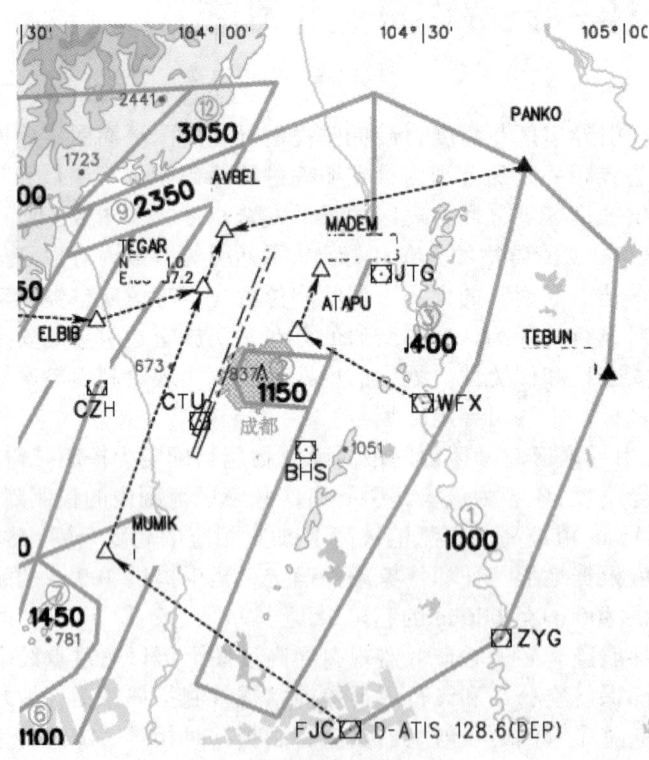

图 8.4　预定引导航迹示图

8.2 最低监视引导高度图的应用

提供最低监视引导高度图的目的是为实现管制与飞行人员对最低监视引导高度的相互理解与交叉检查，降低雷达引导工作负荷及通信失效超障风险。该图根据中国民航《最低雷达引导高度规程》和《目视与仪表飞行程序设计规范》，及附件 4《航图》制定。最低监视引导高度图是管制员向航空器发布高度指令的重要依据，也可用于飞行员与管制员之间对指令高度的交互检查。

根据引导距离、响应速度和航迹精度的不同需求，雷达引导通常可以划分为战术引导、预战术引导和预定航迹引导三种方式。

（1）使用雷达战术引导的，可以参照最低监视引导高度图的高度限制，通过航向或直飞台点的管制指令灵活引导。

（2）使用预战术引导的，可以在最低监视引导高度图中额外标注所需报告点的位置名称，实现各点间的灵活引导或自主飞行（自主飞行需要标注文字使用说明）。

（3）使用预定航迹引导的，应当在最低监视引导高度图中额外标绘由指定台点串联而成的预定引导航迹及文字使用说明。

雷达引导扇区边界应当与雷达覆盖图、雷达视频图的数据相兼容，用以确保最低监视引导高度图与雷达显示相关联。空中交通管制部门应当选取最低监视引导高度障碍物资料表中对航空器进近改出、复飞和起飞影响较大的障碍物，连同制图需求一并上报民航地区空中交通管理局，由民航地区空中交通管理局组织相关技术部门，在雷达视频图上标注此类障碍物的位置和高度。对航空器实施雷达引导，使其加入公布的仪表飞行程序，在航空器恢复自主领航后，可以不受最低监视引导高度的限制，但是应当符合仪表飞行程序的超障要求。实施雷达引导应当使用民用航空行业标准《空中交通无线电通话用语》规定的专用术语及规范，保证地空通话简短、明确。

如图 8.5 所示为某机场最低引导高度图（局部），该图根据进场区分两条预定义引导航迹，引导方式如下：

（1）引导方式 1：KABDO 方向进港航空器，雷达引导经 ATAXO 高度 3 000 m（含）以上、IAS 407 km/h，飞向 VIDAV 高度 2 400 m（含）以上、IAS 407 km/h，飞越 VIDAV 之前根据管制要求左转截获航向道。

英文：Join/Follow ATAXO 12 track。

中文：加入 ATAXO 12 预定引导航迹。

（2）引导方式 2：EGUVO 方向进港航空器，雷达引导经 EGUVO 高度 3 900 m（含）以上、IAS 407 km/h，GUXIX 高度 3 000 m（含）以上、IAS 407 km/h，飞至 IGBAV 高度 2 700 m（含）以上、IAS 407 km/h，继续飞向 XURVA 高度 2 400 m（含）以上、IAS 407 km/h，XURVA 前雷达引导右转截获航向道。OVMAB 作为固定归航点等待。

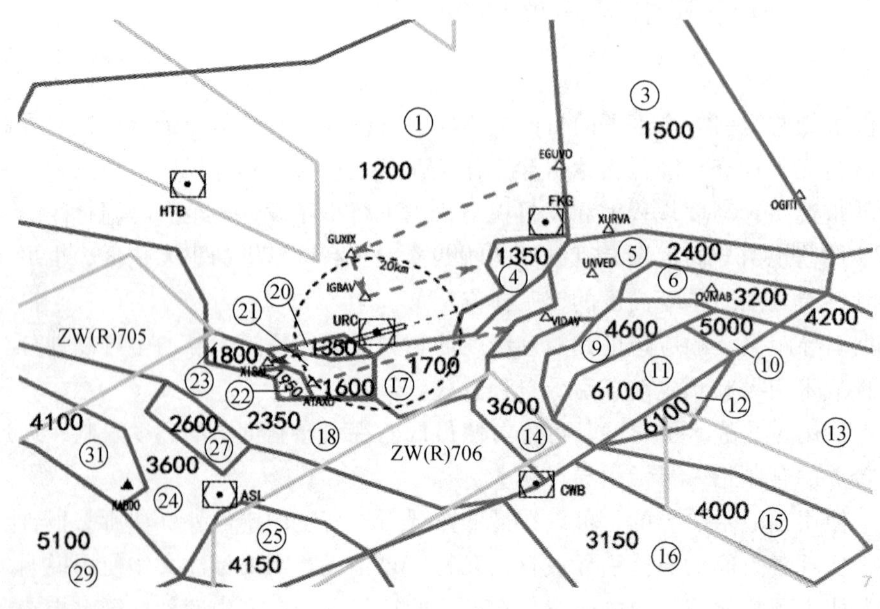

图 8.5　某机场最低引导高度图（局部）

英文：Join/Follow EGUVO 12 track。

中文：加入 EGUVO 12 预定引导航迹。

利用最低监视引导高度图，管制员可以确保发布引导指令时，各段引导高度均高于所在扇区的最低高度。同时飞行员也可以在接受雷达引导后对管制指定高度实施交互检查。根据飞行需要，也可将最低监视引导高度图涉及的台点信息录入机载导航数据库。

各民航岗位对最低监视引导高度图的应用阶段与重点关注信息，如表 8.1 所示。

表 8.1　最低监视引导高度图中民航岗位应用阶段与重点关注信息

管制员	使用阶段	管制指挥实施阶段
	重点关注信息	① 各扇区最低安全高度； ② 预定义航迹； ③ 扇区边界
航空公司飞行员	使用阶段	① 初始准备阶段； ② 雷达引导实施阶段
	重点关注信息	① 各扇区最低安全高度； ② 预定义航迹； ③ 控制障碍物位置、方位和高度

8.3 最低监视引导高度图编绘

8.3.1 制图基本要求

（1）计量单位：高度应以米（m）作为计量单位；DME 测距以海里（NM）为单位。

（2）范围和比例尺：采用 1∶1 000 000 至 1∶2 000 000 范围内比例尺。

（3）坐标系统：WGS-84 坐标系。

（4）高程系：1985 国家高程基准，高程计量单位为米（m）。

（5）投影方式：6° 分带高斯-克吕格投影。

8.3.2 航图绘制过程

步骤 1：资料收集。

制作最低监视引导高度图时，应当选择符合数据精度要求的地形图，以便确定障碍物的位置和标高。在进近管制空域内需使用 1∶100 000 或者更大比例尺的地形图；在区域管制空域内需使用 1∶500 000 或者更大比例尺的地形图。收集与管制运行有关的重要障碍物信息（位置、标高及坐标）。

步骤 2：制图区域研究。

根据制图区域大小范围确定制图平面图布局。

步骤 3：图框注记绘制。

（1）航图名称。

NAIP 的图名为“最低监视引导高度图”；AIP 的图名为“ATC SURVEILLANCE MINIMUM ALTITUDE CHART”。如图 8.6 所示。

NAIP： 最低监视引导高度图	AIP： ATC SURVEILLANCE MINIMUM ALTITUDE CHART

图 8.6　航图名称标注

（2）识别名称与机场地名代码。

识别名称应包括机场所在城市的名称，通常还包括机场名称，以“城市名称/机场名称”标示；机场地名代码采用 ICAO 四字代码。如图 8.7 所示。

NAIP：成都/双流 RWY20L/20R	AIP：ZUUU CHENGDU/Shuangliu

图 8.7　识别名称与机场地名代码标注

（3）机场标高。

NAIP 图中使用标准单位（m）结合英制单位（ft）标示机场标高。AIP 机场标高的表示方式为“AD ELEV *XX*”。使用标准单位（m）。如图 8.8 所示。

NAIP：机场标高 512.4/1 681′	AIP：AD ELEV 512 m

图 8.8　机场标高标注

（4）航图编号。

NAIP 航图编号的表示方式为“机场地名代码-序号”，最低监视引导高度图与区域图、放油区图的数字序号均为 1，字母序号从 A 开始，按照区域图、放油区图、最低监视引导高度图的顺序依次排列。

AIP 航图编号的表示方式为“机场地名代码 AD2.24-序号”，序号由数字序号和字母序号组成。最低监视引导高度图与放油区图的数字序号均为 6，字母序号从 A 开始，按照放油区图、最低监视引导高度图的顺序依次排列。

NAIP：	AIP：
ZUUU-1H	ZUUU AD2.24-6

图 8.9　航图编号标注

（5）磁差。

当最低监视引导高度图的引导范围在进近管制空域内时，应选取机场磁差；当引导范围为区域管制空域内时，应选取区域平均磁差。采用“VAR *XX* W（或 E）”表示，如图 8.10 所示。

NAIP/AIP：
VAR1.7° W

图 8.10　磁差标注

（6）无线电通信频率。

无线电通信频率应标注该区域管制单位的缩略语与频率，排列顺序应依次为 D-ATIS、TWR 或 D-ATIS、APP，如图 8.11 所示。

NAIP：	AIP：
D-ATIS 127.6 (ARR) D-ATIS 128.65(DEP) DELIVERY01　121.6(RWY18L/36R 以西)(有 DCL) DELIVERY02　121.65(RWY18L/36R 以东)(有 DCL)	D-ATIS 128.6(DEP) 126.45(ARR) TWR 123.0(118.85) for RWY02L TWR 120.35(118.85) for RWY02R

图 8.11　无线电通信频率标注

（7）有效日期与出版日期。

图框下方左侧标注本图的生效日期与出版日期，如图 8.12 所示。

NAIP:	AIP:
EFF2019-3-28 2019-2-15	2019-10-1 EFF1911061600

图 8.12　生效日期与出版日期标注

（8）出版单位。

在图框下方中间绘制出版单位。我国航图出版单位为中国民用航空局 CAAC，如图 8.13 所示。

NAIP/AIP：中国民用航空局 CAAC

图 8.13　出版单位标注

步骤 4：平面图航行要素绘制。

（1）经纬网。

经纬线以 30′ 间距沿平面图边框绘制。经度值的度数以三位数字表示，不足三位的，首位应该补“0”。如图 8.14 所示。

NAIP：

AIP：

图 8.14　经纬网标注

（2）地形地貌与障碍物。

以等高线、等高值和分层设色法标绘地形，以高于机场标高之上的下一个较高的等高线为分层设色起始基准。

以蓝色标绘平面图中的湖泊、水库、河流等水文地理要素。

以标高点加数据的形式标注扇区内的控制障碍物包括自然地物和人工地物，并按 1 m 向上取整。如图 8.15 所示。

NAIP/AIP：

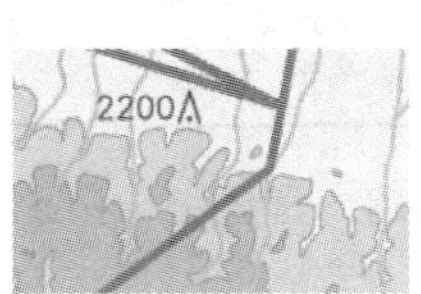

图 8.15　地形地貌与障碍物标注

（3）跑道。

跑道以 ARP 定位，按磁向绘制，如图 8.16 所示。

NAIP/AIP：

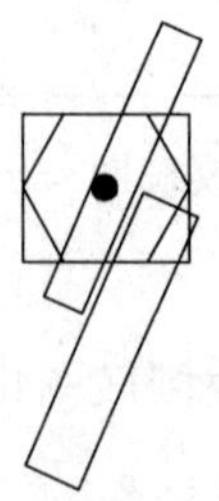

图 8.16　跑道标注

（4）重要点与导航台。

平面图中应绘制与标准仪表离场和进场程序相关的重要点与导航台，并标注名称，如图 8.17 所示。

NAIP：	AIP：
备注 1. 航空器不得通过快速脱离道进入跑道 2. ▪▪▪▪▪敏感区域，未经 ATC 许可任何航空器不得入内	TEBUN WFX

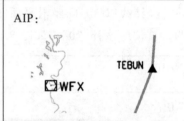

图 8.17　重要点与导航台标注

（5）雷达引导扇区（见图 8.18）。

平面图中应绘制雷达引导扇区水平边界线，并标注边界线上的边界点。扇区中间区域应标注该扇区的编号与最低监视引导高度。

NAIP/AIP：

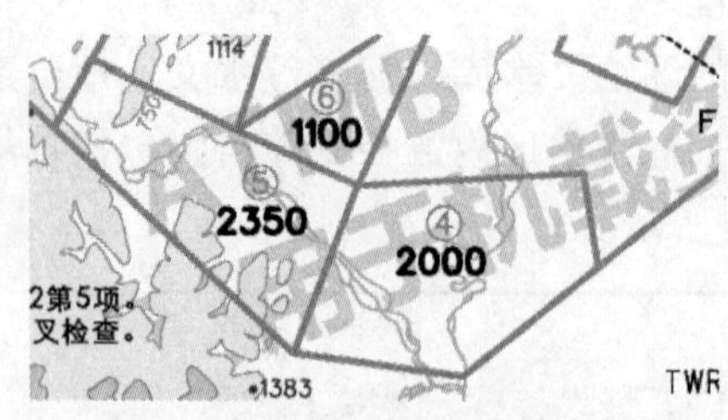

图 8.18　雷达引导扇区标注

（6）引导点与预定义引导线（见图 8.19）。

① 所需引导点的位置和名称。引导点的命名从左至右为两位大写英文字母（空中

交通管制单位所在地机场四字代码后两位）、两位阿拉伯数字序号、大写英文字母 P（示例-“QD01P”）。其中，大写英文字母 P 代表“point”。

② 用带箭头的虚线连接导航台、重要点或引导点，虚线段即为预定引导航迹。必要时，预定引导航迹可标注航迹代号。预定引导航迹不公布角度、距离信息。

NAIP/AIP：

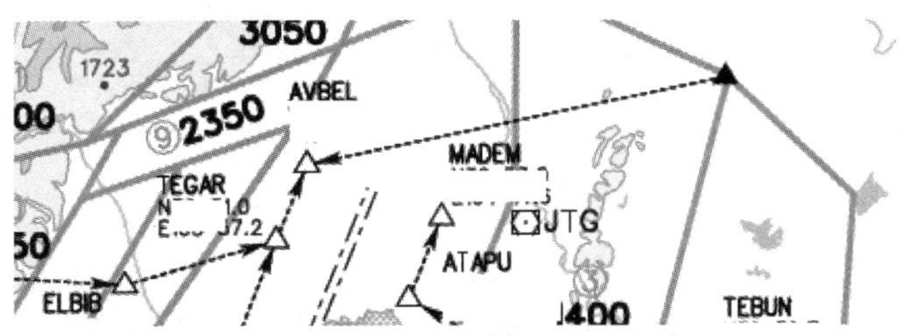

NAIP/AIP：中国民用航空局 CAAC

图 8.19　引导点与预定义引导线标注

步骤 5：平面图其他要素绘制。

（1）航图用途说明。

在平面图中应标注该图的使用目的。如图 8.20 所示。

NAIP：

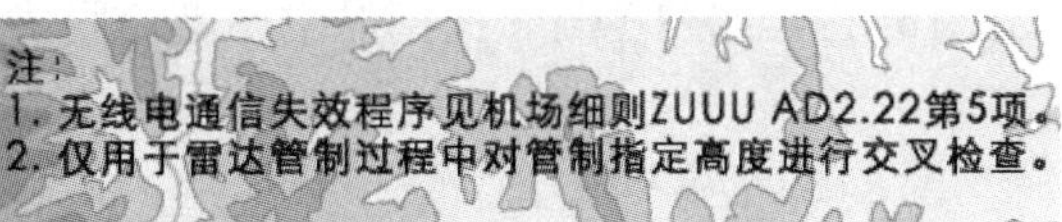

注：
1. 无线电通信失效程序见机场细则ZUUU AD2.22第5项。
2. 仅用于雷达管制过程中对管制指定高度进行交叉检查。

AIP：

Charts only to be used for cross-checking of altitudes assigned while under radar control

图 8.20　航图用途说明标注

（2）高度表拨正程序。

与高度表拨正相关的 TL、TA、QNH 水平边界置于图框内左上角，如图 8.21 所示。

NAIP：

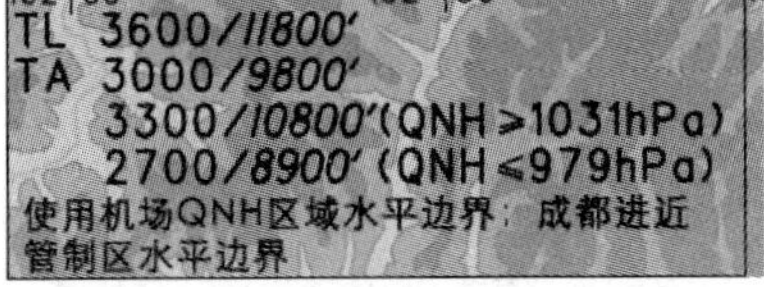

TL 3600/11800′
TA 3000/9800′
3300/10800′(QNH >1031hPa)
2700/8900′ (QNH <979hPa)
使用机场QNH区域水平边界：成都进近管制区水平边界

AIP：

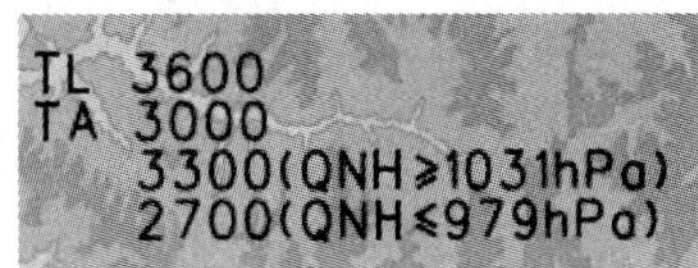

图 8.21　高度表拨正程序标注

（3）比例尺。

本图采用线段比例尺，单位长度为 1 cm，比例尺应足够覆盖最低监视引导高度图的所有图形要素。如图 8.22 所示。

NAIP/AIP：

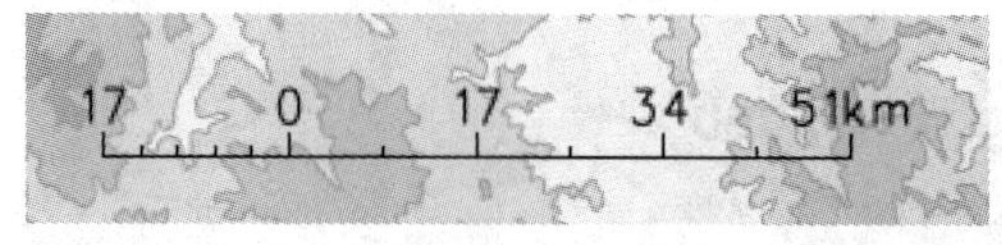

图 8.22 比例尺标注

（4）修订信息。

平面图中应标注本图修订的主要内容的变更摘要。若为初始公布，应公布为“新图”。

（5）雷达引导方法说明。

当最低监视引导高度图与雷达引导方法配合使用时，NAIP 应将最低监视引导高度图与雷达引导方法编绘在同一页面中。当若承载量过大时，应单独编绘雷达管制引导方法图。当最低监视引导高度图与雷达引导方法配合使用时，AIP 应将最低监视引导高度图与雷达引导方法编绘在同一页面中。

注：航图绘制过程中，航图要素的符号、线型、注记、颜色要求可具体参见《民用航空图编绘规范》（MH/T4019—2012）与《民用航空图编绘图式》（IB-TM-2015-004）。

实践练习题

（1）最低监视引导高度图在航空运行中的作用是什么？

（2）最低监视引导高度图如何确定每个雷达引导扇区的控制障碍物？如何确定扇区的最低监视引导高度？

（3）最低监视引导高度图如何预定引导航迹？预定引导航迹在运行中有何作用？

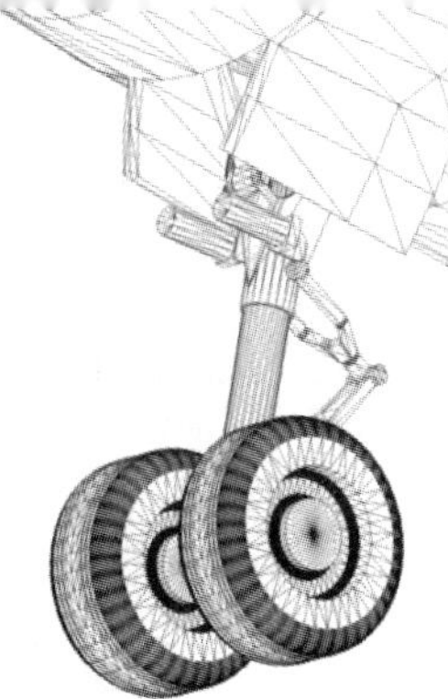

9　航路图/区域图

【导　读】

航路图是向飞行机组提供沿 ATS 航路飞行时，需要用到的主要航空信息与航空数据，包括机场、地形障碍物、限制类空域、空中交通服务系统、导航设施设备等，是保障航空活动安全有序开展的重要航图。利用该图航空公司运行控制人员可以规划公司航路、制定飞行计划，飞行员可以了解航路管制区域划分、特殊限制区域的位置，进行导航数据库的比对检查、绕飞可行性分析；管制人员可以通过该图了解区域内空域结构划分、航线结构分布等信息。区域图的航行要素与航路图一致，主要是针对航行要素特别密集的终端区进行局部放大，可以向机组提供航路阶段和进场之间的过渡、穿越复杂的空中交通服务航线或空域结构的相关航行信息。

9.1　航路图布局与航图元素

9.1.1　航图布局

航路图布局如图 9.1 所示。

（1）封面部分。该部分包括图名、比例尺、索引图、出版日期、生效日期、以及本期航图变更、航路图的图例、飞行高度层配备标准示意图、进近通信频率列表等信息。

（2）图廓外部分。该部分包括比例尺、投影关系与磁差、航图编号等信息。

（3）图廓内部分。该部分主要包括底图信息、ATS 航路数据、空域划分、导航设施、机场基础信息航空要素。

区域图布局如图 9.2 所示。

（4）图廓外部分。该部分包括图名、航图编号、出版日期、出版单位等信息。

（5）图廓内部分。该部分主要包括底图信息、ATS 航路数据、空域划分、导航设施、机场基础信息、特殊说明等航空要素。

区域图承载的航图要素与航路图一致，以下将统一介绍。

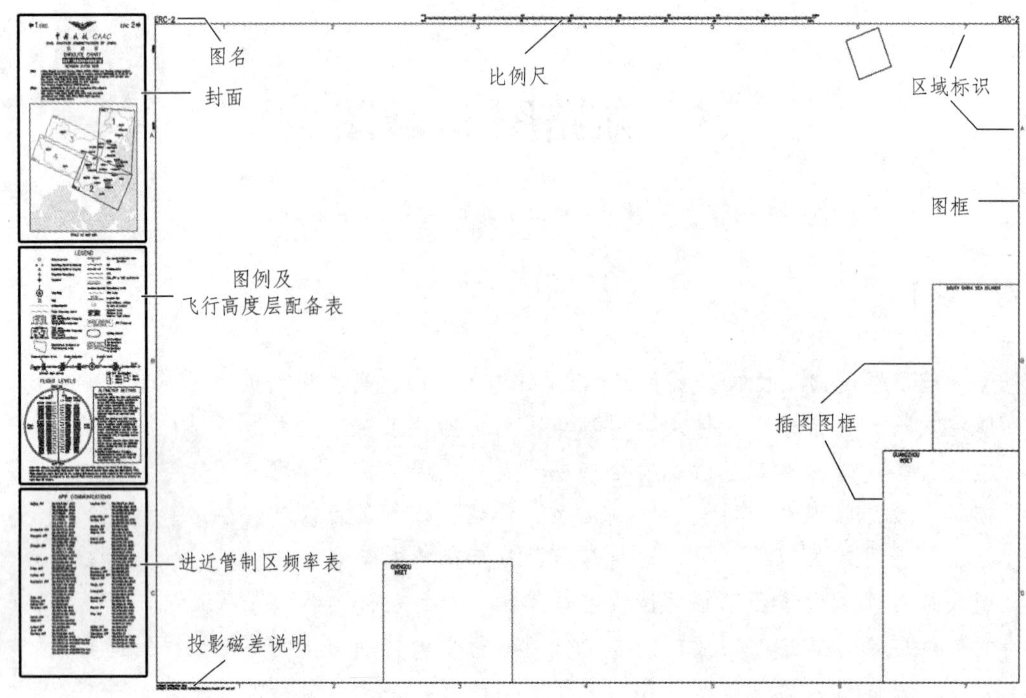

图 9.1　航路图布局

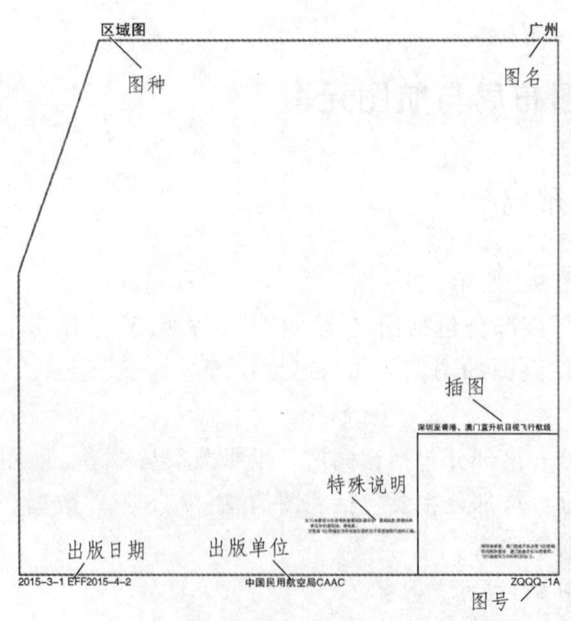

图 9.2　区域图布局

9.1.2 主要航图要素

（1）封面封底航空要素。

① 标题信息。封面正上方为标题栏信息，包括图名、航图编号、航图出版日期与生效日期，如图 9.3 所示。值得注意的是，生效日期必须是 AIRAC 共同生效日期。

图 9.3 标题信息标注

② 航图变更信息。目前我国航路图为四个定期颁发制周期更新一次，在每期航路图封面会把本期发布航图与上一期航图之间存在的修订、变更进行说明，如图 9.4 所示。

ERC1:
Zhangjiakou VOR'HAR', Wudangshan VOR'DSY', ANKANG NDB'UF'. Shashi NDB 'UK' put into use. BOLEV, EGUVA, ESKAM, IGLOK, IGPIL, KIKIV, MUMUN, PABMU, PUBOV, TOGOG established. MUDAL RENAMED TO IKEKA. ATS ROUTES V91, V92, V93, V94, V97, V99, V104, V105, V106, V107, V108, V109, V110, V111, W156, W203, W204, W205, W206, W207, W208 established. ATS ROUTES A326, A470, A575, A588, A591, G212, V9, V48, W4 adjusted. MFA of segment Huaian VOR 'HUN'-IDKOT of ATS route W177 adjusted. ZSHCAPP and ZSWZAPP adjusted. Primary FREQ of ZSFZAP01/03 adjusted.
EMRC2:
ZGNNAR05/06 and ZGGGAR30 established, ZGNNAR01/02/03/04 and ZGGGAR04 adjusted. Wudangshan VOR'DSY', Ankang NDB'UF', Shashi NDB'UK' put into use. BOLEV, EGUVA, ESKAM, IGLOK, KIKIV, TOGOG, OKAKO, established. ATS routes V97, V99, V106, V107, V108, V109, V110, V111, W156, W207, W208 established, ATS route W183 adjusted. LUGVO withdrawn. ZGGGAR29/31/32/33/34/35/36/37 established, ZGGGAR02/03/05/12/15/16/19/20/23 adjusted. Primary FREQ of ZUUUAR19 adjusted.

图 9.4 航图变更信息标注

③ 航图比例与索引图。由于航路图涉及我国所有空域，范围广涵盖信息量广，需通过分图幅的方式提高航图可用性。封面部分以索引图展示航图的分图方式。我国 AIP 和 NAIP 航图根据航图元素承载量分图，图幅并不完全一样。AIP 航图目前采用 1∶3 000 000 比例关系，并将航图分为四幅，分别为 ERC1、ERC2、ERC3、ERC4。NAIP 航图目前采用 1∶5 000 000 比例关系，并将航图分为六幅。索引图中还以蓝点加城市名的方式标示出区域图中的主要城市。索引图中灰色矩形区域表示该区域设置了区域图。

④ 图例。本部分列出航图中不同航空要素的图示符号，如图 9.5 所示，使用者可通过图例表快速了解各类航图符号的基本含义。

⑤ 高度层配备标准示意图。为建立安全有序的航路飞行过程，航路图封面会用示意图展示建立巡航过程中采用的高度层并以标准单位与英制单位对应列出，如图 9.6 所示。

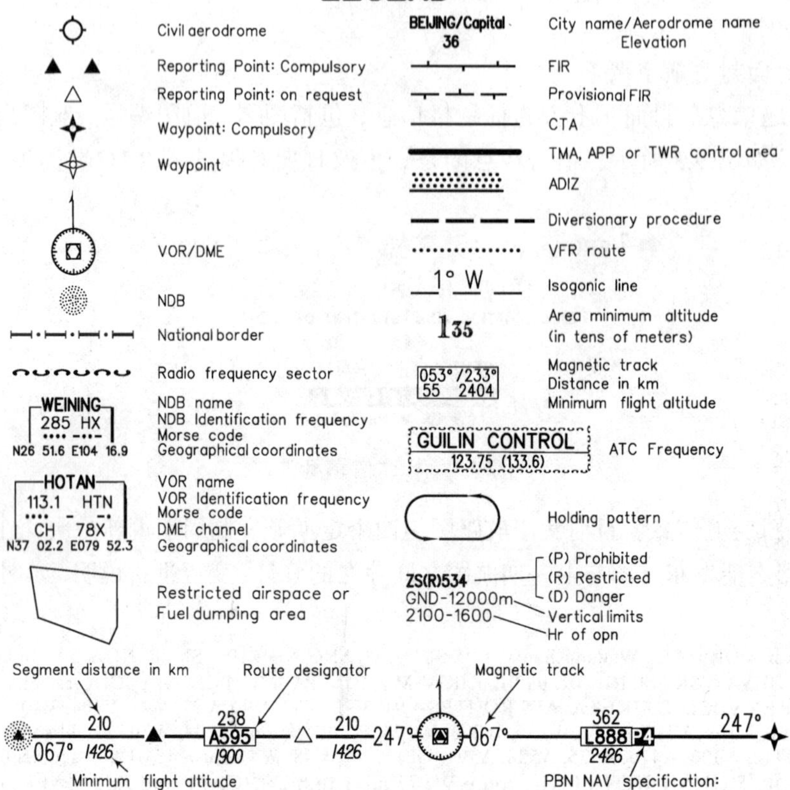

图 9.5 图例表

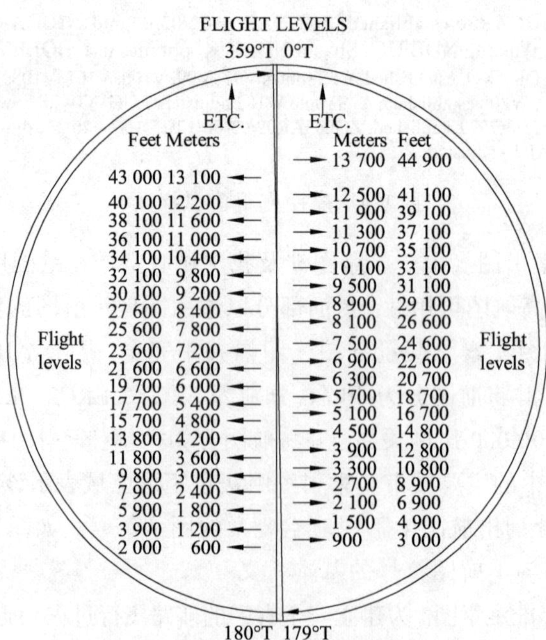

图 9.6 高度层配备标准示意图

⑥ 进近通信频率列表。AIP 航图封面中会列出我国建立了进近管制服务的管制区内不同扇区设置的进近管制频率，如图 9.7 所示。

APP COMMUNICATIONS

Beijing app
119.04(125.05) AP01
126.1(129.0) AP02
120.6(125.05) AP03
119.7(129.0) AP04
127.75(126.5) AP05
121.1(126.5) AP06
124.4(124.7) AP07
125.5(124.7) AP08
Changchun APP
119.45(127.9) AP01
125.25(127.9) AP02
Changsha APP
119.65(120.6) AP01
125.65(125.05) AP02
124.6(125.05) AP03

HefeiAPP
119.85(119.025) AP01
120.45(119.025) AP02
124.45(119.025) AP03
Hohhot APP
124.85(119.075) AP01
123.85(119.075) AP02
Jinan APP
119.05(121.4) AP01
119.225(121.4) AP02
Kunming APP
119.0(125.55) AP01
123.8(125.55) AP02
120.35(127.9) AP03(RWY03/04)
124.25(127.9) AP03(AWY21/22)
121.15(126.55) AP04

ShantouAPP
120.65(123.05)
Shenyang APP
125.55(126.55) AP01
119.825(126.55) AP02
Shijiazhuang APP
120.45(124.75) AP01
119.125(124.75) AP02
Taiyuan APP
119.2(125.55) AP01
119.55(125.55) AP02
Tianjin APP
127.9(120.9) AP01
125.25(120.9) AP02
Urumqi APP
120.25(119.9) AP01

图 9.7　进近通信频率列表

（2）图廓外边框航空要素。

航路图图廓外边框包括了航图的投影方式、比例尺，以及帮助用户快速定位折幅编号等的相关要素。

① 投影方式。我国航路图采用兰伯特投影，标准纬线 24° 和 40°，磁场为 2010 年的磁差数值，如图 9.8 所示。

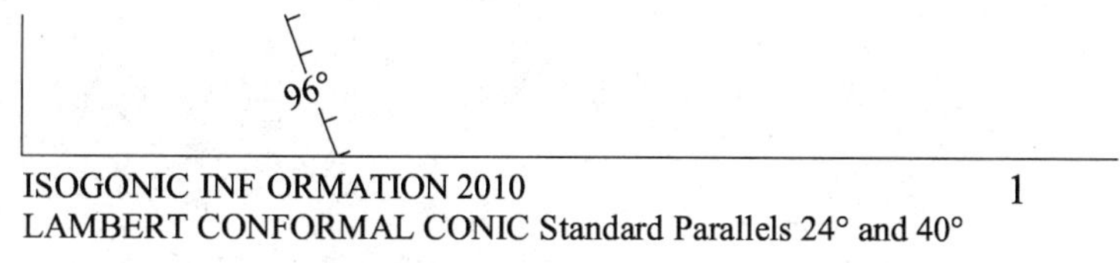

图 9.8　投影方式标注

② 线性比例尺。除了封面公布的数字比例关系外，在图边框还公布线性比例尺关系，如图 9.9 所示。

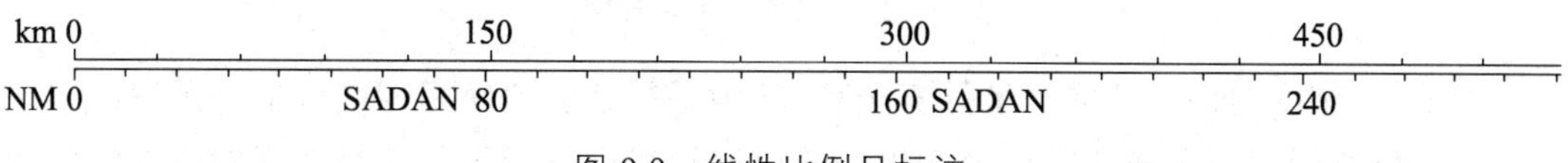

图 9.9　线性比例尺标注

③ 折幅编号，可帮助用户进行航图信息的快速定位，分为横向折幅编号和纵向折幅编号，横向折幅编号用阿拉伯数字顺序表示，纵向折幅编号用大写英文字母表示，位于每个小折页边框靠近中间的位置，如图 9.10 所示。

④ 幅外衔接重要点名称，在图廓外边缘还标注了航路航线延伸至图幅外的第一个

导航台或报告点的名称。名称放置在图廓外、航路航线与图廓交点处，以帮助使用人员在进行图幅切换时快速定位。如图 9.11 所示。

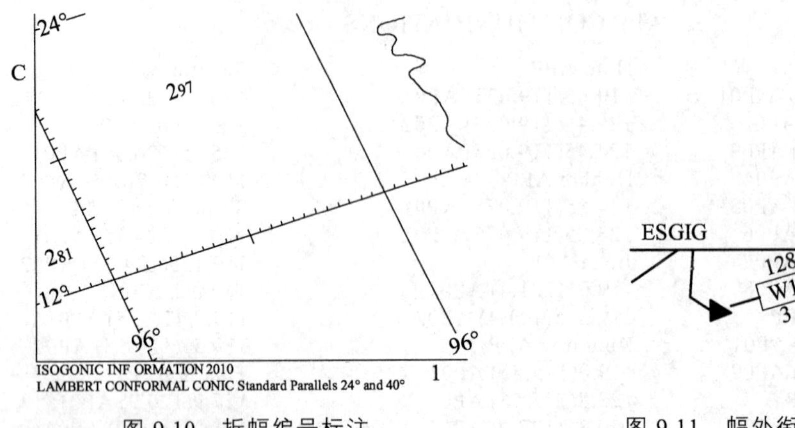

图 9.10　折幅编号标注　　　　图 9.11　幅外衔接重要点名称标注

（3）底图航空要素。

航路图的底图部分包含了地形信息、国境边界线、经纬度网格、等磁差信息等众多航行要素，如图 9.12 所示。

① 地形信息。航路图中以蓝色表示水系，如河流、湖泊、海洋等。

② 国境边界线。在航图中以国境边界线标示出我国国境范围。值得注意的是，边界线上的航路点是涉及我国空域进出限制的关键航路点。

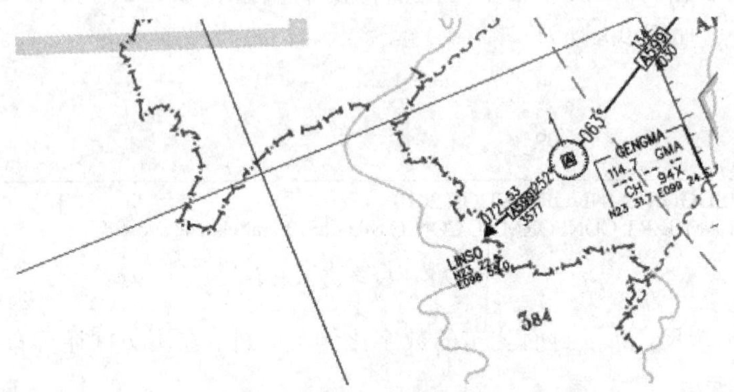

图 9.12　底图航空要素标注

③ 经纬度网格以及网格最低安全高度。为了帮助航图使用者进行某一区域的快速定位，航路图底图上横向纵向分别以经纬度网格线进行了区分，经纬度网络之间的间隔大小取决于航图所覆盖的地理区域，目前我国航路图中的经线、纬线都选取偶数度数。经纬度网格中标注了该区域的最低网格高度。我国航路图中该高度单位为 10 m，即标注“597”标示该经纬度网格内最低网格安全高度为 5 970 m。最低网格高度是由本网格区域里最高障碍物加上超障余度得到的，一般平原地区余度为 300 m，高原或山区为 400 m。如图 9.13 所示。

④ 等磁差线，磁差是真经线和磁经线之间的角度差。其大小取决于所在位置与真北极和磁北极之间的相对位置关系。在我国航路图上，用连续的灰色虚线标出等磁差线。如图 9.14 所示。

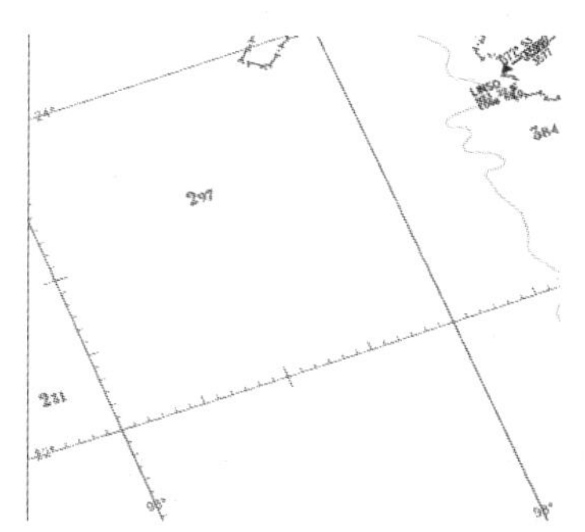

图 9.13　经纬度网格与网格最低安全高度标注

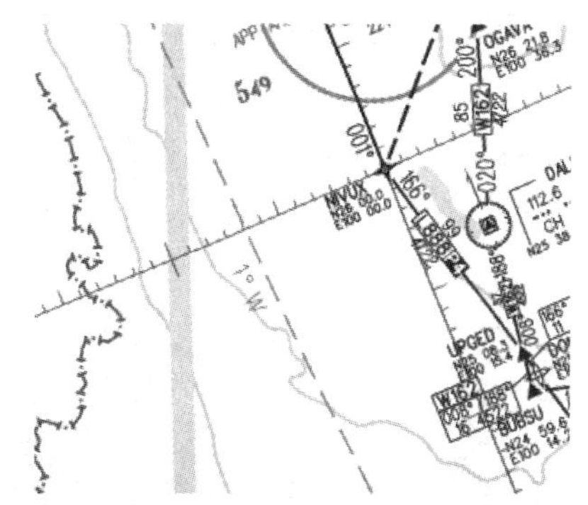

图 9.14　等磁差线标注

（4）机场、航路点与导航设施等航空要素。

航路图中以各类符号和标识标注出了我国目前可用机场、导航台、以及航路点基础信息。机场类别、导航台类型以及航路点类型都存在差异，因此航图符号与信息标注的方式有一定差异。

① 机场。我国机场分为民航机场、军民合用机场，以及可供民航使用的军用备降场，各类型机场在航路图中的符号如图 9.15 所示，除标注符号外还会给出机场所在城市名、机场名以及标准单位的机场标高。AIP 航路中标示出我国对外开放的民用机场。

⊕	民用机场
◉	军用合用机场
Ⓗ	民用直升机场

◎	军用机场
○	军用备降机场
广州/白云 15	城市名/机场名 机场标高（米）

图 9.15　机场符号标注

② 航路点，是用于沿航线进行位置确定或检查的地理位置点。根据目前我国空域内包含传统航路和 PBN 航路两种类型，航路点定位方式可采用地面的导航设施来确定，也可采用经纬度地理坐标来确定。基于导航数据库的编码规则，目前我国航路点名已逐步完成五字码命名。根据管制要求，航路点又分为强制性报告点与非强制性报告点，在没有雷达管制的环境下，飞行员飞越强制报告点时必须报告位置。有些位置点，ATC 要求飞行员飞越这些点时，报告当时航路上的天气，包括云、温度、积冰、颠簸等。如图 9.16 所示。

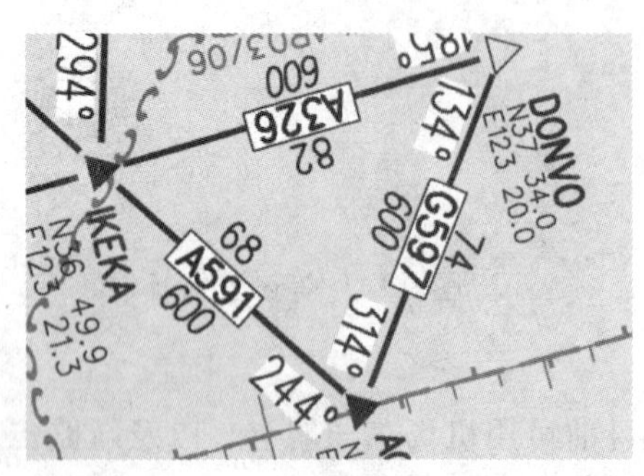

（a）传统航路报告点

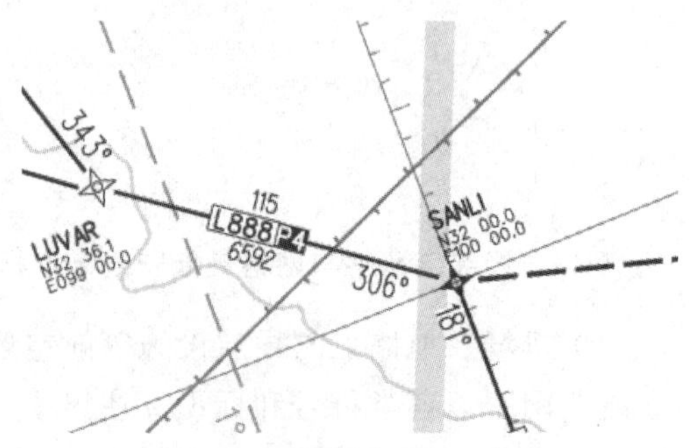

（b）PBN 航路报告点

图 9.16　航路报告点标注

③ 导航设施。我国航路结构仍然保留传统航路，导航台是构成传统航路的主要元素。目前我国航路中存在的导航台类型主要有 VOR、DME、NDB 三种类型，其中 VOR 与 DME 台通常合装，因此航路图中会以符号和数据框组合的形式标示不同导航台类型和主要工作参数如台名、频率、识别码、莫尔斯代码等信息，如图 9.17 所示。

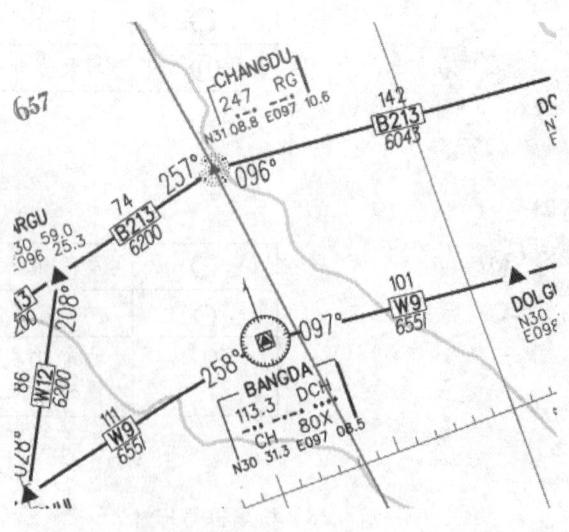

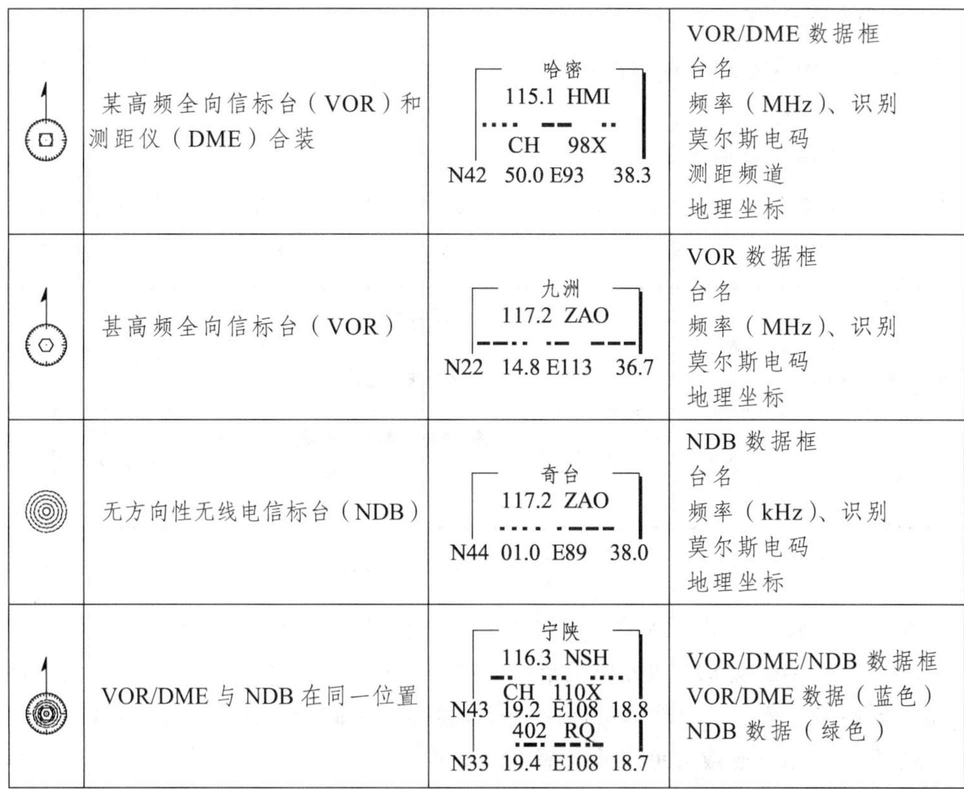

	某高频全向信标台（VOR）和测距仪（DME）合装	哈密 115.1 HMI CH 98X N42 50.0 E93 38.3	VOR/DME 数据框 台名 频率（MHz）、识别 莫尔斯电码 测距频道 地理坐标
	甚高频全向信标台（VOR）	九洲 117.2 ZAO N22 14.8 E113 36.7	VOR 数据框 台名 频率（MHz）、识别 莫尔斯电码 地理坐标
	无方向性无线电信标台（NDB）	奇台 117.2 ZAO N44 01.0 E89 38.0	NDB 数据框 台名 频率（kHz）、识别 莫尔斯电码 地理坐标
	VOR/DME 与 NDB 在同一位置	宁陕 116.3 NSH CH 110X N43 19.2 E108 18.8 402 RQ N33 19.4 E108 18.7	VOR/DME/NDB 数据框 VOR/DME 数据（蓝色） NDB 数据（绿色）

图 9.17 各类无线电导航设施的编绘图例

（5）航路相关航空要素。

航路是指根据地面导航设施、经纬度坐标点建立的供飞机航线飞行用的，具有一定宽度的空域。该空域以连接各导航设施的直线为中心线，规定有上限和下限的高度和宽度。民航航路由民航主管当局批准建立，在这个通路上空中交通管理机构要提供必要的空中交通管制和航行情报服务，航路是非常重要的一类空域。目前我国航路分为国际（地区）航路和国内航路，航路宽度为 20 km，其中心线两则各 10 km，航路的某一段受到条件限制的可以减小宽度，但不得小于 8 km。根据航空器机载导航设备的能力、地面导航设备的有效范围以及空中交通的情况，在符合要求的空域内可以划设区域导航航路。同时航线分为固定航线和临时航线。航路航线代号包括一个表示属性的字母，后随 1 ~ 999 的数码。因此可以采用以下字母从航路的开放类型、导航方式、可使用时效性三方面进行不同航路编号。其中：

① A、B、G、R 表示国际（地区）航路航线；

② L、M、N、P 表示国际（地区）区域导航航路；

③ W 表示不涉及周边国家或地区的对外开放航路航线（含进离场航线）；

④ Y 表示不涉及周边国家或地区的对外开放区域导航航路；

⑤ V 表示对外开放临时航线；

⑥ H 表示国内航路航线；

⑦ Z 表示国内区域导航航路；

⑧ J 表示国内进离场航线；

⑨ X 表示国内临时航线。

使用 X、V 系列航线时须经 ATC 同意。在航路图中又采用了不同符号对航路类型进行了区分，如图 9.18 所示。

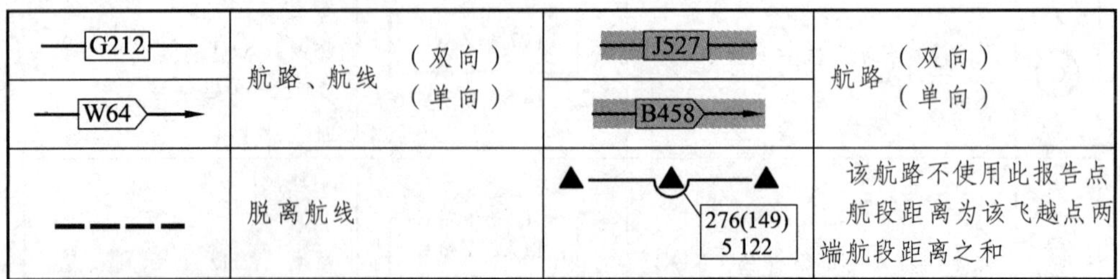

G212	航路、航线（双向）	J527	航路（双向）
W64	航路、航线（单向）	B458	航路（单向）
— — — —	脱离航线	276(149) 5 122	该航路不使用此报告点航段距离为该飞越点两端航段距离之和

图 9.18　不同航路类型符号标注

每条航路上会标示出航路代号、航段里程、航路最低安全高度等主要航路参数，其中航段里程以 km 和 NM 两种单位给出，如图 9.19 所示。最低飞行高度为保障航路飞行的最低超障高度，以标准单位标注。该高度是以航路中心线两侧 25 NM 的范围内最高障碍物加上 400 m 或 600 m 余度得到。

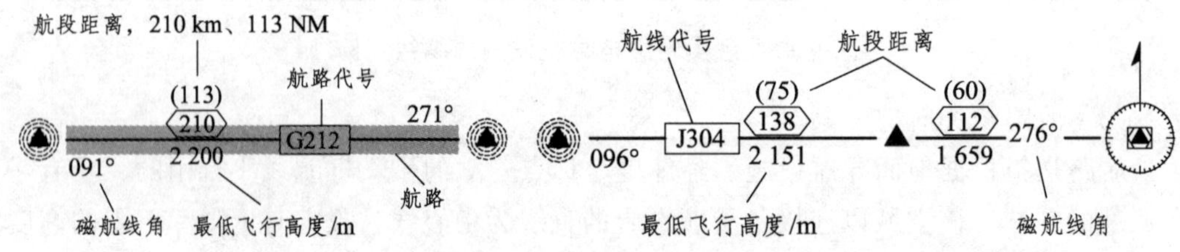

图 9.19　航路标注

PBN 航路包含区域导航（RNAV）与所需性能导航（RNP）两种导航规范，因此除了标注以上基本信息外，还需在航路代号后使用后缀形式标示该航路实施遵循的导航规范，目前以 R1 表示 RNAV1，R2 表示 RNAV，P4 表示 RNP4，P10 表示 RNP10。如图 9.20 所示。

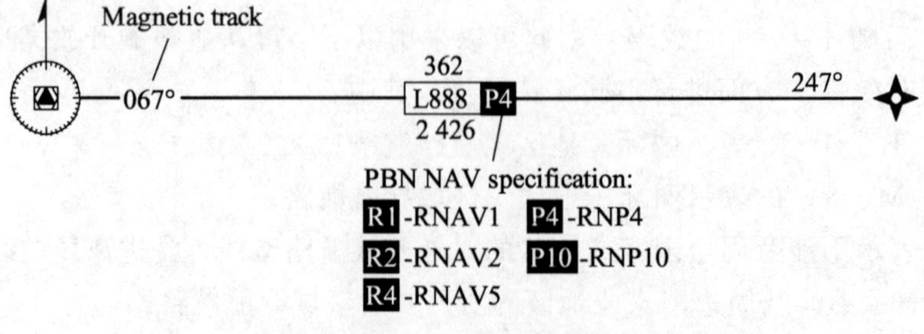

图 9.20　PBN 航路标注

航路中为进行交通流量控制，也会设置等待程序，等待程序通常会设置在航路汇集或进入终端区之前的航路区域。等待程序的实施需要飞行员掌握等待定位点、等待模式、出航航向、入航航向、出航时间、等待最低高度等信息。航路图因为标注空间受限，通常会在航路等待程序中间标出标注编号，使用者可以根据标注编号，在本页航图空白部分找到执行该航路等待程序的详细说明，如图 9.21 所示。

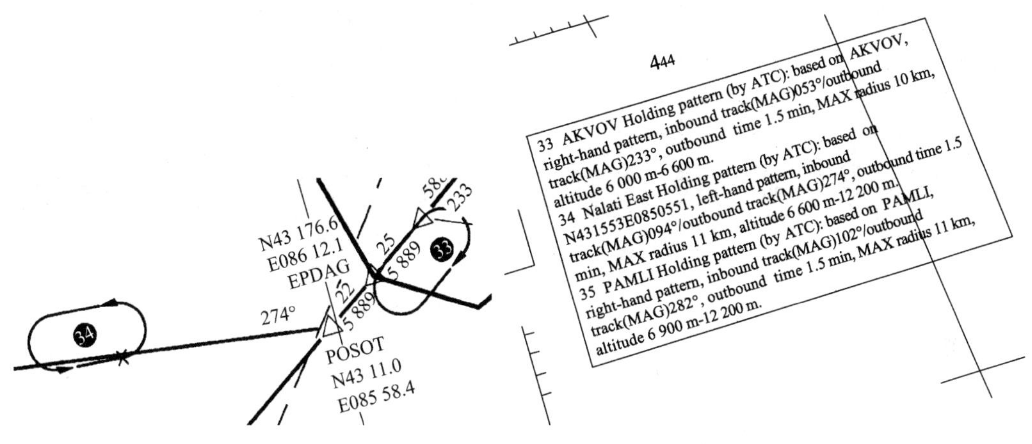

图 9.21　标注编号与详细说明

（6）空域相关航空元素。

根据所需提供的空中交通服务类型各国均会在本国空域内设立空中交通服务区域，包括飞行情报区、高空管制区、中低空管制区、终端管制区、进近管制区、机场塔台管制区、航路和航线。

飞行情报区内可提供飞行情报服务和告警服务，我国目前划分北京、上海、广州、沈阳、武汉、三亚、昆明、兰州、乌鲁木齐、香港、台北十一个情报区。

飞行情报区范围内通常又包含一个或几个区域管制区，比如北京情报区内又下设北京区域管制区、呼和浩特区域管制区、太原区域管制区。区域管制区内提供区域管制服务，并根据需要又可以划设多个区域管制扇区，比如北京区域管制内设置 31 个扇区。

终端管制区和进近管制区内提供进近管制服务，并根据需要划设终端和进近管制扇区。

每个管制区域提供服务的管制通信频率以及对应服务的高度都不一致，因此在航路图中将会以不同类型连线给区域边界进行划设。此外还会在航图空白处中以列表形式标注出不同扇区的管制信息。如图 9.22、图 9.23 所示。

飞行员执行某一城市对之间的航线飞行会经过多个区域管制，须逐一与航路飞行经过区域管制扇区取得联系获取管制指挥的相关指令、报告飞行动态。在某一终端区建立起降过程时，将涉及终端区内的进离场航线，此时应获取相应进近管制扇区的管制指挥。

	国界		进近管制区、终端管制区边界
	飞行情报区边界		管制扇区边界
	飞行情报区边界（未定界）		区域管制区边界

（a）各类管制区域边界线

成都管制区		
02扇区	122.80×126.15 8 100 m（含）以下	H24
04扇区	128.35×133.30	07-24
	130.0	
高空	8 831×8 873 08-20 6 682×8 873 20-08	
低空	6 565×8 960 08-20 3 464×8 960 20-08	

（b）管制区域通信频率

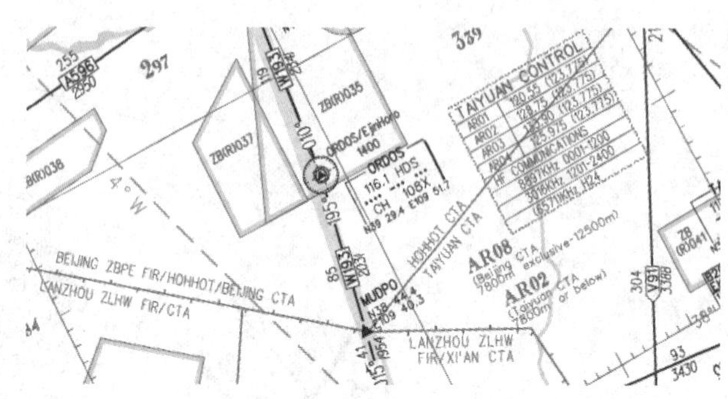

（c）情报区与区域管制划设

图 9.22　管制区信息标注

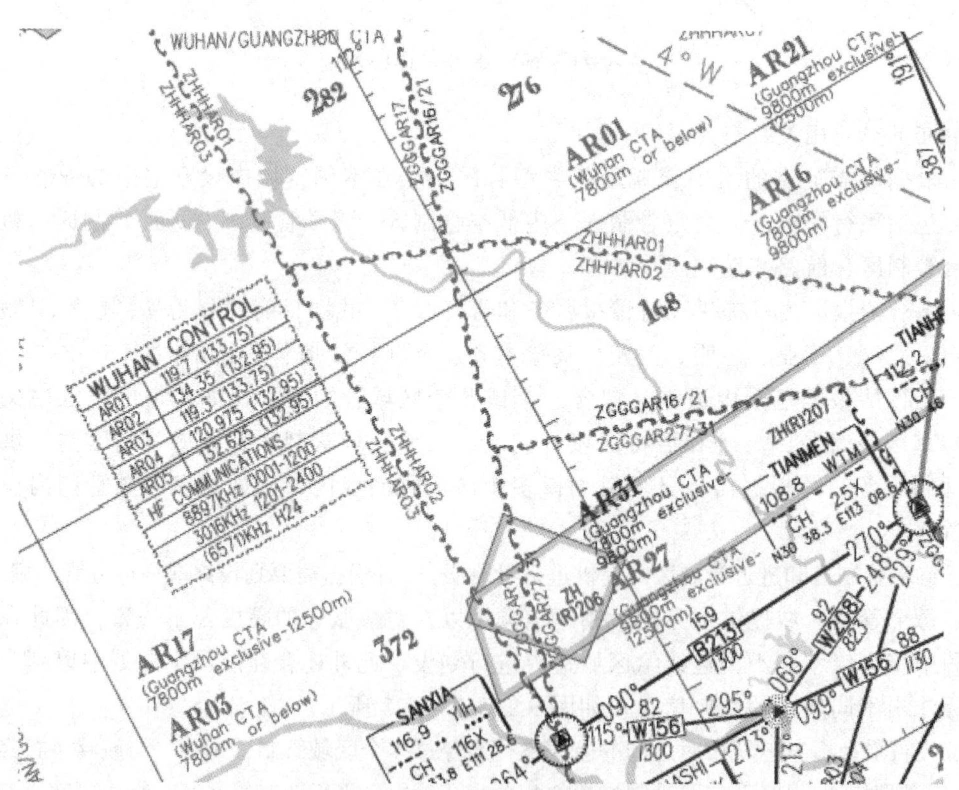

（a）区域管制内的扇区划设

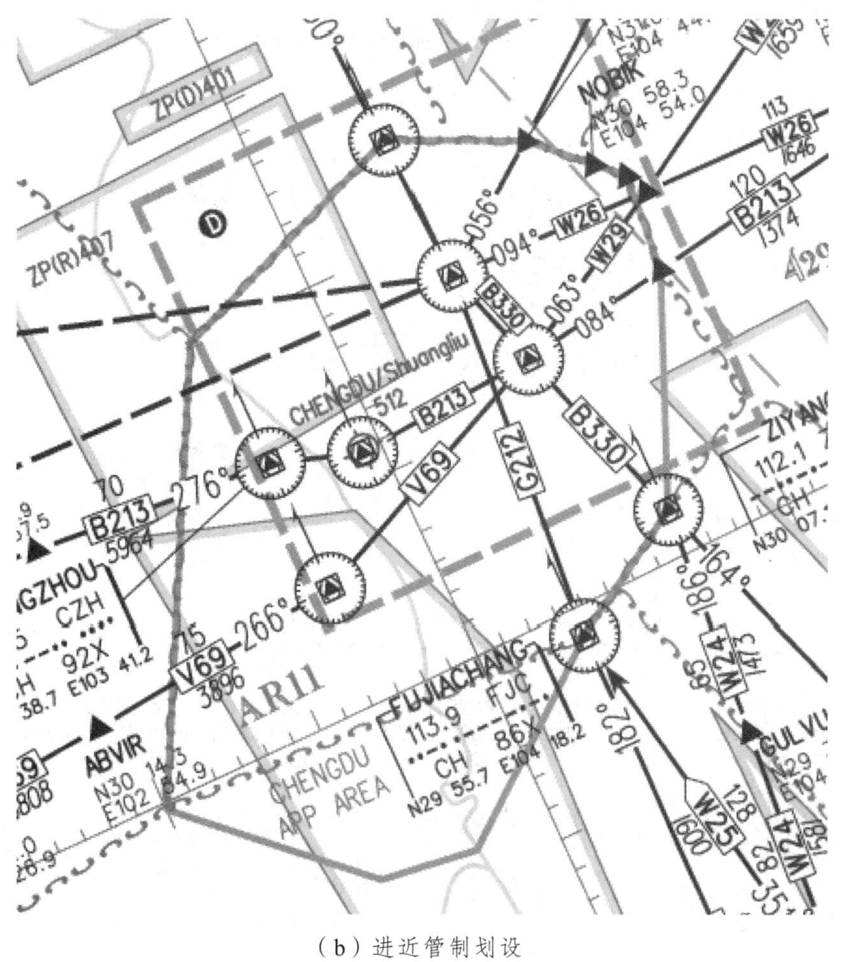

（b）进近管制划设

图 9.23 管制区内划设标注

除了正常可建立管制服务的空域外，我国空域内还设置了禁区、危险区、限制区三类危险空域。

① 空中禁区由飞行区代号加字母 P 以及编号表示，是航空器在飞行中，无论在任何情况下，均不准飞入划定的区域。中国民用航空局对飞入空中禁区的航空器的机长，将给予严肃处理，并且对该航空器飞入空中禁区所产生的一切后果，不负任何责任。

② 危险区由飞行区代号加字母 D 以及编号表示。在危险区有活动期间，航空器均不准进入危险区，以免发生危险影响飞行安全。

③ 限制区由飞行区代号加字母 R 以及编号表示，是航空器必须遵守各项限制的飞行区域，应避免发生危险影响飞行安全。

航图中以蓝色边框的形式划出空域中规定的危险空域范围，并在边框内标出该危险空域的类别。但值得注意的是限制区与危险区均存在限制范围与限制时间，因此在航图空白处会以列表形式给出所有限制区、危险区的限制要求，如图 9.24 所示。

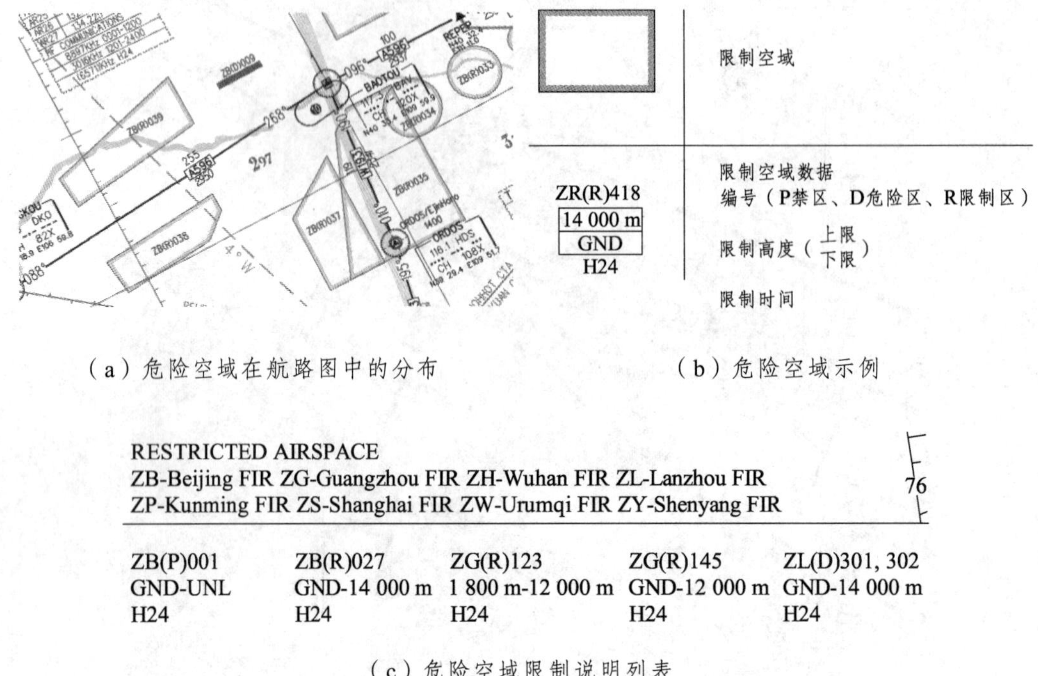

（a）危险空域在航路图中的分布　　（b）危险空域示例

RESTRICTED AIRSPACE
ZB-Beijing FIR ZG-Guangzhou FIR ZH-Wuhan FIR ZL-Lanzhou FIR
ZP-Kunming FIR ZS-Shanghai FIR ZW-Urumqi FIR ZY-Shenyang FIR　76

ZB(P)001	ZB(R)027	ZG(R)123	ZG(R)145	ZL(D)301, 302
GND-UNL	GND-14 000 m	1 800 m-12 000 m	GND-12 000 m	GND-14 000 m
H24	H24	H24	H24	H24

（c）危险空域限制说明列表

图 9.24　危险空域标注

9.2　航路图/区域图的应用

航路图/区域图给出了航路运行阶段详细的各类航空信息，包括机场基本信息、空域划设、航路数据、各类限制等，是航空运行活动开展全阶段都需要参考的航图资料。

航空公司从开始计划某一城市对之间的航空运行需求时就会利用航路图/区域图，结合《国内班机航线汇编》规定（见图 9.25），以及公司拟定使用机型进行航线走向规划与初步的航线里程测算。在公司航线走向获得局方批发后，航空公司情报人员会根据航路图/区域图制作完成详细的航路数据汇总，供公司航线数据系统以及机载导航数据系统使用，航线数据汇总表格如表 9.1 所示。开始每日实际的航班计划时，航空公司签派人员会利用航路图进行每日航线计划的分析与调整，尤其在某些临时航行通告影响下需要进行临时走向调整时，需要参考航路图/区域图进行可临时可用航线走向的规划。

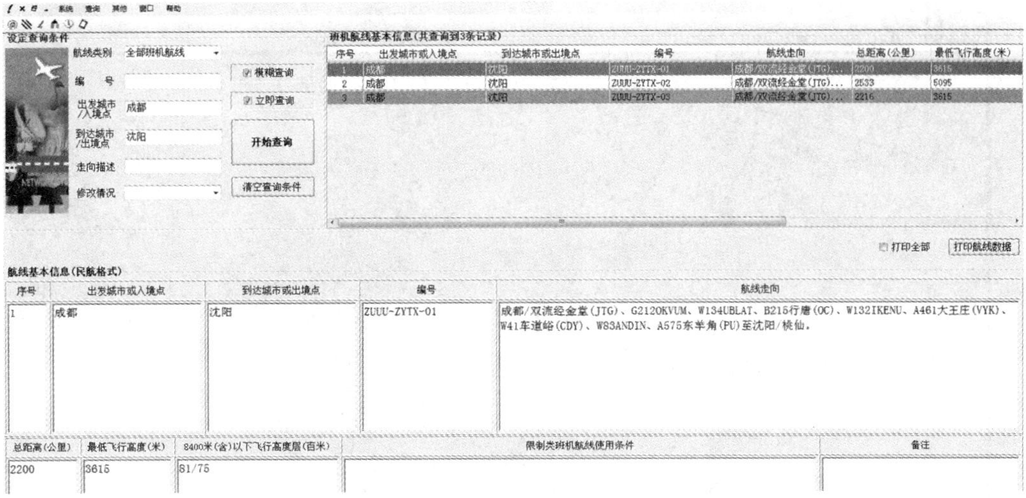

图 9.25　班机航线走向

表 9.1　公司航路计划

公司航路计划									机型：A9/320
制作：　　校对：				运行控制中心					
制作单位：航行情报室				领导批准/日期：			批准/日期：		
航线名称：成都—沈阳　　航线距离：××海里									
航路点	纬度	经度	导航台		航线角	航路代号	距离	指导高度	航路备注
	N	E	呼号	频率			海里	C1(百米)	
成都/双流 ZUUU			CTU	115.7	88	B213	53		
WUFENGXI			WFX	117.1	344	B330	31		
JINTANG			JTG	115.4	360	B330	42		
PANKO					56	G212	72		
…									
沈阳/桃仙									
总里程									

飞行人员在航班计划实施过程中，也必须使用航路图/区域图监控航线走向，利用航路图给出的管制信息、空域信息等获取有效的管制服务，保障航空运行活动安全有序进行。尤其是发生某些临时影响航空运行的特殊情况如临时空域限制、雷暴天气等时，飞行员需要利用航路图各类信息分析可用航线走向、可用空域结构，并与所在空域管制单位取得联系，在管制指挥协调下进行绕飞或飞行高度调整。

空管人员可以利用航路图/区域图，了解管辖范围内空域结构的划设与限制，熟悉管辖区域范围内航线结构的布局，从而熟悉管制区域与交接位置，并能结合本辖区内的管制调配方案熟悉理解本区域内管制实施方案。

以如图 9.26 所示为例，说明航路图使用过程中应主要关注的航行要素。

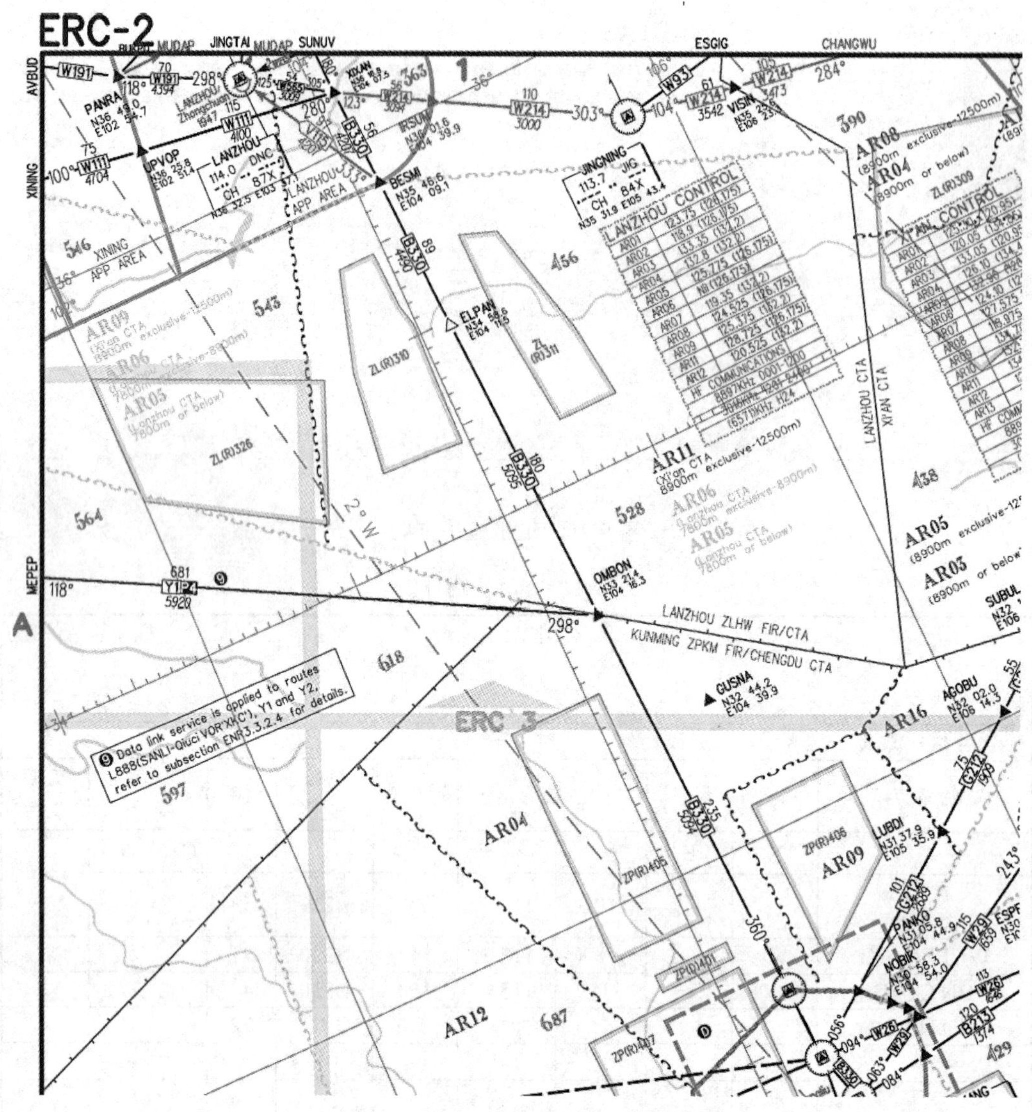

图 9.26　AIP 航路图 ERC2 局部

若执行航班经 B330 航路使用 8 400 m 高度沿着西北走向，由 ERC2 可见将经过 OMBOM 航路点，该航路点为昆明情报区与兰州情报区交界点，该点为强制性报告点。过该点后机组将从成都区调 04 扇区移交至兰州区调 06 扇区。沿航向 360° 飞行 180 km 至 ELPAN 航路点，需注意该航段两侧存在兰州 310、311 限制区，限制条件可在航图中危险空域限制条件列表中获取，经查询两个限制区限制高度均为从地面至 12 000 m 高度，限制时间 24 h，机组应保持在规定区域中建立飞行过程。继续保持航向 360° 飞行 89 km 到达 BESMI 航路点，该点为强制性报告点。该点后将进入兰州 08 扇区管制区。保持航向经 56 km 后达到航路点 XIXAN，该航路点为强制性报告点。过 XIXAN 后须使用 ERC3 航图查询 B330 航路相关资料，下一航路点是 SUNUV。依据航图以此类推完成航班执行过程中航行要素的检查。

主要民航岗位对航路图/区域图的应用阶段与重点关注信息，如表 9.2 所示。

表 9.2　航路图/区域图中民航岗位应用阶段与重点关注信息

岗位	项目	内容
航空公司性能人员	使用阶段	公司新开航评估阶段： ① 当班机航线汇编中无需航线走向时，须自行评估距离，计算固定油量时； ② 航路最低飞行高度较高，须评估航段是否释压处置程序的制作时
	重点关注信息	① 航段距离； ② 航路最低飞行安全高度
航空公司情报人员	使用阶段	① 公司新开航评估阶段： a. 当班机航线汇编中无需航线走向时，须自行评估距离，计算固定油量时； b. 航路最低飞行高度较高，须评估航段是否释压处置程序的制作时。 ② 新周期数据分析阶段。 ③ 禁航类、空域限制类等航行通告处理阶段。 ④ 导航数据制作阶段
	重点关注信息	① 航路走向以及使用限制； ② 航路点、导航台坐标； ③ 情报区、管制区信息、空域限制信息； ④ 航段距离、最低安全高度
航空公司签派员	使用阶段	① 禁航类、空域限制类等航行通告处理阶段； ② 危险天气绕飞分析阶段； ③ 航班放行分析阶段； ④ 涉疆航路、改直航路、临时航路申请； ⑤ 运行监控阶段
	重点关注信息	① 航线走向、航路点、航路限制高度； ② 空域结构变化、危险区域限制； ③ 航段距离、航路最低飞行安全高度
航空公司飞行员	使用阶段	① 驾驶舱准备阶段； ② 航路过程中巡航监控阶段； ③ 航路过程中需更改航路阶段
	重点关注信息	① 航路之间的航迹/距离； ② 航路点经纬度、报告点； ③ 航路特别限制/特殊规定； ④ 经纬度网格最低安全高度； ⑤ 禁区/限制区； ⑥ 管制单位与通信频率、管制区交接点； ⑦ CPDLC 识别码
管制员	使用阶段	① 空域熟悉阶段； ② 航线结构熟悉阶段
	重点关注信息	① 空域结构划设； ② 管制扇区划设； ③ 航线结构布局； ④ 管制区、扇区交接点

9.3 航路图/区域图编绘

9.3.1 制图基本要求

（1）计量单位：航路图/区域图采用千米（km）和海里（NM）计量进行距离计量，海里数据以加注“( )”表示。高度采用米（m）计量，部分情报区采用英尺（ft）计量。航图中航段航迹公布为磁航迹，采用度（°）计量。

（2）范围和比例尺：国际民航组织建议航路图可采用 1∶2 000 000 至 1∶5 000 000 比例绘制，比例尺大小的选取会考虑制图范围大小以及航行要素的密集程度。对同一系列的航路图宜采用同一比例尺，以保证图幅衔接一致。我国 NAIP 航路图通常采用 1∶2 500 000，AIP 航路图通常采用 1∶3 000 000。制图范围：NAIP 航路图覆盖北京、广州、昆明、兰州、上海、沈阳、三亚、武汉、乌鲁木齐等 9 个飞行情报区及防空识别区；AIP 航路图覆盖北京、广州、昆明、兰州、上海、沈阳、三亚、台北、武汉、乌鲁木齐、香港等 11 个飞行情报区及防空识别区。

（3）坐标系统：WGS-84 坐标系。

（4）投影关系与基准面：投影关系采用兰伯特等角正割圆锥投影，标准纬线 24°和 40°；基准面采用 1956 年黄海高程系或 1985 国家高程基准。

9.3.2 航图绘制过程

步骤 1：资料收集。

目前航路图/区域图的编绘均由情报中心统一完成，根据航路图的信息要素与制图要求，需收集相应与出图比例一致的地形图、机场资料、导航设施资料、航路资料、通信资料、空域资料等。

步骤 2：制图区域研究。

根据收集的资料，确定封面/封底信息内容的布局。由于航路图承载信息量较大通常需要进行图幅划分。根据国际民航组织建议，分幅原则如下：

（1）在制图过程中，应根据需要进行分幅。在保证航路图的可读性的前提下，应尽量减少图幅数量。高空航路与低空航路可分别制图。

（2）应根据航线走向，按尽量减少飞行员在飞行过程中使用图幅数的原则，确定分幅方案。

（3）图幅大小应以方便飞行员在航空器驾驶舱中的使用为基本原则，综合考虑印刷使用纸张的大小来确定。每一图幅的比例尺应相同，相邻图幅应有 2 cm 以上的接边资料重叠。

完成分幅的航路图，需进行图幅编号，图幅编号方式如下：

（1）高空图系列用英文字母“ERC H”后接一位数字进行编号；

（2）低空图系列用英文字母“ERC L” 后接一位数字进行编号；

（3）高/低空图系列用英文字母“ERC H/L” 后接一位数字进行编号。

例如：“ERC H1”表示高空第一幅图，“ERC L1”表示低空第一幅图，“ERC H/L1”表示高/低空第一幅图。

步骤 3：封面与图廓外要素绘制。

（1）图名、发行机构标志、出版日期、生效日期、比例尺，依次从上至下绘制于封面正上方中间位置。对生效日期 NAIP 以“年月日”表示，AIP 采用“年月日时”表示，并后缀“UTC”。

（2）图幅编号，绘制于在封面顶部的两侧，需分别注明正、反两面航图的图幅编号。如图 9.27 所示。

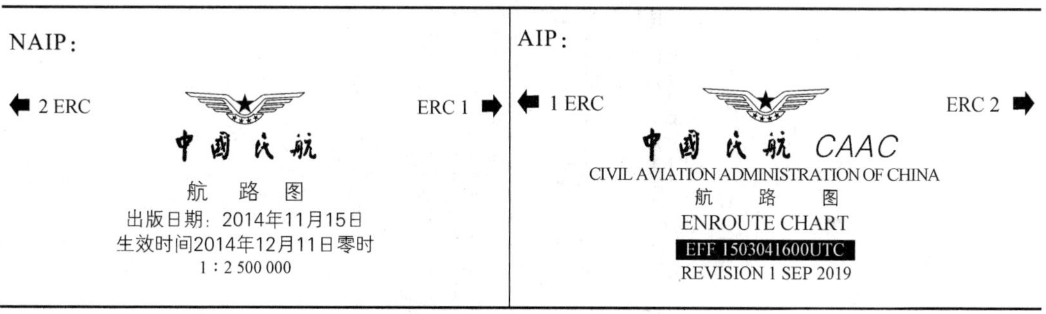

图 9.27　图幅编号标注

（3）本次修订的变化摘要。在图名的下方以简略的语言介绍本次修订数据、资料变更情况的摘要，如图 9.28 所示。

NAIP:	AIP:
说明： 1. 航图中只标注与航线相关的导航台，仅用于机场导航的导航台不做标注。 2. X、V 系列航线为临时航线，使用须经 ATC 同意，图中不另加文字说明。	**CHANGES** ENRC1: Yulin VOR 'YLX' relocated, AKLOL、VEMOT、ATKEV、DOVSU、GUSEV established, routes V79,V80,W623,W624 established, routes A461, A591, B213, W193 adjusted, ZBAAR06/18

图 9.28　修订变化摘要标注

（4）索引图。在修订信息的下方，绘制索引图。索引图中应展示本图幅与同系列其他图幅的地理位置和相互间的位置关系。

（5）高度层配备示意图与图例表。封底应给出公布的飞行高度层配备标准示意图及配高说明与图中涉及的符号及其注释，如图 9.29 所示。

NAIP：

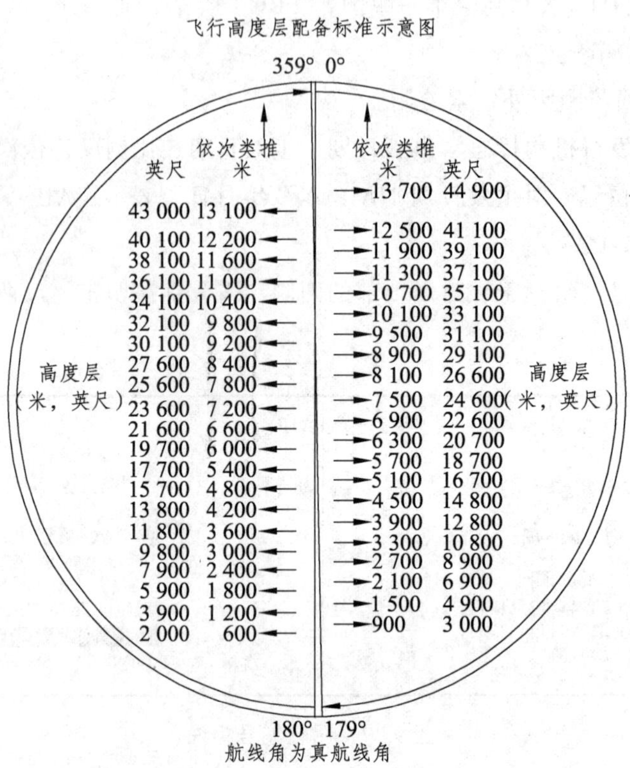

注：英尺为百位整数，百位以下数字四舍五入。用英尺高度表的航空器必须按表中相应的英尺高度飞行。

图例

民用机场　军民合用机场

军用机场　军用备降机场

AIP:

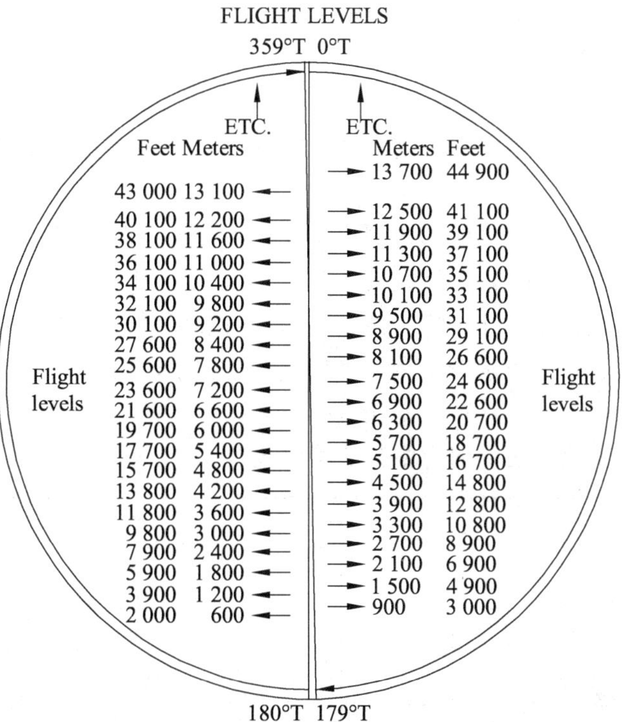

Note: ATC willissue the Flight Level clearance in meters. Pilots shall use the China FLAS Diagram to determine the corresponding flight level in feet. The aircraft shall be flown using the flight level in FEET. Pilots should be aware that due to the rounding differences, the metric readout of the onboard avionics will not necessarily correspond to the cleared Flight Level in meters however the difference will never be more than 30 meters

LEGEND

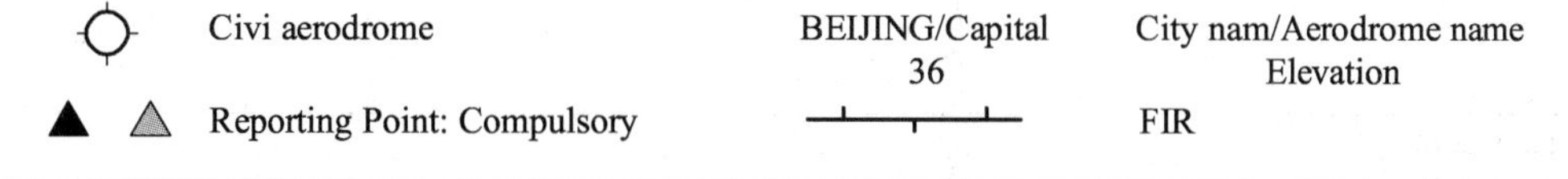

图 9.29 高度层配备示意图及图例表标注

（6）地图投影说明与磁差。在图廓外下边缘绘制本图使用的地图投影，如图 9.30 所示。

NAIP:	AIP:
等角正割锥投影，标准纬线 24° 和 40°，2010 年磁差值。	ISOGONIC INFORMATION 2010 LAMBERT CONFORMAL CONIC PROJECTION Standard Parallels 24° and 40°

图 9.30 地图投影与磁差标注

（7）比例尺表示方法和说明。除在封面上应说明本图所使用的比例尺外，还在图廓外边缘顶部图框绘制以 km 和 NM 为单位的线段比例尺。

步骤 4：图廓内要素绘制。

（1）底图。

底图中会以淡蓝色绘出实际长度在 500 km 以上的河流，以及面积大于 20 mm^2 的湖泊、水库。

经纬网格的绘制需要根据航图比例尺与分图幅关系计算出所有偶数经线和偶数纬线，并且以 4° 的整数倍数，经、纬线上，每 1° 绘一长刻划、每 30′ 绘一中刻划；每 5′ 绘一短刻划。经纬度数据标注在每一条经、纬线两端标。经纬网格内计算并标注网格内的最低安全高度，标注要求千位用大号字，百位和十位用小号字，个位不表示。如图 9.31 所示。

等磁差线，需编绘出磁差值为整数的等磁差线。

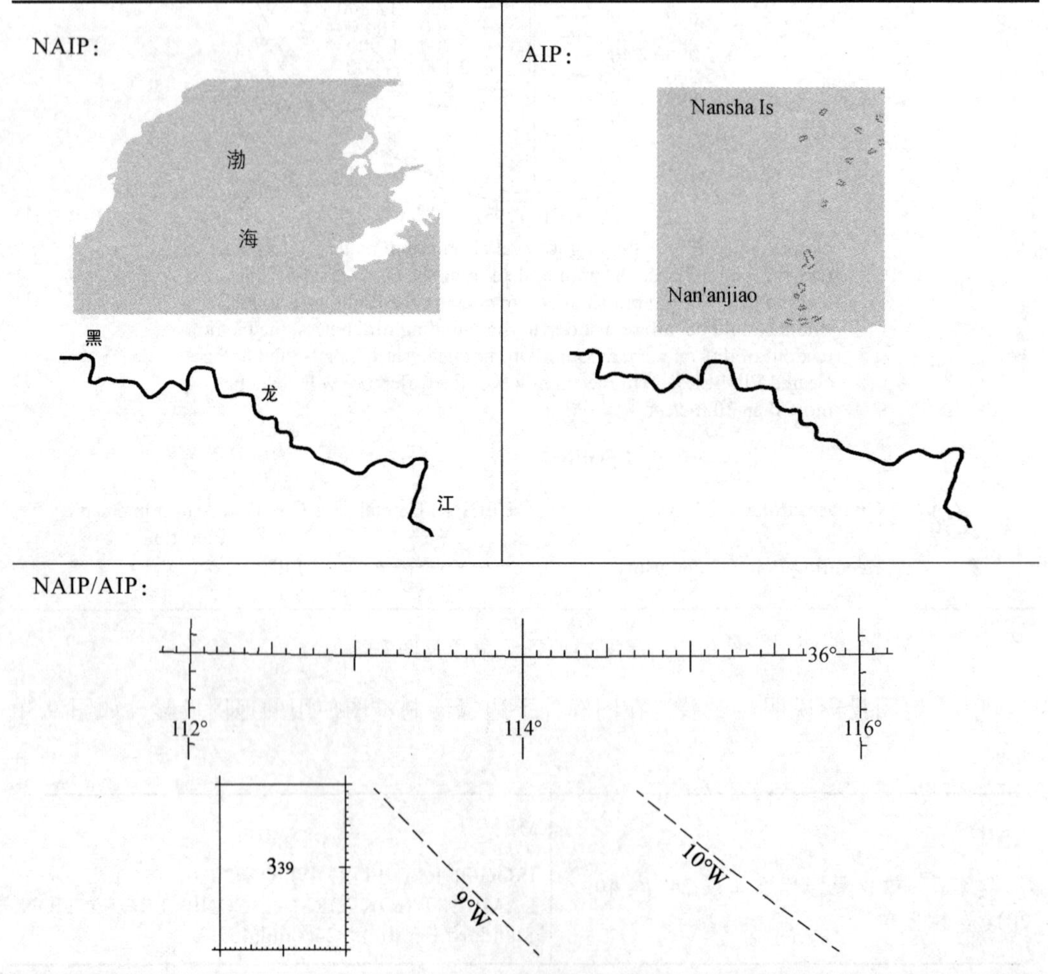

图 9.31　底图标注

（2）机场。

机场应根据其坐标（机场基准点坐标）准确地标绘在航路图中。不同类型的机场使用的符号应有所不同，应根据机场基准点坐标准确地在航路图中标绘出机场符号，应注明机场所在城市的名称、机场名和机场标高，如图 9.32 所示。机场标高以 m 为单位，四舍五入进至整数。

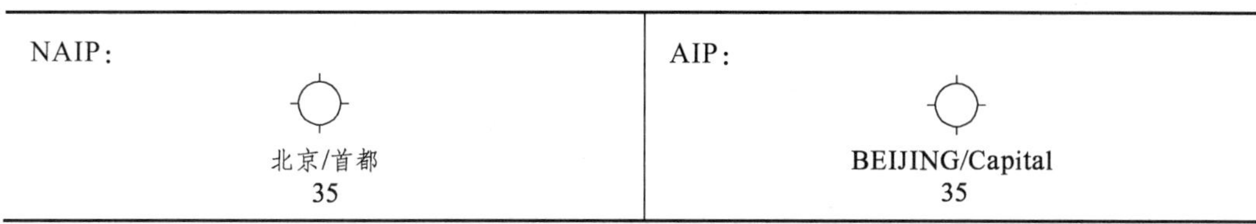

图 9.32　机场标注

（3）无线电导航设施。

图中应绘出制图范围内供航路使用的无线电导航设施。所有标绘在图中的导航设备，还应注明其名称、频率、识别、莫尔斯电码、地理坐标。如果有使用高度限制，还应注明使用高度。无线电导航设施的地理坐标至少精确到 0.1′。各类无线电导航设施的编绘图例，可参见图 9.17。

（4）位置点。

航路图中需标绘出所有与航路有关用于航空器定位的位置点。位置点应根据类型，分别用不同的符号进行标绘。所有标绘的位置点应注明名称、地理坐标和相关注记。位置点的地理坐标至少精确到 0.1′。位置点中的强制报告点分两种类型，五字代码点和 P 字点（仅在 NAIP 中公布），均采用实心三角形或四角星符号表示；要求报告点分两种类型，五字代码点和 P 字点（仅在 NAIP 中公布），均采用空心三角形或四角星符号表示。如图 9.33 所示。

NAIP/AIP:

强制报告点	
要求报告点	
区域导航航路报高点	

图 9.33　位置点标注

（5）航路和航线。

航路图中以不同线性线标绘出制图范围内的所有航路、航线，并标注其识别代号。航路、航线需磁航线角、航段距离、最低安全高度。对于距离较短，无法在航线上标注数据的航段，可采用数据框的形式注记有关数据。如图 9.34 所示。

NAIP/AIP：

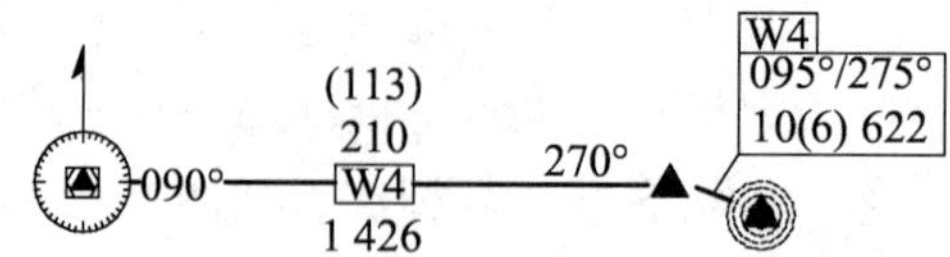

各类航路的线性符号：

航路	
航线	
单向航线	

脱离航线	
目视航线	
可飞航线	

图 9.34　航路和航线标注

（6）空中交通服务区域。

航路图/区域图中，飞行情报区、管制区、管制扇区、终端区等区域，应使用不同的线状符号标绘出边界，并在边界线内侧注明区域的类型和名称，同时以注记框的形式，在适当位置标注该管制区域联系频率以及使用时间，如图 9.35 所示。

NAIP/AIP 中各类空域边界线符号：

飞行情报区边界	
暂定飞行情报区边界	
飞行情报区名称	上海情报区 武汉情报区 LANZHOU ZLHW FIR/CTA KUNMING ZPKM FIR/CHENGDU CTA

飞行管制区边界	
防空识别区边界	东海防空识别区（规定内容详见NAIP ENR6.5） EAST CHINA SEA ADIZ (Refer ENR5.2.1 for detail)
飞行管制区名称	海拉尔管制区 CHENGDU CTA GUIYANG CTA

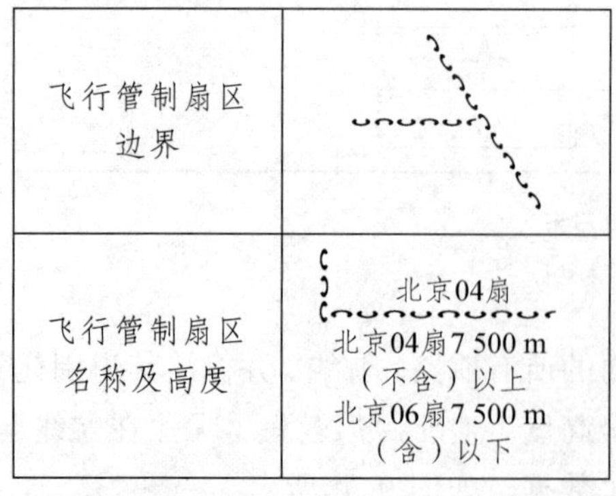

飞行管制扇区边界	
飞行管制扇区名称及高度	北京04扇 北京04扇7 500 m （不含）以上 北京06扇7 500 m （含）以下

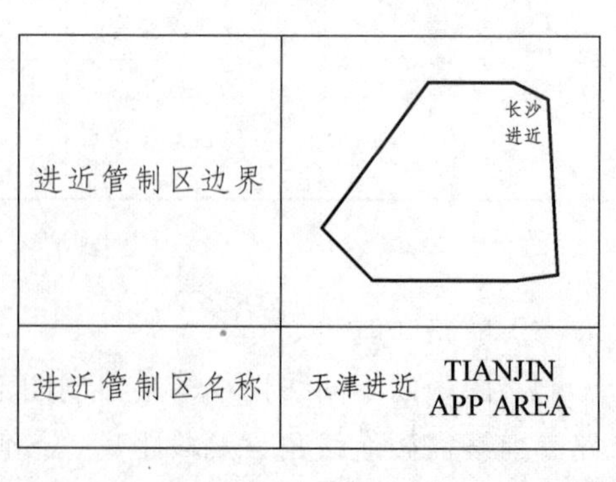

进近管制区边界	长沙 进近
进近管制区名称	天津进近　TIANJIN APP AREA

NAIP:

大连管制区		
01扇区	123.2 (132.55)	H24
02扇区	122.15(无)	0900-2030
	130.0	H24
高空	6 616(11 306)	08-20
	5 481(11 306)	20-08
低空	5 598(8 816)	08-20
	5 481(8 816)	20-08

AIP:

CHANGSHA CONTROL		
AR01	123.20 (133.15)	H24
AR02	132.55(127.35)	0900-2030
AR03	134.60(Nil)	H24
AR04	123.90(133.15)	08-20
HD COMMUNICATIONS		
8 897 kHz		0001-1200
3 016 kHz		1201-2400
(6 571) kHz		H24

图 9.35　空中交通服务区域标注

（7）限制空域。

航路图中使用浅色调线状符号描绘出制图范围内的所有限制空域边界范围，并标注其所在情报区二字代码、编号［由飞行情报区二字代码+空域类型（P-禁区、D-危险区、R-限制区）+数字组成］。当同一个限制空域内不同的位置高度限制有所不同时，应使用虚线表示高度规定的界限，并分别注明其高度。在每幅图的适当位置列出限制区、危险区和禁区数据表并对限制空域予以说明，包括编号、高度下限和上限、限制时间。如图 9.36 所示。

NAIP/AIP:

NAIP:

限制空域数据表

ZB(P)001 GND-无限高 每日0时-24时	ZB(R)037, 038, 039 GND 18 000 m 每日0时-24时
ZB(D)002, 003 GND-30 000 m 每日0时-24时	ZB(R)040, 041 GND 18 000 m 每日0时-24时
ZB(D)004 GND-11 000 m 每日0时-24时	ZB(R)044 2 00 m 18 000 m 不定

AIP:

RESTRICTED AIRSPACE

ZB(P)001 GND-UNL H24	ZB(R)027 GND-18 000 m H24
ZB(D)002 GND-30 000 m H24	ZB(R)028, 029, 030 GND-18 000 m H24
ZB(D)005 GND-20 000 m H24	ZB(R)031, 032, 033 GND-20 000 m H24

图 9.36　限制空域标注

步骤 5：其他注记信息编绘。

（1）注记编号及注记内容。

若航路图中存在须额外说明的信息，应在每幅图的适当位置编绘注记内容。注记编号应绘制在元素附近适当位置，编号用阿拉伯数字或英文字母表示，如图 9.37 所示。

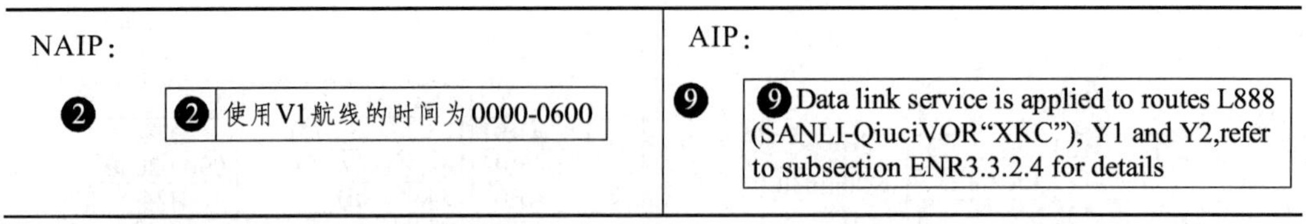

NAIP：	AIP：
❷ ❷ 使用V1航线的时间为0000-0600	❾ ❾ Data link service is applied to routes L888 (SANLI-QiuciVOR"XKC"), Y1 and Y2,refer to subsection ENR3.3.2.4 for details

图 9.37 注记编号与内容标注

（2）区域图或插图范围框线及图名注记。

针对需要额外使用区域图详细绘制的区域，在航路图中使用浅灰色虚线框标明所包含区域图的具体位置，如图 9.38 所示。在每幅图的适当位置公布插图内容，通常情况下按比例绘制。我国 NAIP 航路图中会标注区域图所在航图手册中的具体编号。

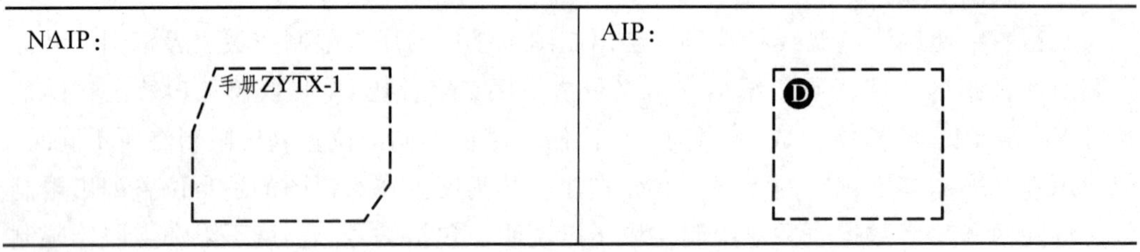

NAIP：

手册ZYTX-1

AIP：

Ⓓ

图 9.38 区域图或插图范围框线及图名标注

（3）接幅线和图幅识别标志。

根据分图幅原则，每一图幅的比例尺应相同，相邻图幅应有 2 cm 以上的接边资料重叠。因此分图幅应在每幅图中标绘接幅线和图幅识别标志及指示。如图 9.39 所示。

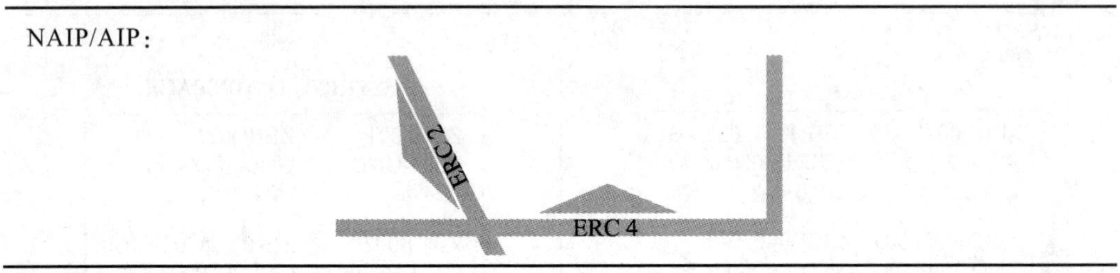

NAIP/AIP：

ERC 2

ERC 4

图 9.39 接幅线和图幅识别标志标注

注：航图绘制过程中，航图要素的符号、线型、注记、颜色要求可具体参见《民用航空图编绘规范》（MH/T4019—2012）与《民用航空图编绘图式》（IB-TM-2015-004）。

实践练习题

（1）简述我国 AIP 系列与 NAIP 系列航路图采用的航图比例与分图幅方式。

（2）我国航路图中特殊区域包含哪些类型？特殊区域在航图中标注了哪些信息？

（3）简述航路图中标注的航路航线资料有哪些。

附录 1　航图示例

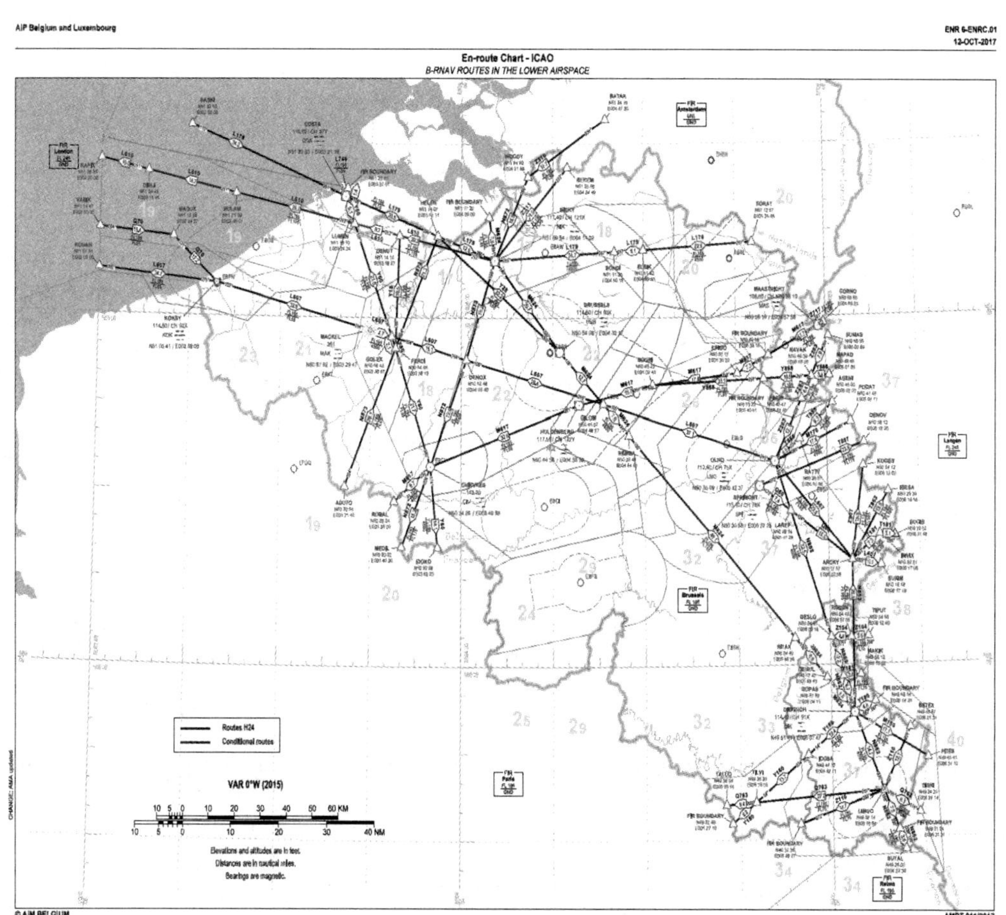

附图 1.1　ICAO 标准航路图

AIP BELGIUM AND LUXEMBOURG | AD 2.EBAW-IAC.01
12-OCT-2017

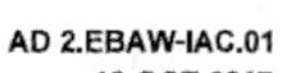

INSTRUMENT APPROACH CHART - ICAO

HGT RELATED TO
AD ELEV 39

ANTWERPEN / Deurne (EBAW)
ILS or LOC RWY 29

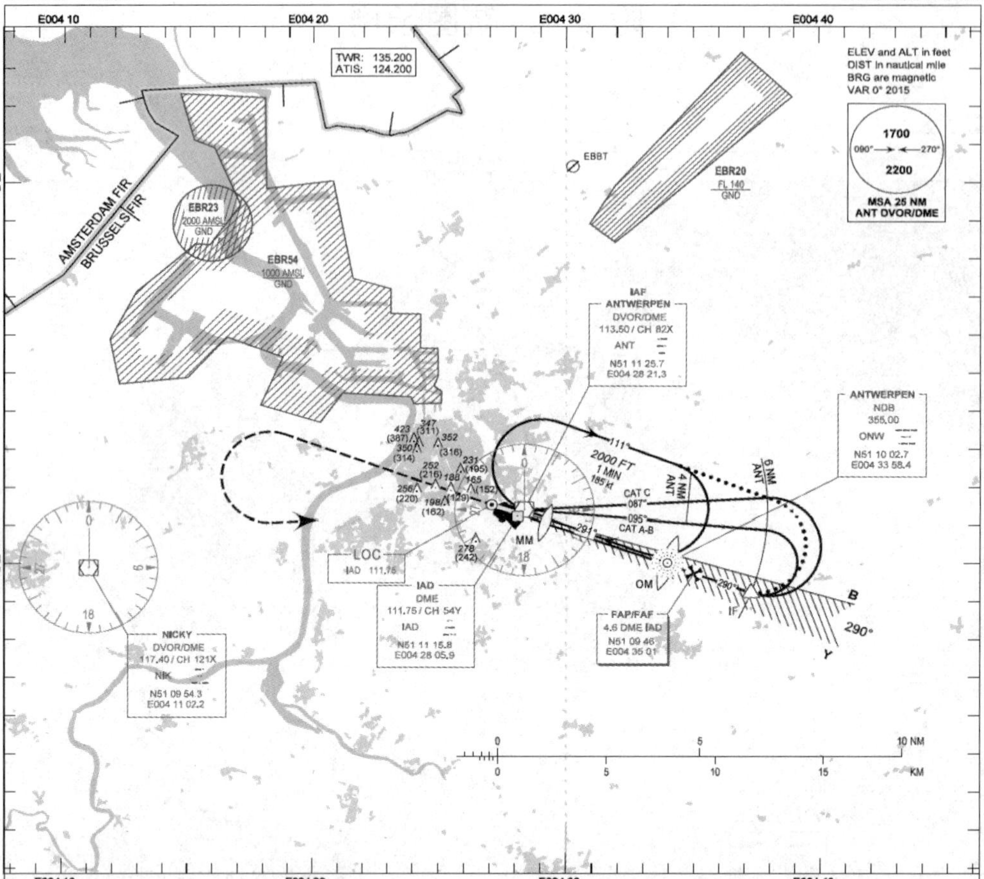

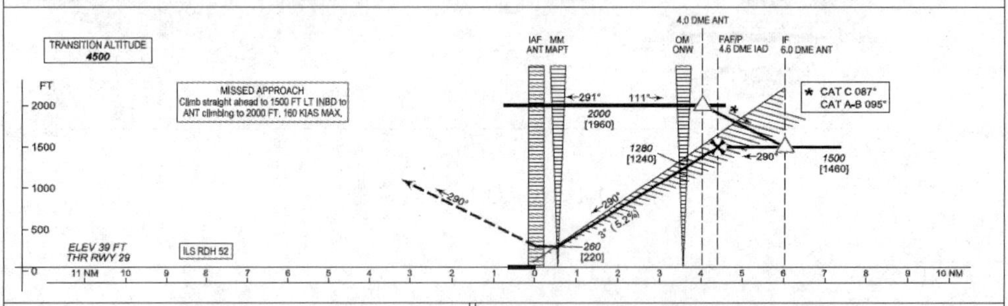

E004 10
E004 20
E004 30
E004 40
N51 20
N51 10
TWR: 135.200
ATIS: 124.200
ELEV and ALT in feet
DIST in nautical mile
BRG are magnetic
VAR 0° 2015
1700
090°
270°
2200
MSA 25 NM
ANT DVOR/DME
EBBT
EBR20
FL 140
GND
EBR23
2000 AMSL
GND
EBR54
1000 AMSL
GND
AMSTERDAM FIR
BRUSSELS FIR
IAF
ANTWERPEN
DVOR/DME
113.50 / CH 82X
ANT
N51 11 25.7
E004 28 21.3
ANTWERPEN
NDB
355.00
ONW
N51 10 02.7
E004 33 58.4
2000 FT
1 MIN
185 kt
CAT C
087°
095°
CAT A-B
111°
291°
4 NM ANT
6 NM ANT
MM
OM
IF
290°
LOC
IAD 111.75
IAD
DME
111.75 / CH 54Y
IAD
N51 11 15.8
E004 28 05.9
FAP/FAF
4.6 DME IAD
N51 09 46
E004 35 01
NICKY
DVOR/DME
117.40 / CH 121X
NIK
N51 09 54.3
E004 11 02.2
0
5
10 NM
0
5
10
15
KM

TRANSITION ALTITUDE
4500
4.0 DME ANT
IAF ANT
MM MAPT
OM ONW
FAF/P 4.6 DME IAD
IF 6.0 DME ANT
FT
2000
1500
1000
500
0
MISSED APPROACH
Climb straight ahead to 1500 FT LT INBD to ANT climbing to 2000 FT, 160 KIAS MAX.
291°
111°
2000
[1960]
★ CAT C 087°
CAT A-B 095°
1280
[1240]
290°
1500
[1460]
3° (5.2%)
260
[220]
ELEV 39 FT
THR RWY 29
ILS RDH 52
11 NM
10 NM

CHANGE: MSA ANT updated

OCA (OCH)				
CAT of ACFT	A	B	C	
ILS CAT I	239 (200)	239 (200)	239 (200)	
LOC ONLY	560 (520)	560 (520)	560 (520)	
CIRCLING	580 (540)	730 (690)	830 (790)	
RVR/VIS ILS CAT I	750 m	750 m	750 m	

FAF to MAPT - 3.9 NM						
Speed (GS)	KT	70	90	120	150	
Rate of descent	FT/MIN	375	480	640	800	

PROCEDURE ALTITUDES (HEIGHTS)					
DME IAD	4.6	4.0	3.0	2.0	1.0
Altitude (height)	1500 (1460)	1310 (1270)	990 (950)	670 (630)	360 (320)

© AIM BELGIUM AMDT 011/2017

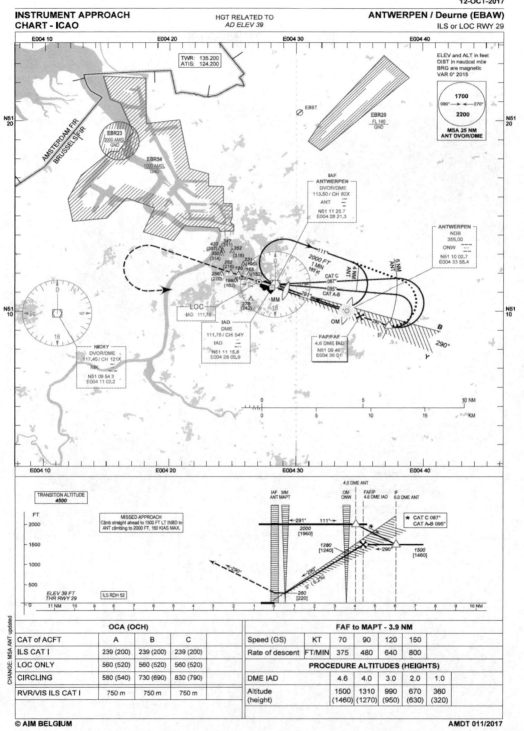

附图 1.2 ICAO 标准特种航图

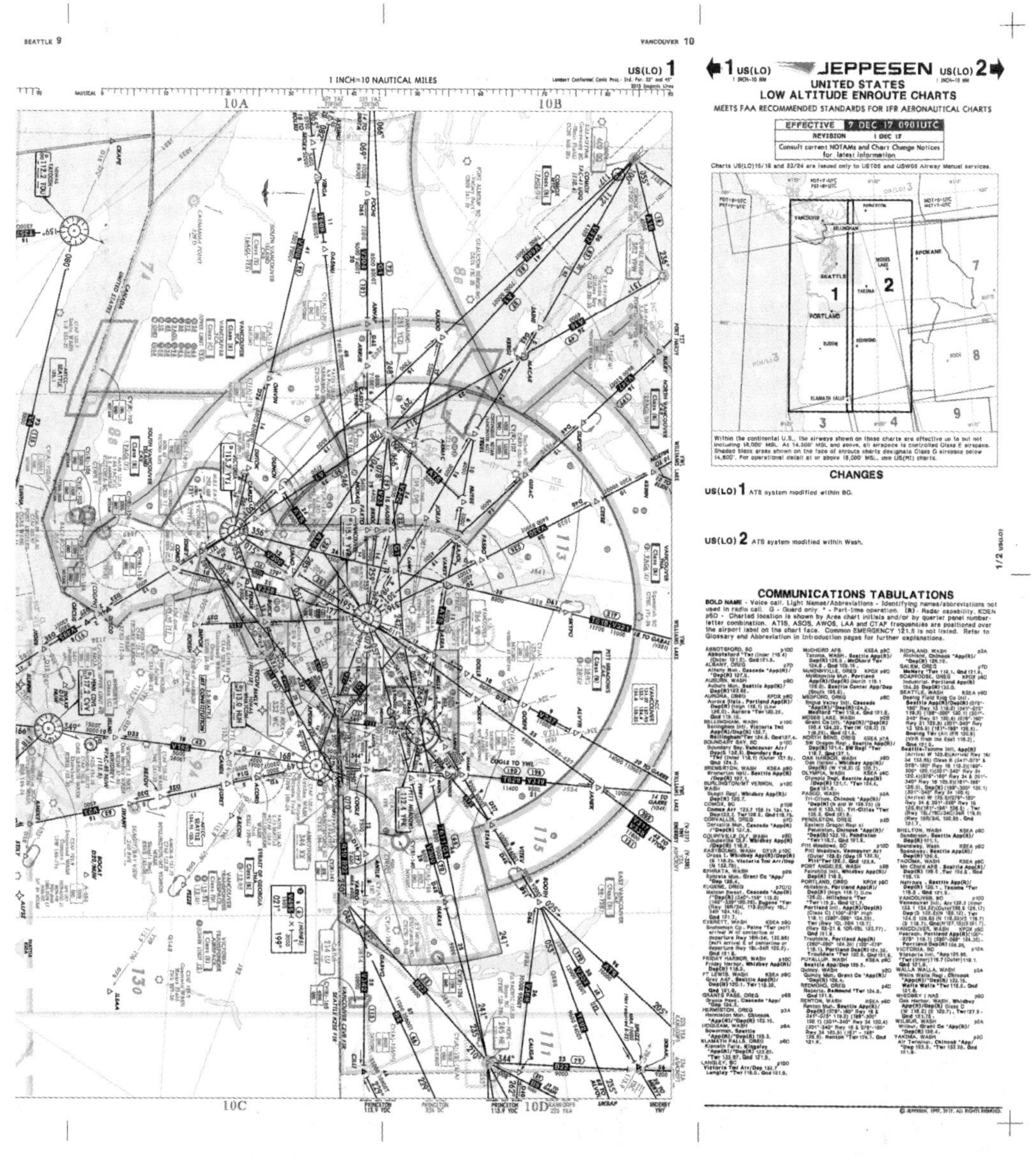

US(LO) 1
JEPPESEN
UNITED STATES
LOW ALTITUDE ENROUTE CHARTS
MEETS FAA RECOMMENDED STANDARDS FOR IFR AERONAUTICAL CHARTS
CHANGES
COMMUNICATIONS TABULATIONS

附图 1.3　杰普逊航路图

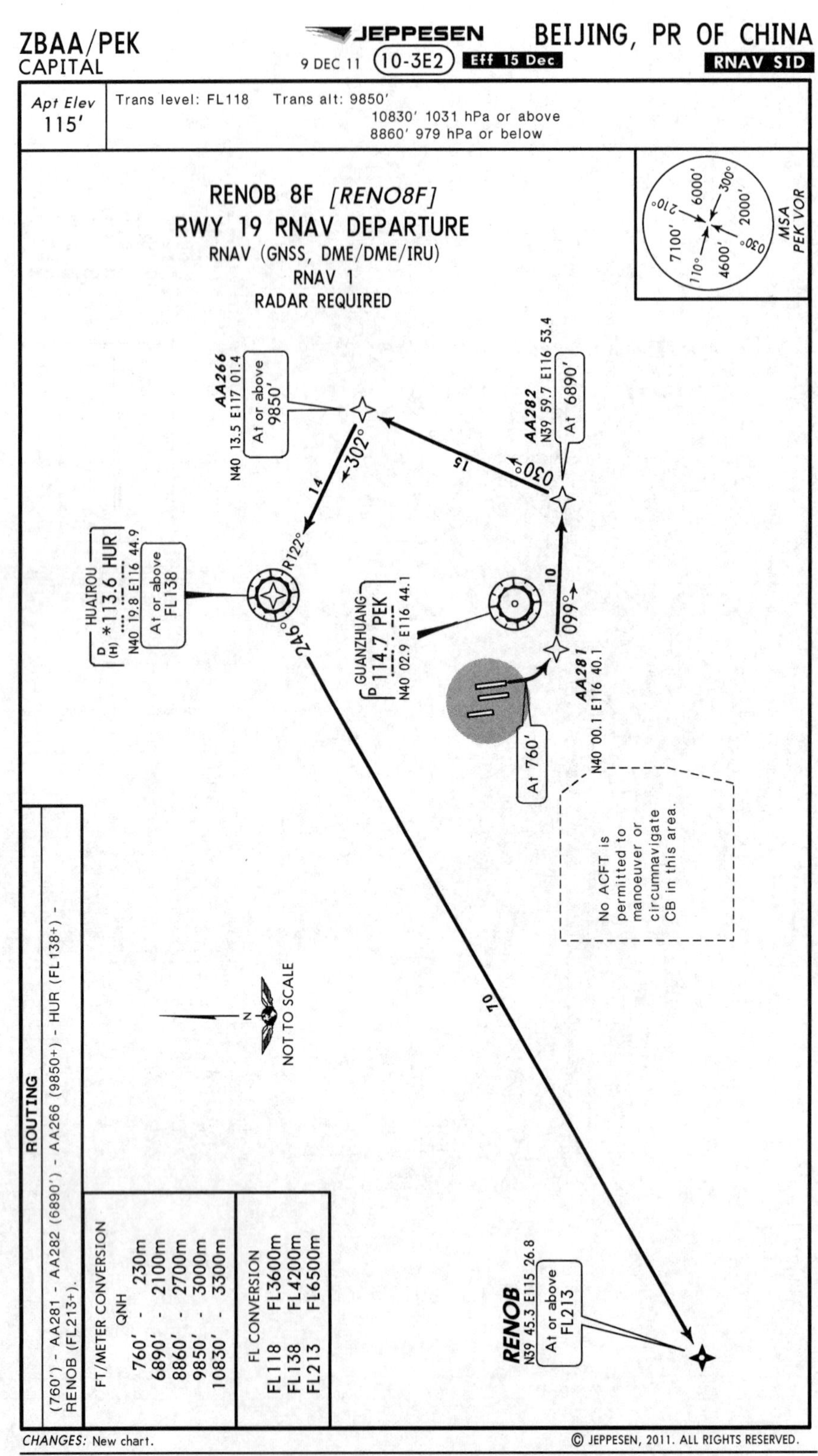

附图 1.4 杰普逊标准仪表离场图

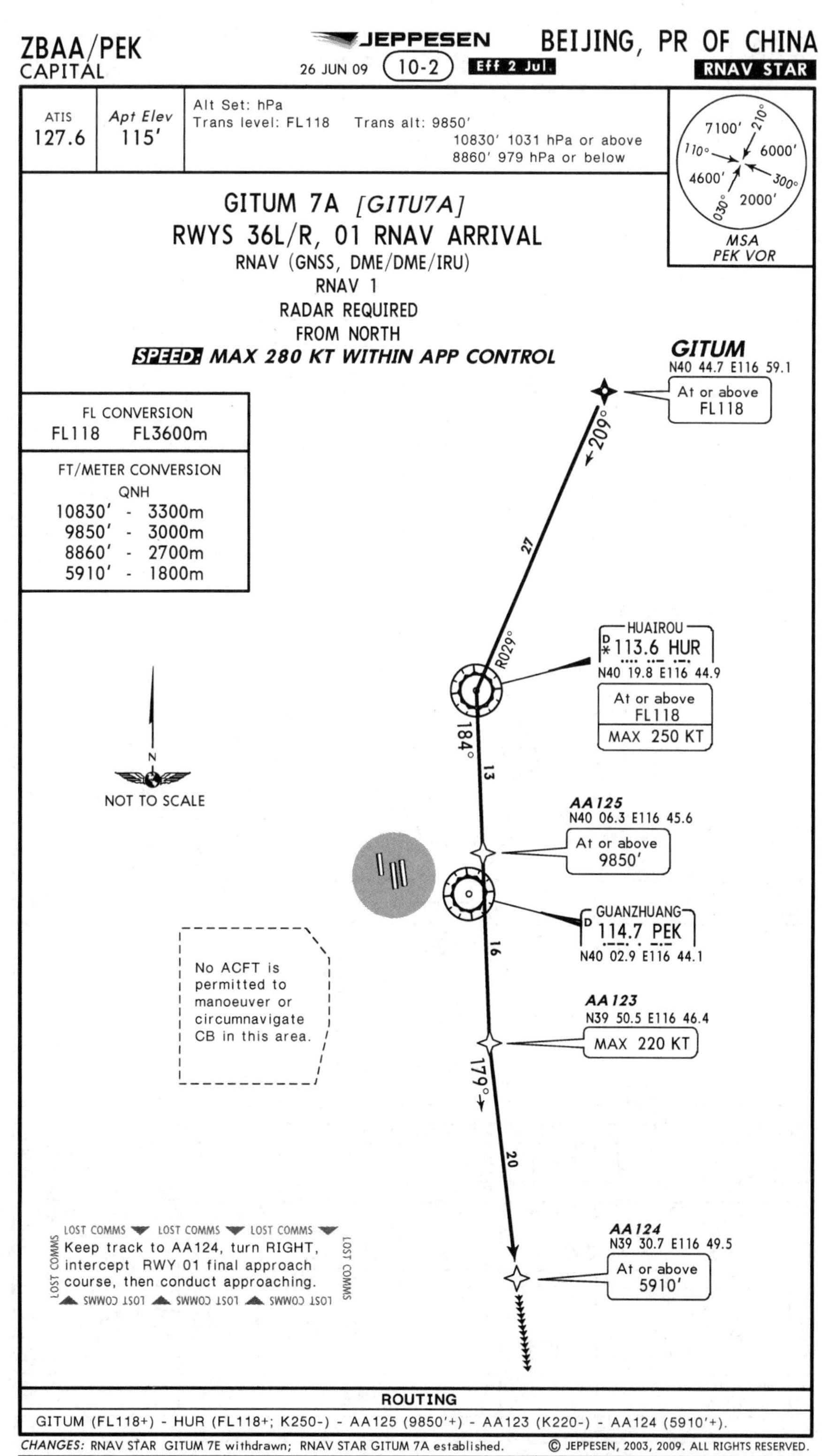

附图 1.5　杰普逊标准仪表进场图

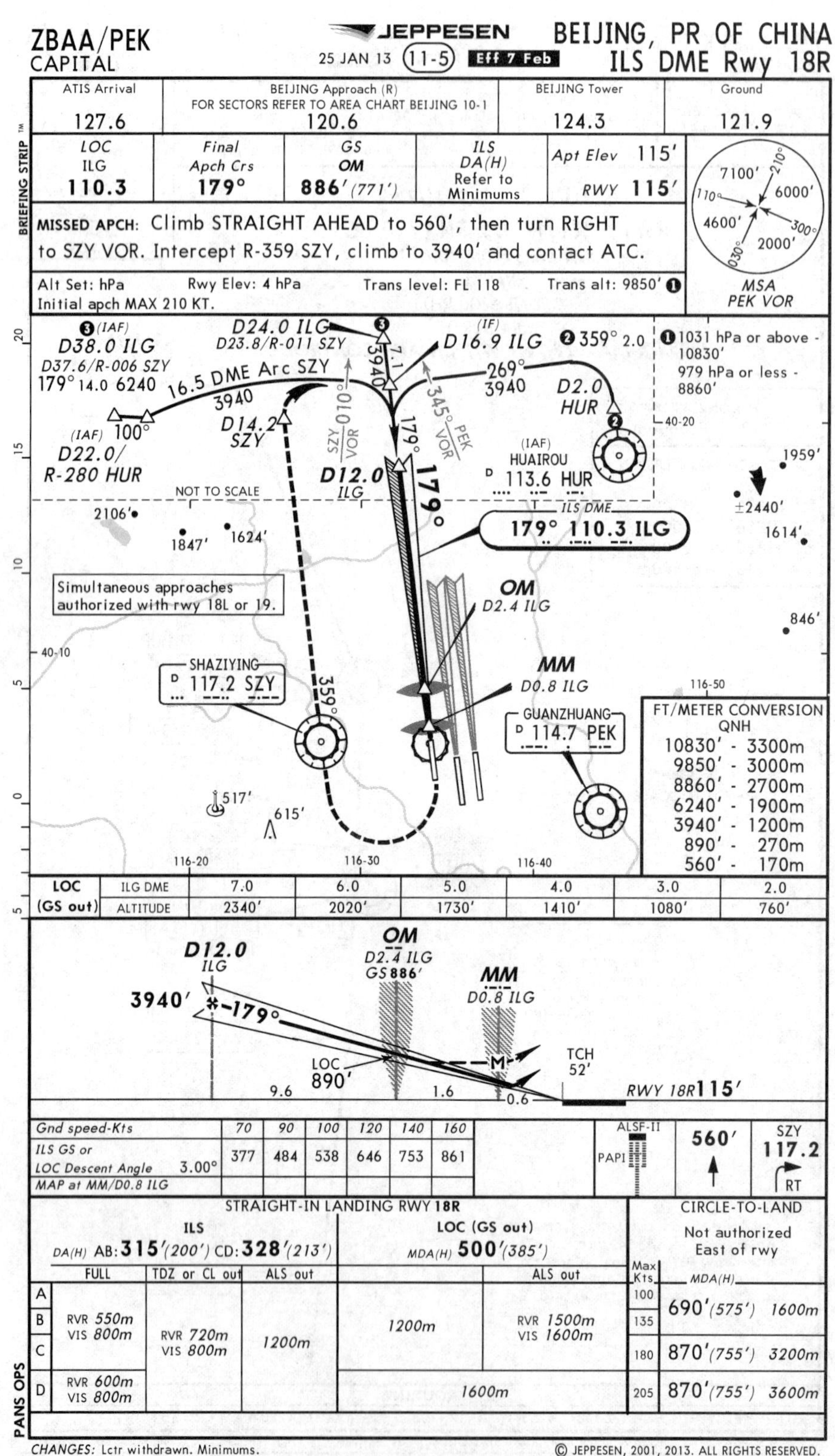

附图 1.6 杰普逊仪表进近图

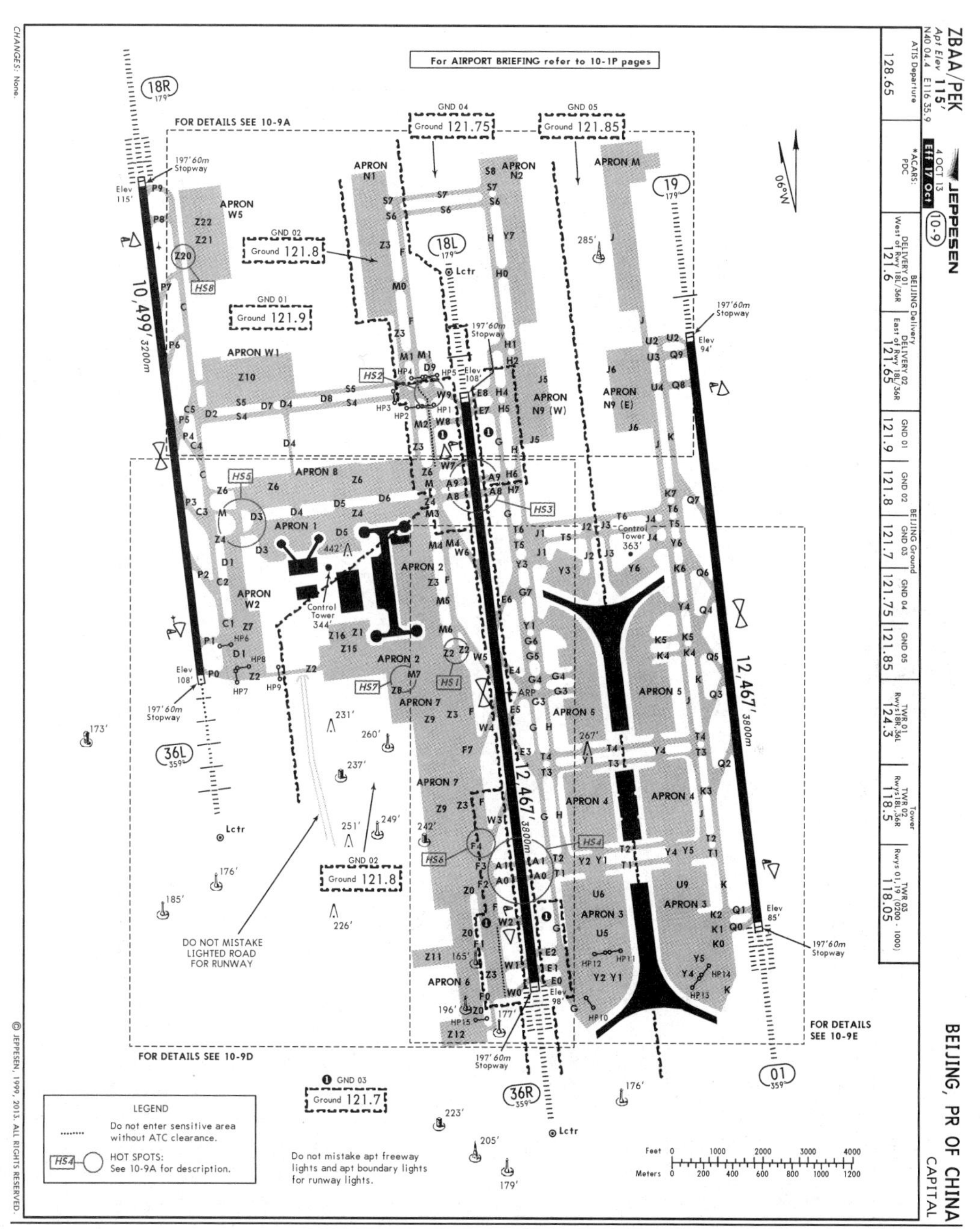

附图 1.7　杰普逊机场图

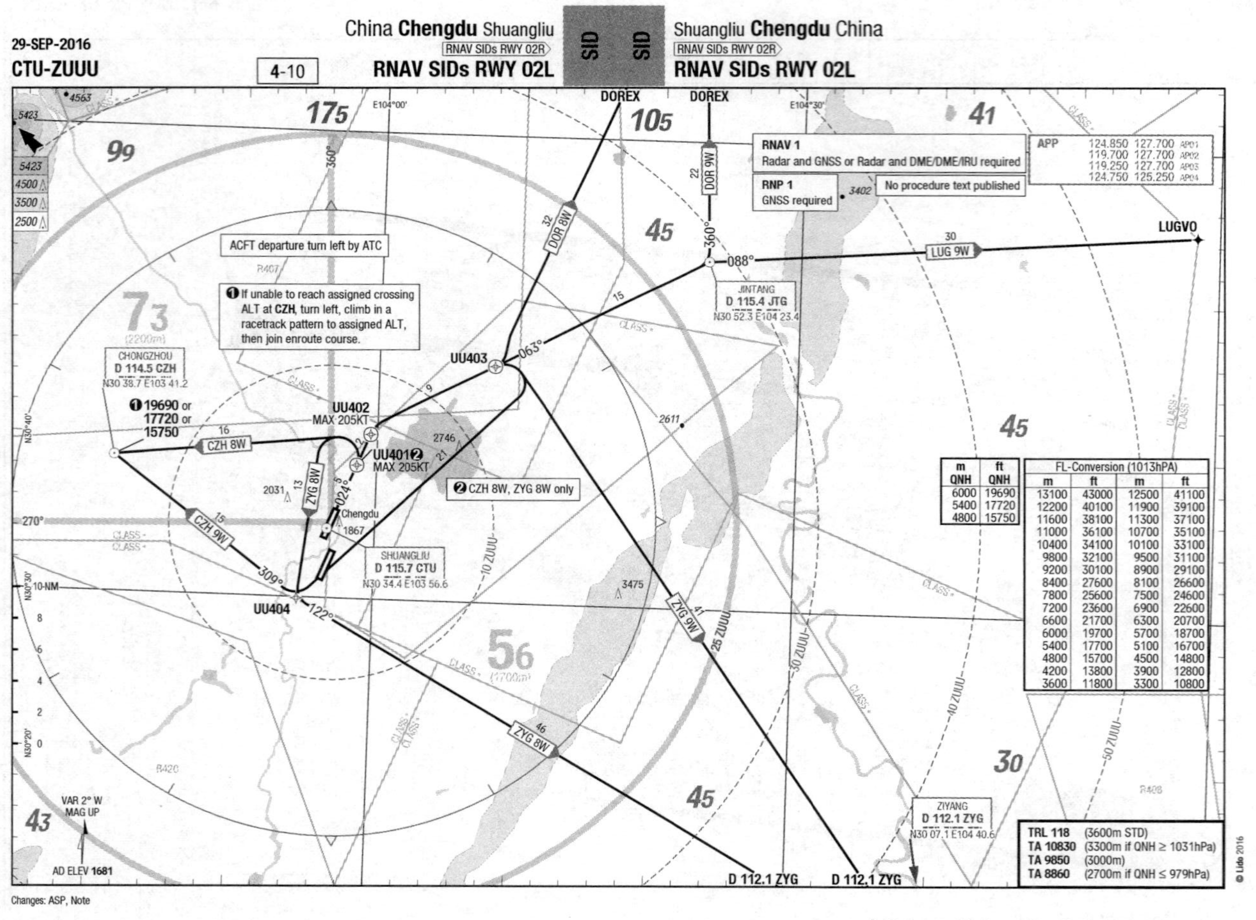

附图 1.8　Lido 标准仪表离场图

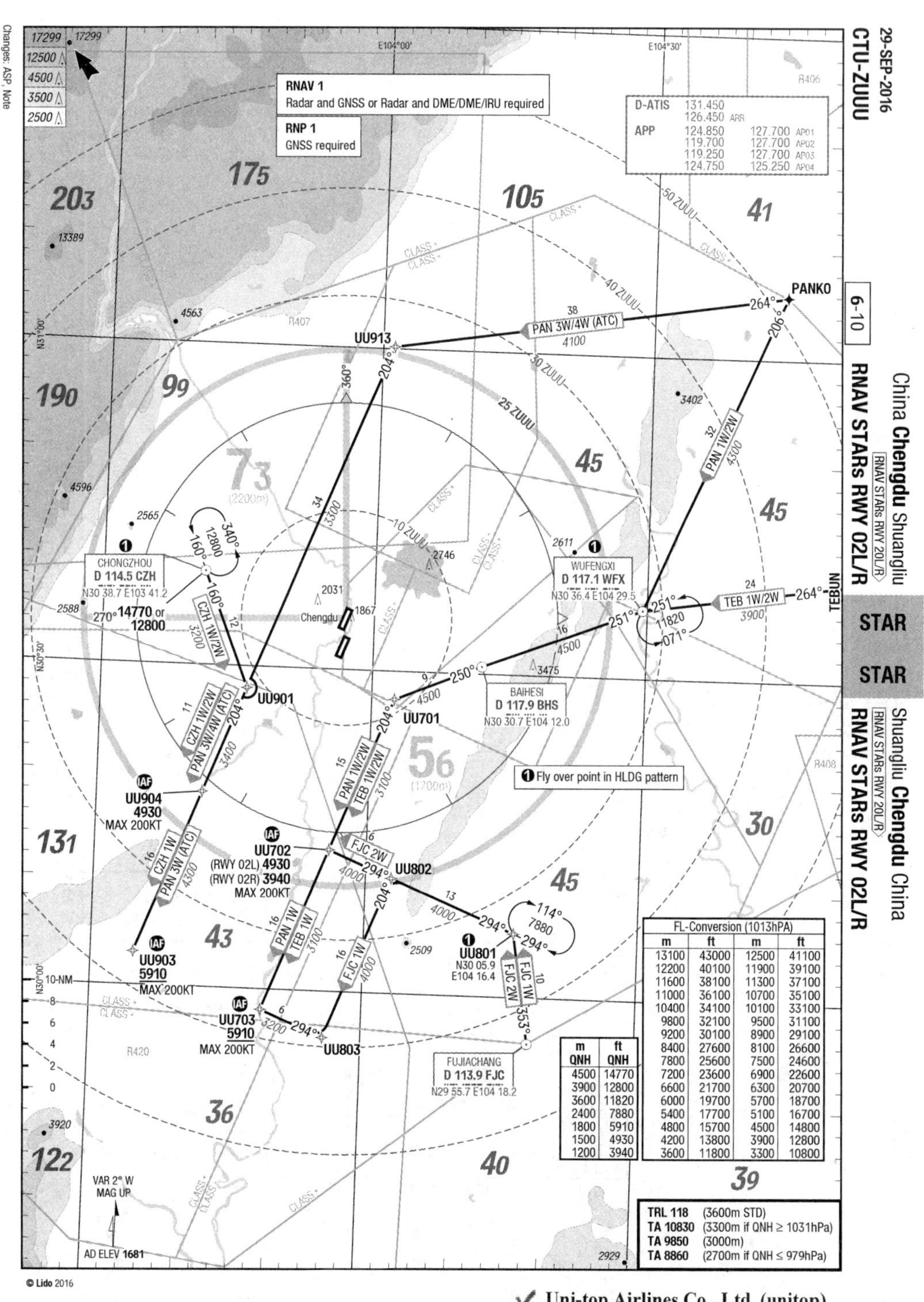

附图 1.9　Lido 标准仪表进场图

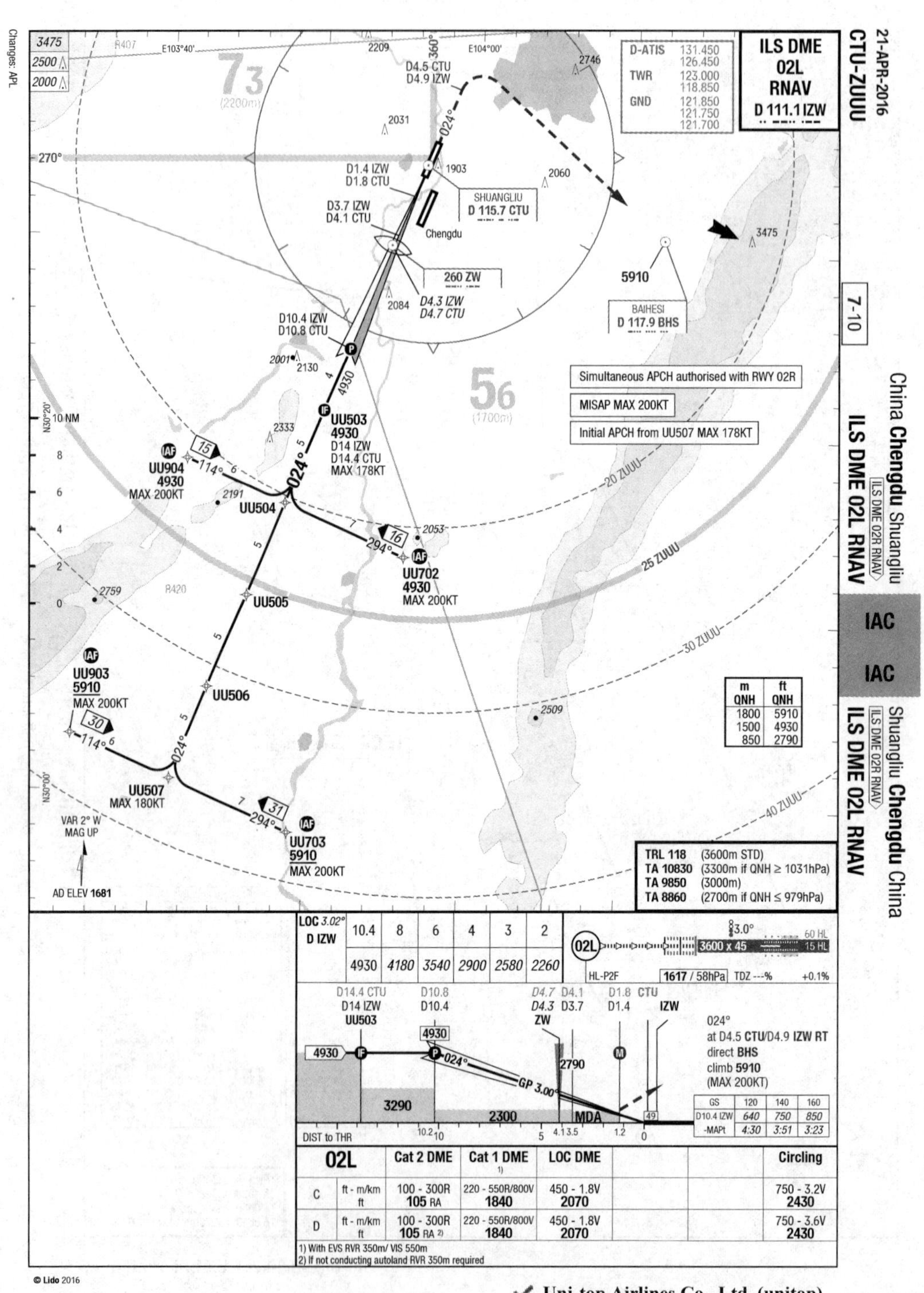

附图 1.10　Lido 进近图

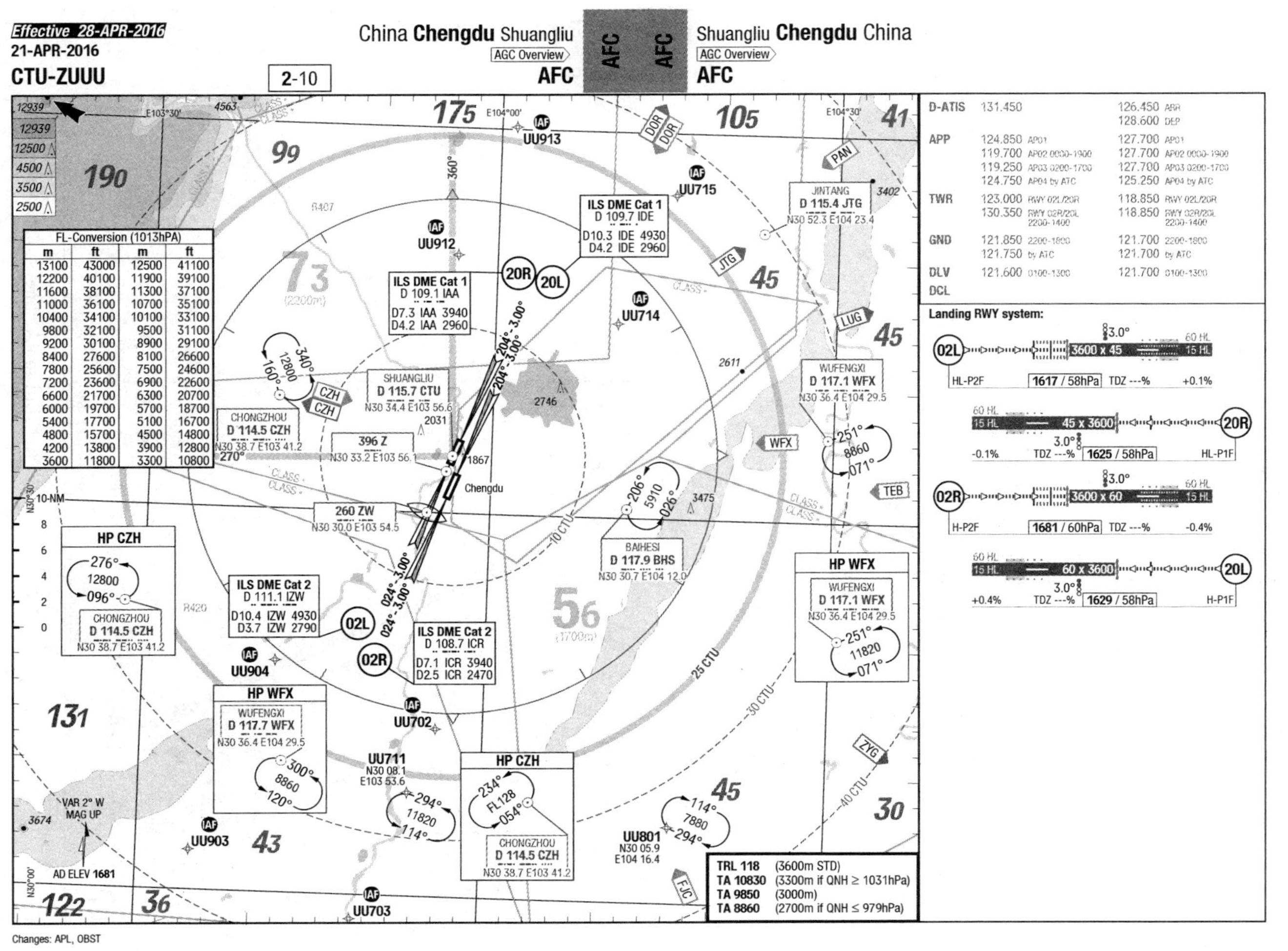

m	ft	m	ft
13100	43000	12500	41100
12200	40100	11900	39100
11600	38100	11300	37100
11000	36100	10700	35100
10400	34100	10100	33100
9800	32100	9500	31100
9200	30100	8900	29100
8400	27600	8100	26600
7800	25600	7500	24600
7200	23600	6900	22600
6600	21700	6300	20700
6000	19700	5700	18700
5400	17700	5100	16700
4800	15700	4500	14800
4200	13800	3900	12800
3600	11800	3300	10800

附图 1.11 Lido 导航/助航设备图（Airport Facility Chart，AFC）

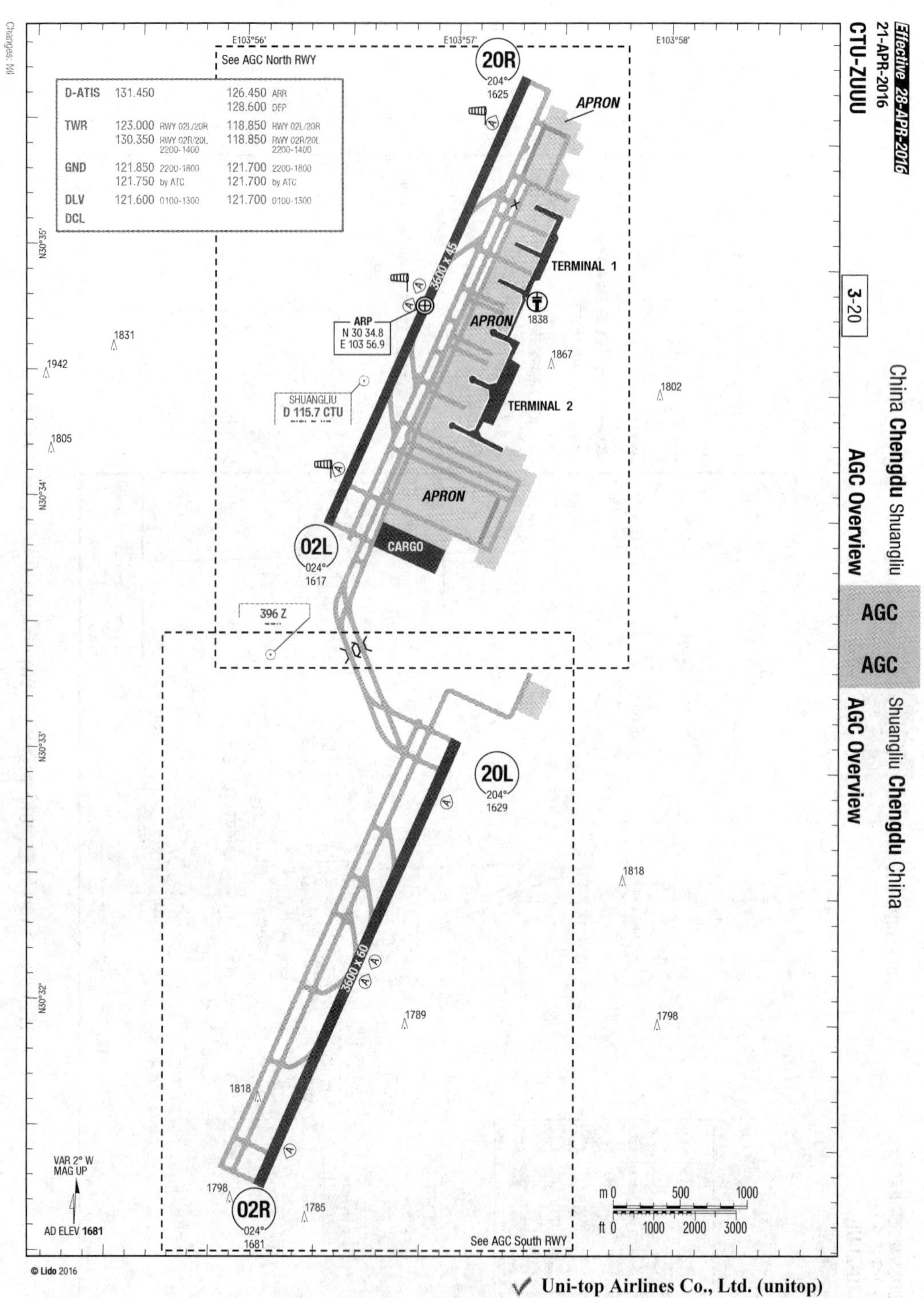

附图 1.12 Lido 机场平面布局图

附录 2　机场障碍物 A 型图图例与示例

图例符号	图例名称	
	中　文	英　文
①	障碍物编号	Identification Number
⊙	天线杆	Pole
	烟　囱	Chimney
	烟　囱	Chimney
	铁　塔	Iron TWR
	水　塔	Water TWR
	停止道	SWY
	铁围杆	Metal Railing
T — T — T	输电线	Transmission Line
	山	Mountain/MTN
	建筑物	Building
	建筑物或建筑物群	Building
	铁　路	Railroad
	等高线	Contour
	穿透障碍物面的地形	Terrain Penetrating Obstacle Plane

附图 2.1　常用障碍物标注符号

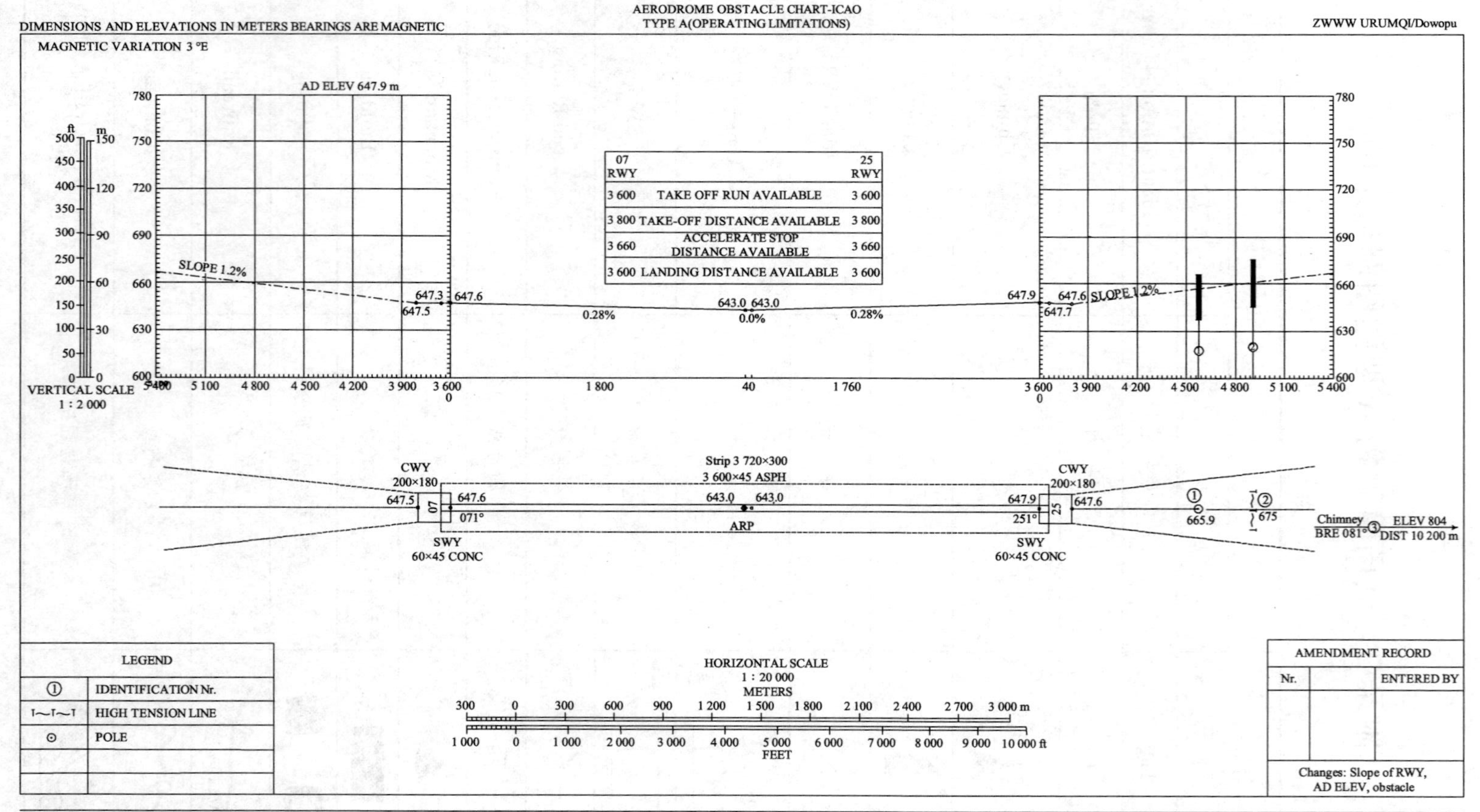

附图 2.2　ZWWW 机场障碍物 A 型图

附录 3　精密进近地形图图例与示例

图例符号	图例名称	
	中　文	英　文
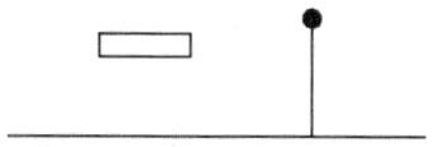	进近灯	APP Light
	剖面中线	Profile of extended RWY C/L
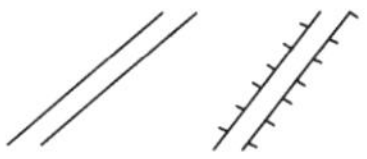	水　渠	Water Ditch
	电杆、天线	Antenma Pole
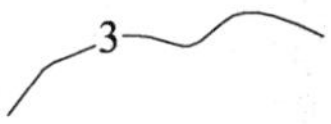 3	等高线	Contour
	树　林	Tree
	围　界	Boundary
	铁　路	Railroad
	建筑物	Building
 T—T—T	架空线	Transmission Line

附图 3.1　精密进近地形图中常用图例标注符号

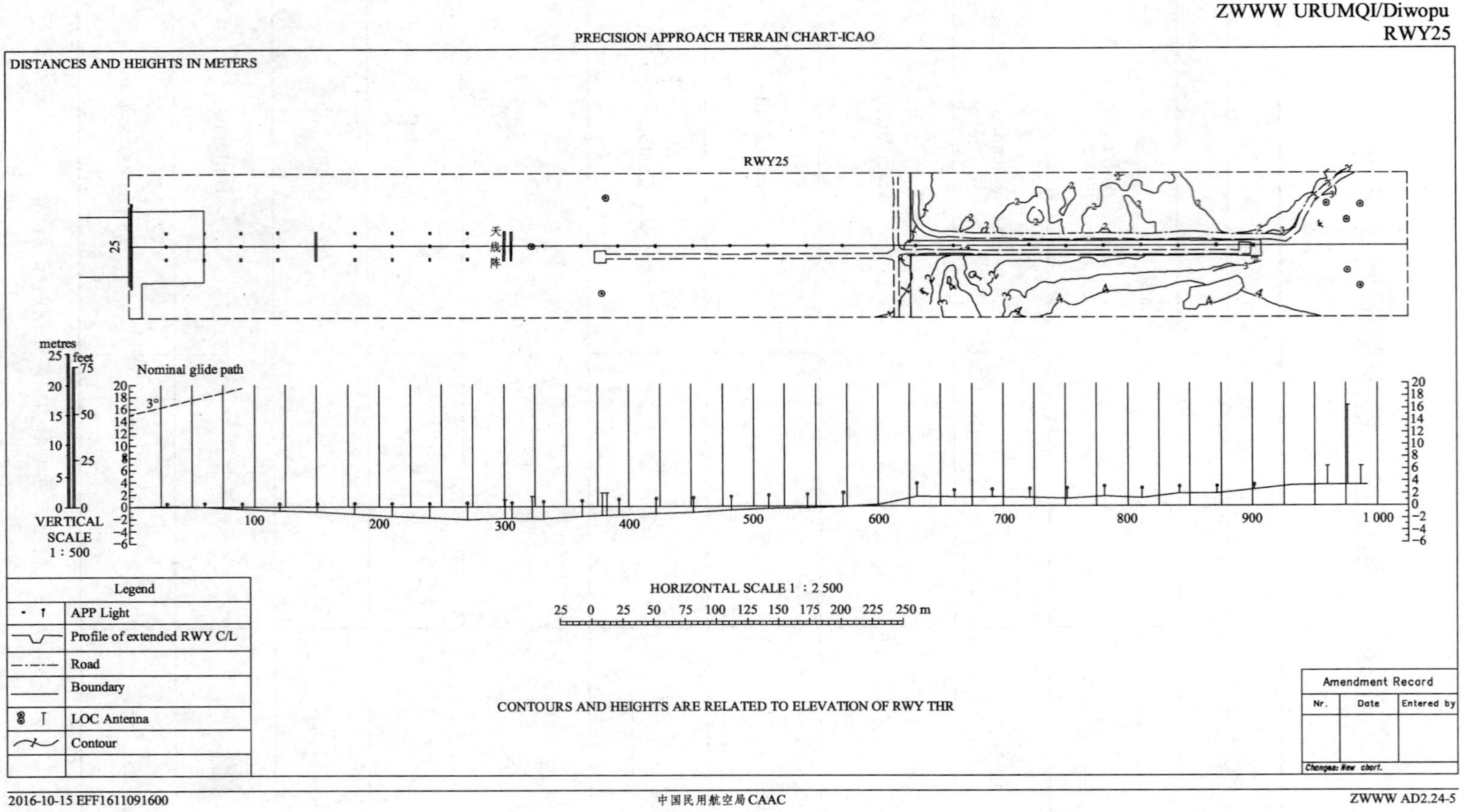
ZWWW URUMQI/Diwopu
RWY25
PRECISION APPROACH TERRAIN CHART-ICAO
DISTANCES AND HEIGHTS IN METERS
RWY25
25
天线阵
metres
feet
Nominal glide path
3°
VERTICAL SCALE 1 : 500
100
200
300
400
500
600
700
800
900
1 000
Legend
APP Light
Profile of extended RWY C/L
Road
Boundary
LOC Antenna
Contour
HORIZONTAL SCALE 1 : 2 500
25 0 25 50 75 100 125 150 175 200 225 250 m
CONTOURS AND HEIGHTS ARE RELATED TO ELEVATION OF RWY THR
Amendment Record
Nr.
Date
Entered by
Changes: New chart.
2016-10-15 EFF1611091600
中国民用航空局CAAC
ZWWW AD2.24-5

附图 3.2　ZWWW RWY36R 精密进近地形图

附录 4　机场图、停机位图、滑行路线图示例

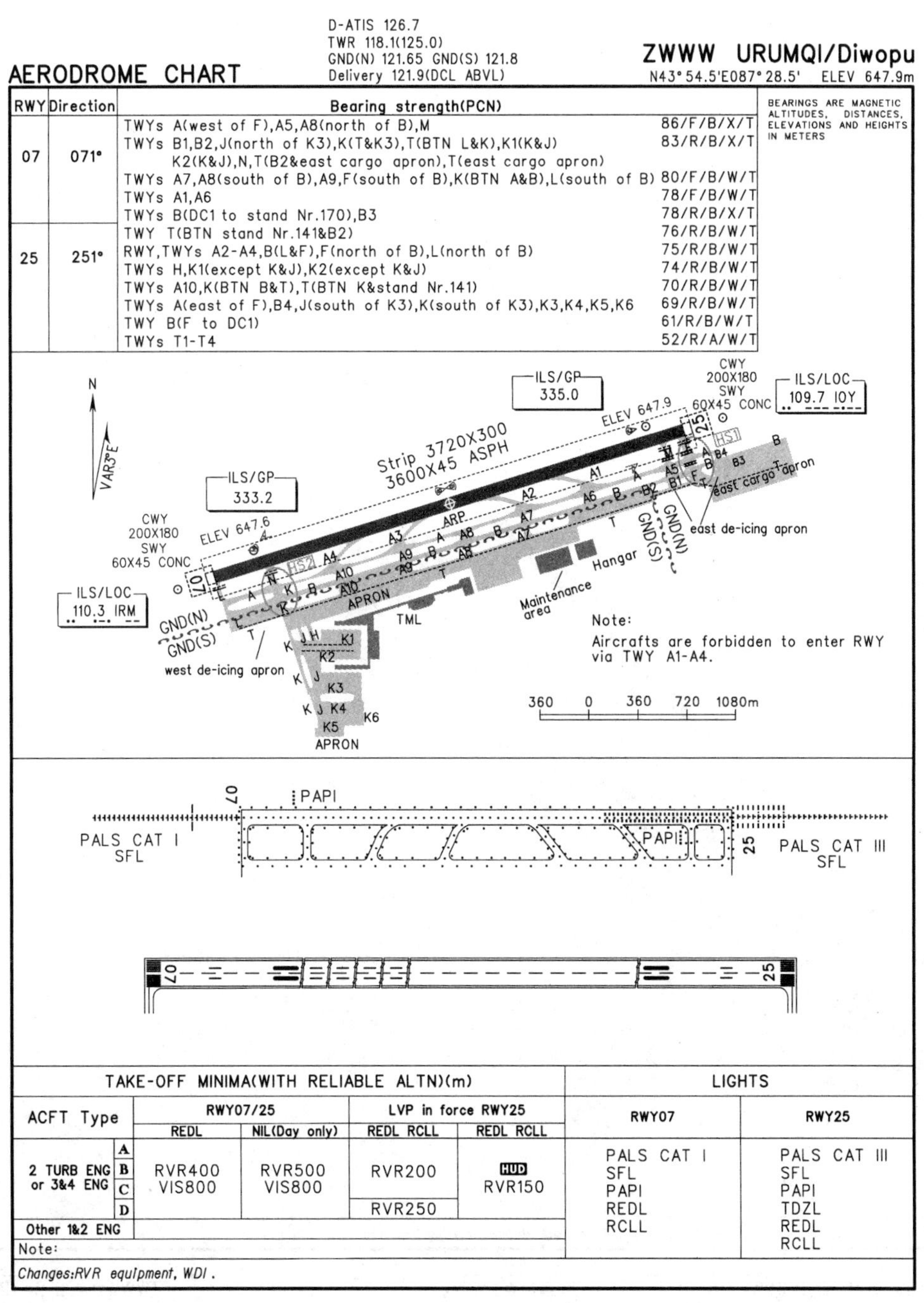

D-ATIS 126.7
TWR 118.1(125.0)
GND(N) 121.65 GND(S) 121.8
Delivery 121.9(DCL ABVL)

AERODROME CHART

ZWWW URUMQI/Diwopu
N43°54.5'E087°28.5' ELEV 647.9m

RWY	Direction	Bearing strength(PCN)	
07	071°	TWYs A(west of F),A5,A8(north of B),M	86/F/B/X/T
		TWYs B1,B2,J(north of K3),K(T&K3),T(BTN L&K),K1(K&J) K2(K&J),N,T(B2&east cargo apron),T(east cargo apron)	83/R/B/X/T
		TWYs A7,A8(south of B),A9,F(south of B),K(BTN A&B),L(south of B)	80/F/B/W/T
		TWYs A1,A6	78/F/B/W/T
		TWYs B(DC1 to stand Nr.170),B3	78/R/B/X/T
25	251°	TWY T(BTN stand Nr.141&B2)	76/R/B/W/T
		RWY,TWYs A2-A4,B(L&F),F(north of B),L(north of B)	75/R/B/W/T
		TWYs H,K1(except K&J),K2(except K&J)	74/R/B/W/T
		TWYs A10,K(BTN B&T),T(BTN K&stand Nr.141)	70/R/B/W/T
		TWYs A(east of F),B4,J(south of K3),K(south of K3),K3,K4,K5,K6	69/R/B/W/T
		TWY B(F to DC1)	61/R/B/W/T
		TWYs T1-T4	52/R/A/W/T

BEARINGS ARE MAGNETIC
ALTITUDES, DISTANCES, ELEVATIONS AND HEIGHTS IN METERS

TAKE-OFF MINIMA(WITH RELIABLE ALTN)(m)					
ACFT Type		RWY07/25 REDL	RWY07/25 NIL(Day only)	LVP in force RWY25 REDL RCLL	LVP in force RWY25 REDL RCLL
2 TURB ENG or 3&4 ENG	A, B, C	RVR400 VIS800	RVR500 VIS800	RVR200	HUD RVR150
	D			RVR250	
Other 1&2 ENG					
Note:					

LIGHTS	
RWY07	RWY25
PALS CAT I SFL PAPI REDL RCLL	PALS CAT III SFL PAPI TDZL REDL RCLL

Changes:RVR equipment, WDI .

2019-6-15 EFF1907171600　　中国民用航空局CAAC　　ZWWW AD2.24-1

附图 4.1　ZWWW 机场图

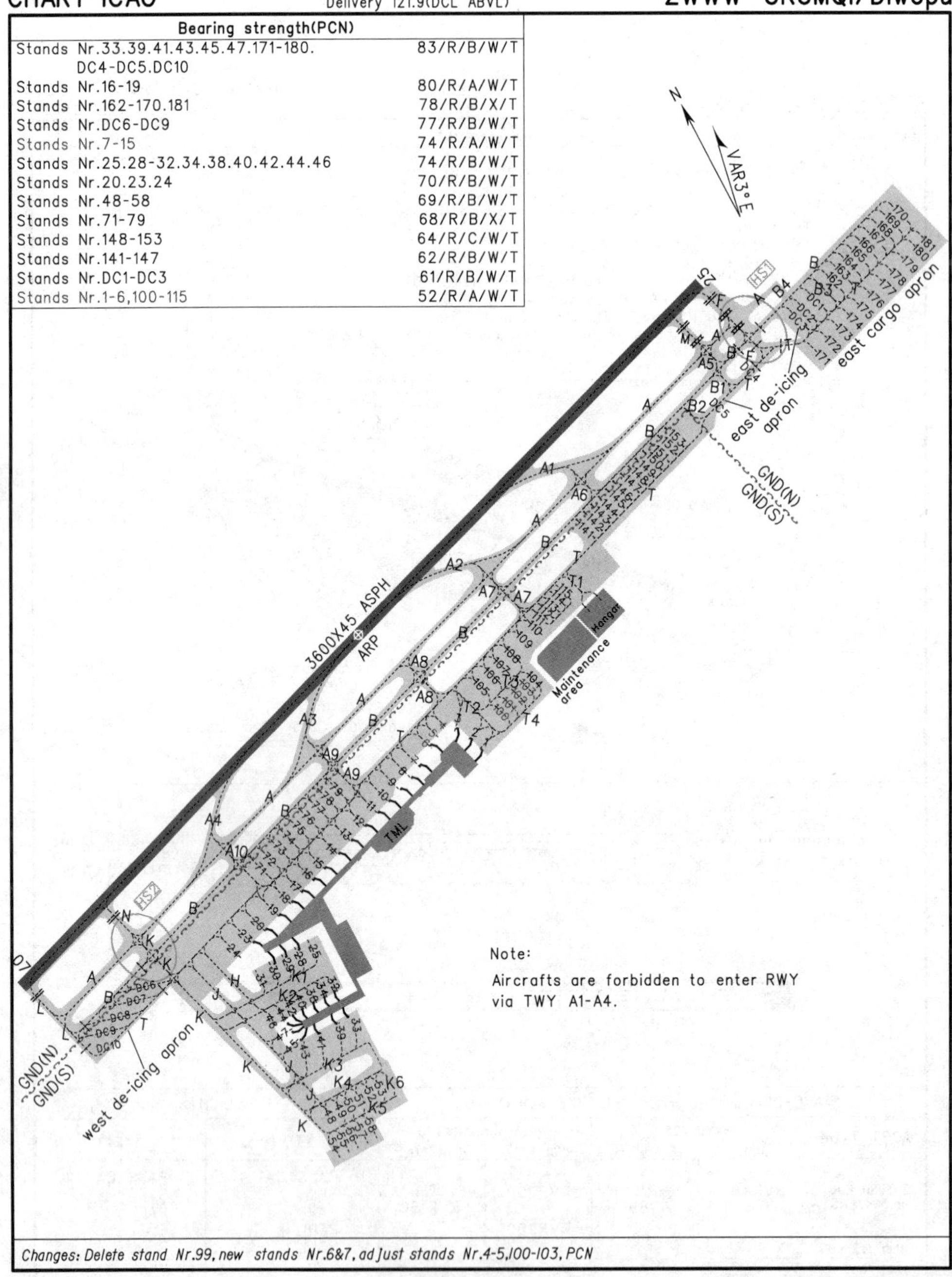

AIRCRAFT-PARKING CHART-ICAO
D-ATIS 126.7
TWR 118.1(125.0)
GND(N) 121.65 GND(S) 121.8
Delivery 121.9(DCL ABVL)
ZWWW URUMQI/Diwopu
Bearing strength(PCN)
Stands Nr.33.39.41.43.45.47.171-180. DC4-DC5.DC10 83/R/B/W/T
Stands Nr.16-19 80/R/A/W/T
Stands Nr.162-170.181 78/R/B/X/T
Stands Nr.DC6-DC9 77/R/B/W/T
Stands Nr.7-15 74/R/A/W/T
Stands Nr.25.28-32.34.38.40.42.44.46 74/R/B/W/T
Stands Nr.20.23.24 70/R/B/W/T
Stands Nr.48-58 69/R/B/W/T
Stands Nr.71-79 68/R/B/X/T
Stands Nr.148-153 64/R/C/W/T
Stands Nr.141-147 62/R/B/W/T
Stands Nr.DC1-DC3 61/R/B/W/T
Stands Nr.1-6,100-115 52/R/A/W/T
N
VAR3°E
3600X45 ASPH
ARP
HS1
HS2
east cargo apron
east de-icing apron
west de-icing apron
GND(N)
GND(S)
Hangar
Maintenance area
TML
Note:
Aircrafts are forbidden to enter RWY via TWY A1-A4.
Changes: Delete stand Nr.99, new stands Nr.6&7, adjust stands Nr.4-5,100-103, PCN

2019-4-15 EFF1905221600 中国民用航空局CAAC ZWWW AD2.24-2A

附图 4.2 ZWWW 停机位图

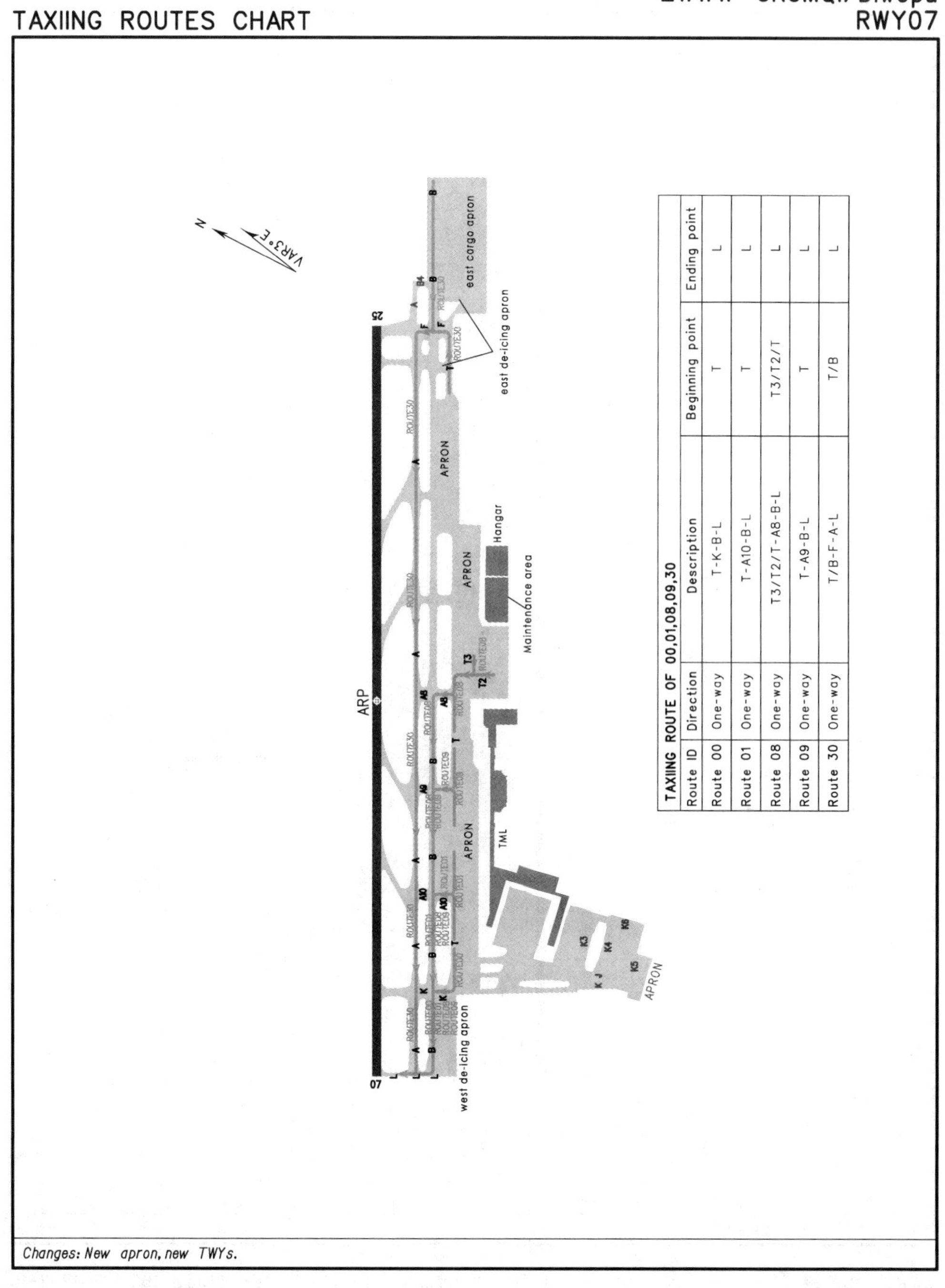

TAXIING ROUTE OF 00,01,08,09,30

Route ID	Direction	Description	Beginning point	Ending point
Route 00	One-way	T-K-B-L	T	L
Route 01	One-way	T-A10-B-L	T	L
Route 08	One-way	T3/T2/T-A8-B-L	T3/T2/T	L
Route 09	One-way	T-A9-B-L	T	L
Route 30	One-way	T/B-F-A-L	T/B	L

附图 4.3　ZWWW RWY07 滑行路线图

ZWWW URUMQI/Diwopu
RWY25

TAXIING ROUTES CHART

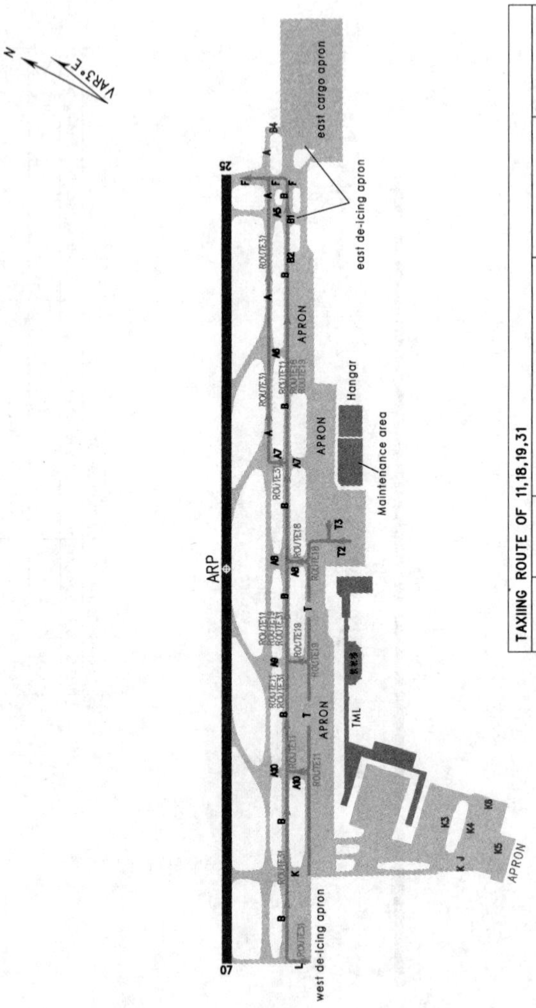

TAXIING ROUTE OF 11,18,19,31

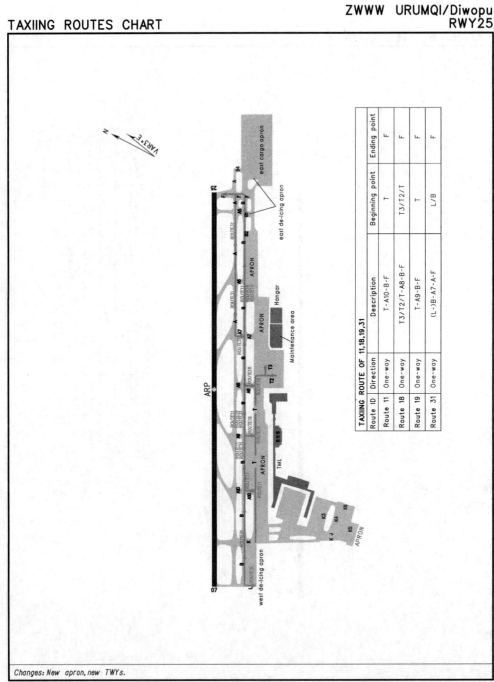

Route ID	Direction	Description	Beginning point	Ending point
Route 11	One-way	T-A10-B-F	T	F
Route 18	One-way	T3/T2/T-A8-B-F	T3/T2/T	F
Route 19	One-way	T-A9-B-F	T	F
Route 31	One-way	(L-)B-A7-A-F	L/B	F

Changes: New apron, new TWYs.

ZWWW AD2.24-2D　　中国民用航空局CAAC　　EFF1903271600 2019-2-15

附图 4.4　ZWWW RWY25 滑行路线图

附录 5　进场图示例

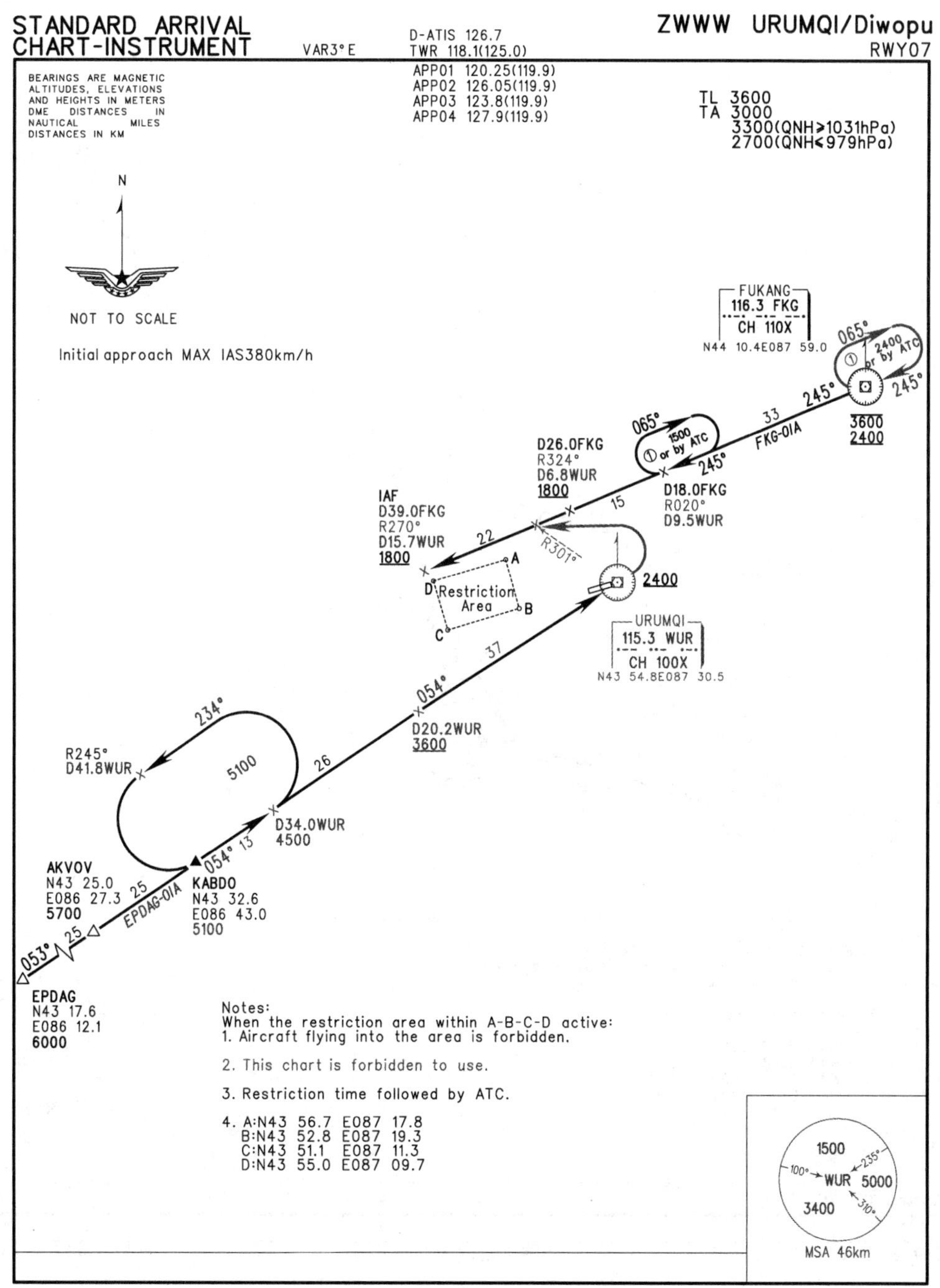
STANDARD ARRIVAL
CHART-INSTRUMENT
VAR3°E
D-ATIS 126.7
TWR 118.1(125.0)
APP01 120.25(119.9)
APP02 126.05(119.9)
APP03 123.8(119.9)
APP04 127.9(119.9)
ZWWW URUMQI/Diwopu
RWY07
BEARINGS ARE MAGNETIC ALTITUDES, ELEVATIONS AND HEIGHTS IN METERS DME DISTANCES IN NAUTICAL MILES DISTANCES IN KM
TL 3600
TA 3000
3300(QNH>1031hPa)
2700(QNH<979hPa)
N
NOT TO SCALE
Initial approach MAX IAS380km/h
FUKANG
116.3 FKG
CH 110X
N44 10.4E087 59.0
065°
2400 or by ATC
245°
245°
3600
2400
33
FKG-01A
065°
1500 or by ATC
245°
D26.0FKG
R324°
D6.8WUR
1800
D18.0FKG
R020°
D9.5WUR
15
IAF
D39.0FKG
R270°
D15.7WUR
1800
22
R301°
A
B
C
D
Restriction Area
2400
URUMQI
115.3 WUR
CH 100X
N43 54.8E087 30.5
37
054°
D20.2WUR
3600
234°
R245°
D41.8WUR
5100
26
D34.0WUR
4500
054°
13
AKVOV
N43 25.0
E086 27.3
5700
25
EPDAG-01A
KABDO
N43 32.6
E086 43.0
5100
053°
25
EPDAG
N43 17.6
E086 12.1
6000
Notes:
When the restriction area within A-B-C-D active:
1. Aircraft flying into the area is forbidden.
2. This chart is forbidden to use.
3. Restriction time followed by ATC.
4. A:N43 56.7 E087 17.8
B:N43 52.8 E087 19.3
C:N43 51.1 E087 11.3
D:N43 55.0 E087 09.7
1500
100°
235°
WUR
5000
3400
310°
MSA 46km

2019-2-15 EFF1903271600　中国民用航空局CAAC　ZWWW AD2.24-9A

附图 5.1　ZWWW RWY07 传统进场

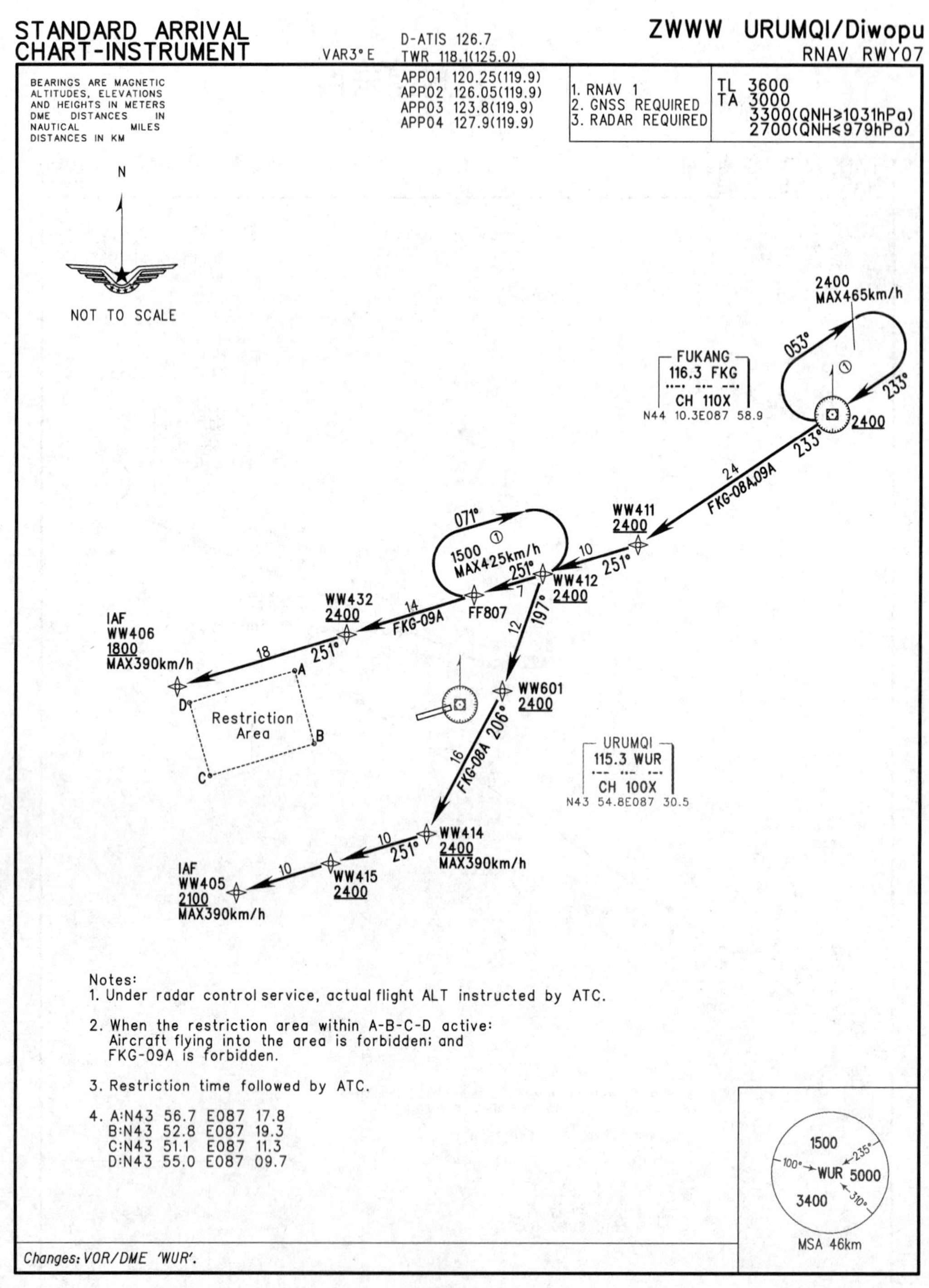

STANDARD ARRIVAL
CHART-INSTRUMENT
VAR3°E
D-ATIS 126.7
TWR 118.1(125.0)
ZWWW URUMQI/Diwopu
RNAV RWY07
BEARINGS ARE MAGNETIC
ALTITUDES, ELEVATIONS AND HEIGHTS IN METERS
DME DISTANCES IN NAUTICAL MILES
DISTANCES IN KM
APP01 120.25(119.9)
APP02 126.05(119.9)
APP03 123.8(119.9)
APP04 127.9(119.9)
1. RNAV 1
2. GNSS REQUIRED
3. RADAR REQUIRED
TL 3600
TA 3000
3300(QNH≥1031hPa)
2700(QNH≤979hPa)
N
NOT TO SCALE
2400
MAX465km/h
053°
233°
2400
FUKANG
116.3 FKG
CH 110X
N44 10.3E087 58.9
233°
24
FKG-08A,09A
WW411
2400
071°
1500
MAX425km/h
251°
10
251°
WW412
2400
7
WW432
2400
14
FKG-09A
FF807
12
197°
IAF
WW406
1800
MAX390km/h
18
251°
A
D
Restriction Area
B
C
WW601
2400
206°
16
FKG-08A
URUMQI
115.3 WUR
CH 100X
N43 54.8E087 30.5
WW414
2400
MAX390km/h
10
251°
WW415
2400
10
IAF
WW405
2100
MAX390km/h
Notes:
1. Under radar control service, actual flight ALT instructed by ATC.
2. When the restriction area within A-B-C-D active:
Aircraft flying into the area is forbidden; and
FKG-09A is forbidden.
3. Restriction time followed by ATC.
4. A:N43 56.7 E087 17.8
B:N43 52.8 E087 19.3
C:N43 51.1 E087 11.3
D:N43 55.0 E087 09.7
1500
235°
100°
WUR
5000
3400
310°
MSA 46km
Changes: VOR/DME 'WUR'.
2019-2-15 EFF1903271600
中国民用航空局CAAC
ZWWW AD2.24-9D

附图 5.2　ZWWW RWY07 PBN 进场

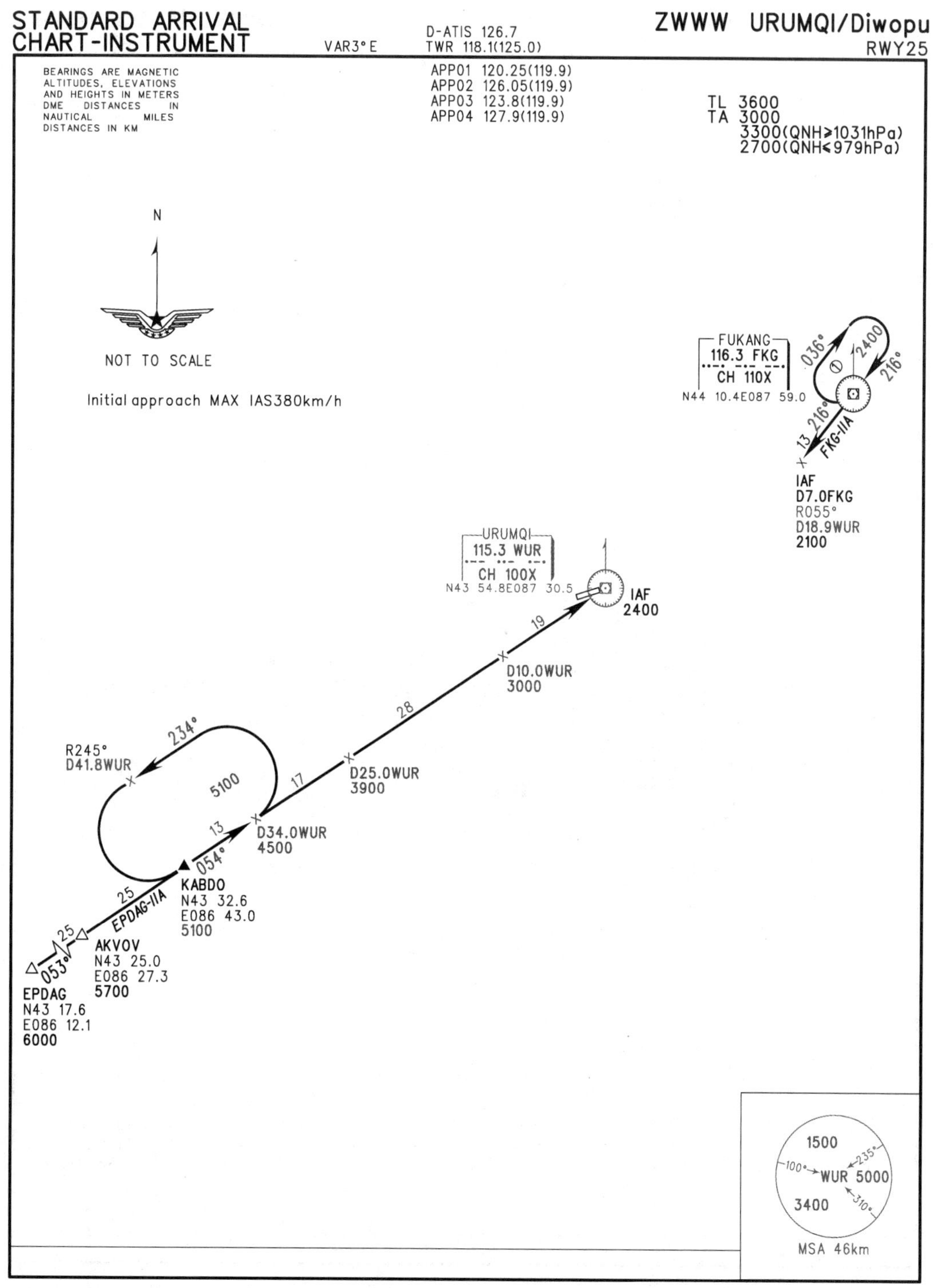
STANDARD ARRIVAL
CHART-INSTRUMENT
VAR3°E
D-ATIS 126.7
TWR 118.1(125.0)
ZWWW URUMQI/Diwopu
RWY25
BEARINGS ARE MAGNETIC
ALTITUDES, ELEVATIONS
AND HEIGHTS IN METERS
DME DISTANCES IN
NAUTICAL MILES
DISTANCES IN KM
APP01 120.25(119.9)
APP02 126.05(119.9)
APP03 123.8(119.9)
APP04 127.9(119.9)
TL 3600
TA 3000
3300(QNH≥1031hPa)
2700(QNH≤979hPa)
N
NOT TO SCALE
Initial approach MAX IAS380km/h
FUKANG
116.3 FKG
CH 110X
N44 10.4E087 59.0
036°
2400
216°
216°
13
FKG-11A
IAF
D7.0FKG
R055°
D18.9WUR
2100
URUMQI
115.3 WUR
CH 100X
N43 54.8E087 30.5
IAF
2400
19
D10.0WUR
3000
28
D25.0WUR
3900
17
D34.0WUR
4500
R245°
D41.8WUR
234°
5100
13
054°
KABDO
N43 32.6
E086 43.0
5100
25
EPDAG-11A
25
AKVOV
N43 25.0
E086 27.3
5700
053°
EPDAG
N43 17.6
E086 12.1
6000
1500
100°
235°
WUR 5000
3400
310°
MSA 46km
ZWWW AD2.24-9B
中国民用航空局CAAC
EFF1903271600 2019-2-15

附图 5.3 ZWWW RWY25 传统进场

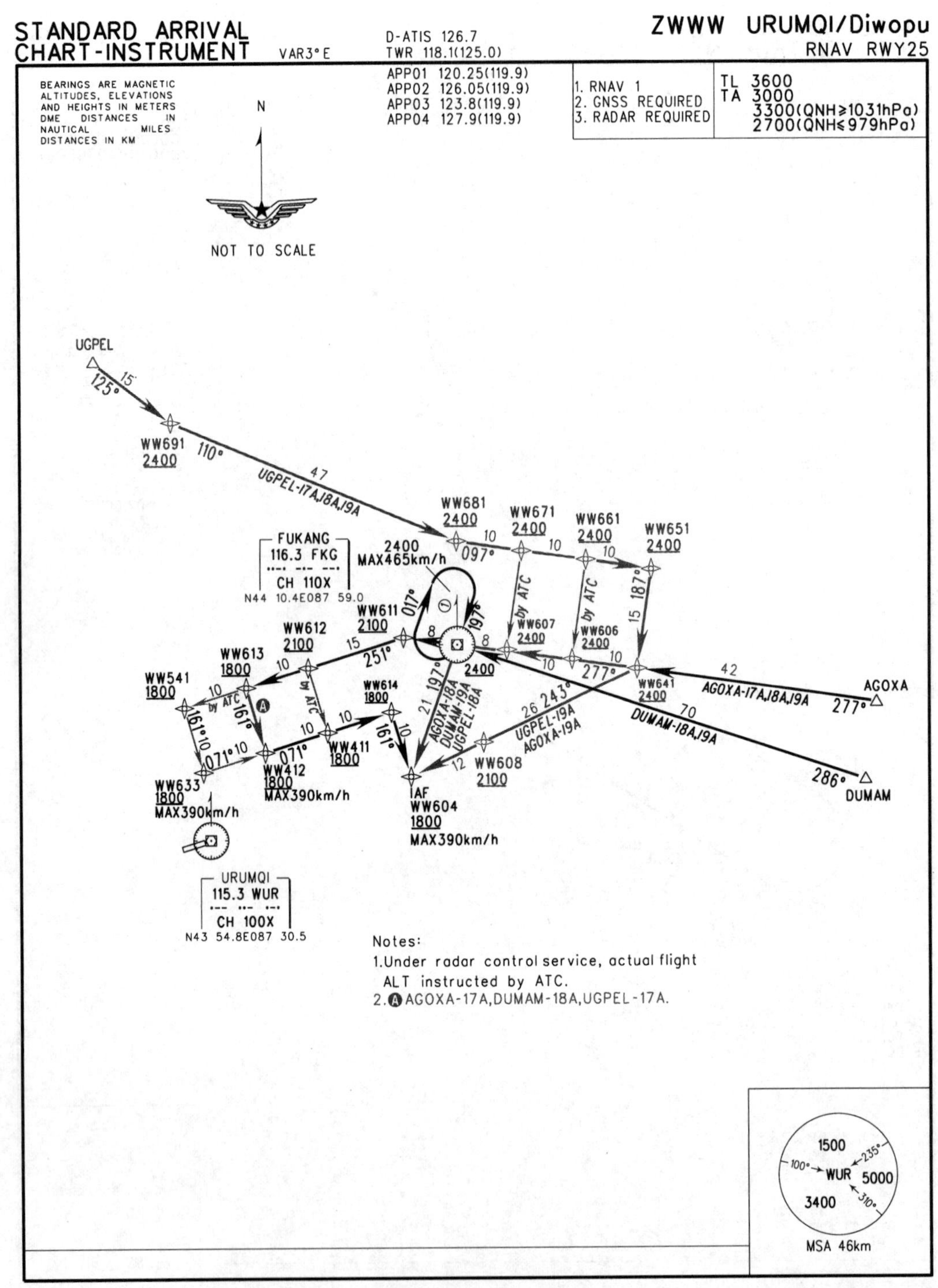
STANDARD ARRIVAL
CHART-INSTRUMENT
VAR3°E
D-ATIS 126.7
TWR 118.1(125.0)
ZWWW URUMQI/Diwopu
RNAV RWY25
BEARINGS ARE MAGNETIC
ALTITUDES, ELEVATIONS
AND HEIGHTS IN METERS
DME DISTANCES IN
NAUTICAL MILES
DISTANCES IN KM
APP01 120.25(119.9)
APP02 126.05(119.9)
APP03 123.8(119.9)
APP04 127.9(119.9)
1. RNAV 1
2. GNSS REQUIRED
3. RADAR REQUIRED
TL 3600
TA 3000
3300(QNH≥1031hPa)
2700(QNH≤979hPa)
N
NOT TO SCALE
UGPEL
125°
15
WW691
2400
110°
47
UGPEL-17A,18A,19A
WW681
2400
097°
10
WW671
2400
10
WW661
2400
10
WW651
2400
187°
15
FUKANG
116.3 FKG
CH 110X
N44 10.4E087 59.0
2400
MAX465km/h
017°
197°
8
by ATC
WW607
2400
by ATC
WW606
2400
WW611
2100
WW612
2100
15
251°
8
2400
10
277°
10
WW641
2400
42
AGOXA-17A,18A,19A
AGOXA
277°
WW613
1800
10
WW541
1800
10
by ATC
161°
161°
by ATC
WW614
1800
21 197°
AGOXA-18A
DUMAM-19A
UGPEL-18A
26 243°
UGPEL-19A
AGOXA-19A
70
DUMAM-18A,19A
10
071°
10
10
071°
WW411
1800
10
161°
10
12
WW608
2100
286°
DUMAM
WW633
1800
MAX390km/h
WW412
1800
MAX390km/h
IAF
WW604
1800
MAX390km/h
URUMQI
115.3 WUR
CH 100X
N43 54.8E087 30.5
Notes:
1.Under radar control service, actual flight ALT instructed by ATC.
2.Ⓐ AGOXA-17A,DUMAM-18A,UGPEL-17A.
1500
235°
100°
WUR
5000
3400
310°
MSA 46km

ZWWW AD2.24-9E　　中国民用航空局CAAC　　EFF1911061600 2019-10-1

附图 5.4　ZWWW RWY25 PBN 进场

附录 6　离场图示例

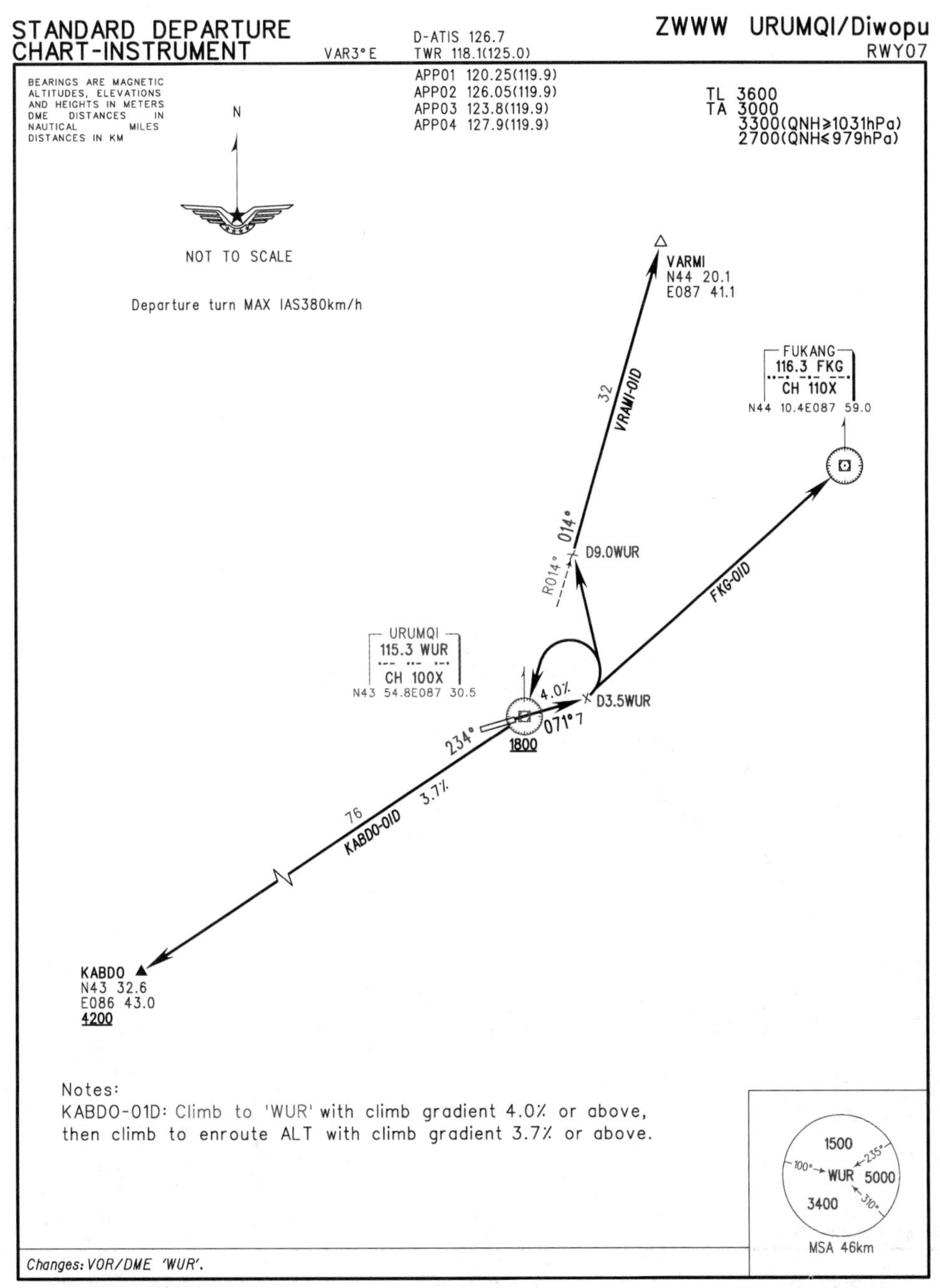
STANDARD DEPARTURE
CHART-INSTRUMENT
VAR3°E
D-ATIS 126.7
TWR 118.1(125.0)
ZWWW URUMQI/Diwopu
RWY07
BEARINGS ARE MAGNETIC
ALTITUDES, ELEVATIONS AND HEIGHTS IN METERS
DME DISTANCES IN NAUTICAL MILES
DISTANCES IN KM
APP01 120.25(119.9)
APP02 126.05(119.9)
APP03 123.8(119.9)
APP04 127.9(119.9)
TL 3600
TA 3000
3300(QNH≥1031hPa)
2700(QNH≤979hPa)
N
NOT TO SCALE
Departure turn MAX IAS380km/h
VARMI
N44 20.1
E087 41.1
FUKANG
116.3 FKG
CH 110X
N44 10.4E087 59.0
32
VRAMI-OID
014°
R014°
D9.0WUR
FKG-OID
URUMQI
115.3 WUR
CH 100X
N43 54.8E087 30.5
4.0%
D3.5WUR
071°
234°
1800
76
KABDO-OID
3.7%
KABDO
N43 32.6
E086 43.0
4200
Notes:
KABDO-01D: Climb to 'WUR' with climb gradient 4.0% or above,
then climb to enroute ALT with climb gradient 3.7% or above.
1500
100°
WUR
235°
5000
3400
310°
MSA 46km
Changes: VOR/DME 'WUR'.
2019-2-15 EFF1903271600
中国民用航空局CAAC
ZWWW AD2.24-7A

附图 6.1　ZWWW RWY07 传统离场

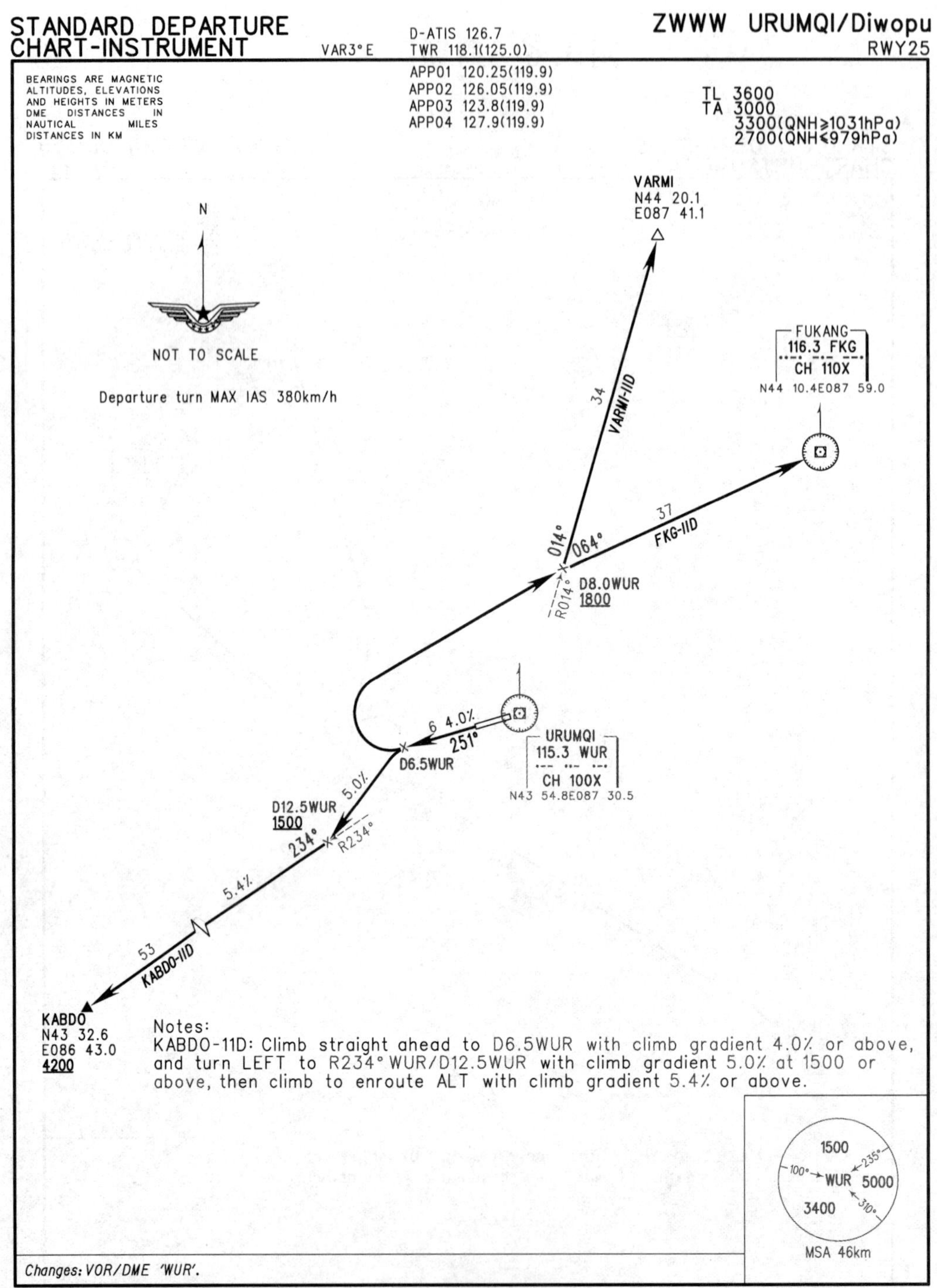
STANDARD DEPARTURE
CHART-INSTRUMENT
VAR3°E
D-ATIS 126.7
TWR 118.1(125.0)
ZWWW URUMQI/Diwopu
RWY25
BEARINGS ARE MAGNETIC
ALTITUDES, ELEVATIONS AND HEIGHTS IN METERS
DME DISTANCES IN NAUTICAL MILES
DISTANCES IN KM
APP01 120.25(119.9)
APP02 126.05(119.9)
APP03 123.8(119.9)
APP04 127.9(119.9)
TL 3600
TA 3000
3300(QNH≥1031hPa)
2700(QNH≤979hPa)
VARMI
N44 20.1
E087 41.1
N
NOT TO SCALE
Departure turn MAX IAS 380km/h
FUKANG
116.3 FKG
CH 110X
N44 10.4E087 59.0
34
VARMI-11D
37
FKG-11D
014°
064°
D8.0WUR
1800
R014°
6 4.0%
251°
D6.5WUR
URUMQI
115.3 WUR
CH 100X
N43 54.8E087 30.5
D12.5WUR
1500
5.0%
234°
R234°
5.4%
53
KABDO-11D
KABDO
N43 32.6
E086 43.0
4200
Notes:
KABDO-11D: Climb straight ahead to D6.5WUR with climb gradient 4.0% or above, and turn LEFT to R234°WUR/D12.5WUR with climb gradient 5.0% at 1500 or above, then climb to enroute ALT with climb gradient 5.4% or above.
1500
100°
WUR
235°
5000
3400
310°
MSA 46km
Changes: VOR/DME 'WUR'.
ZWWW AD2.24-7B
中国民用航空局CAAC
EFF1903271600 2019-2-15

附图 6.2 ZWWW RWY25 传统离场

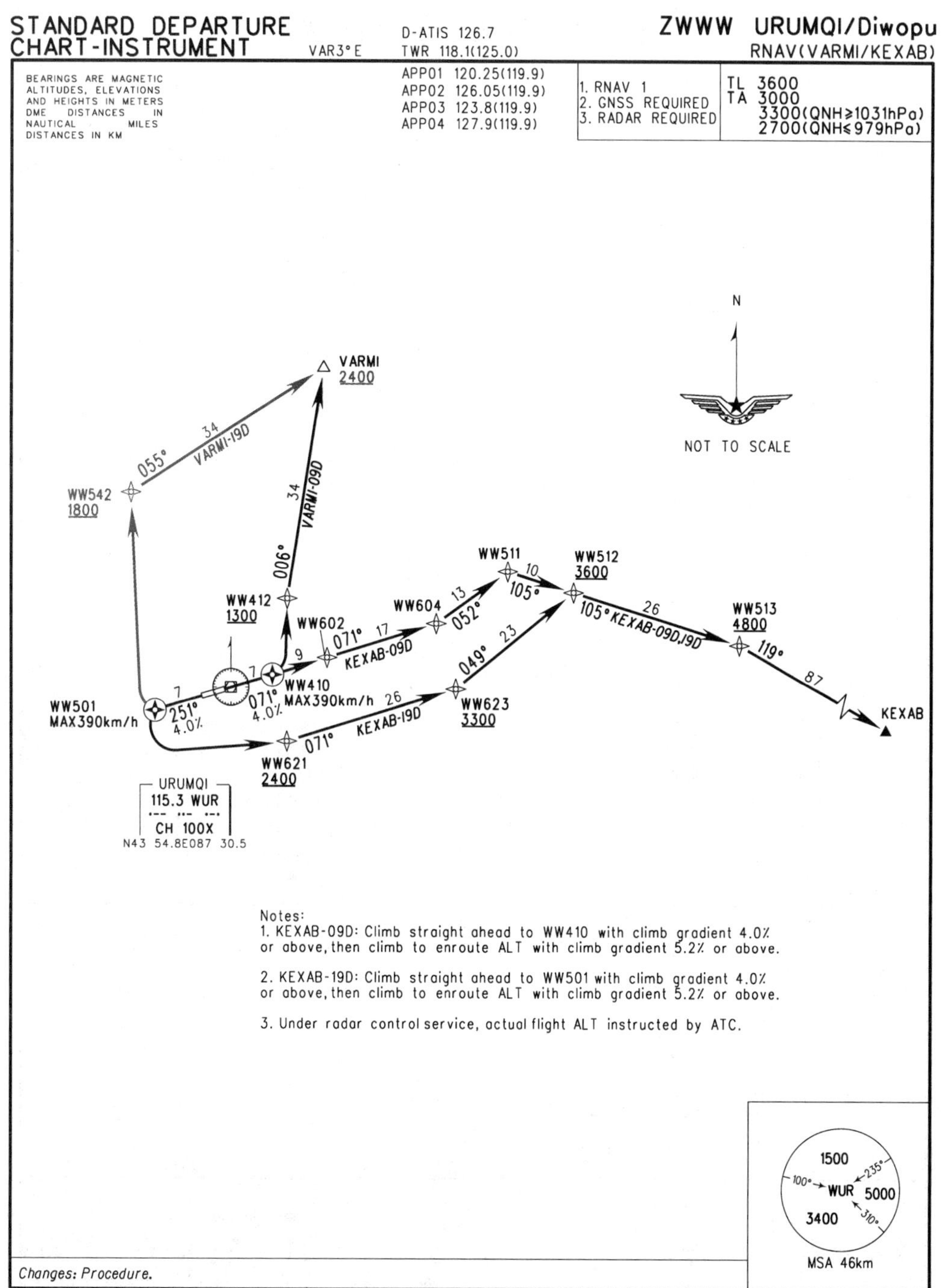
STANDARD DEPARTURE
CHART-INSTRUMENT
VAR3° E
D-ATIS 126.7
TWR 118.1(125.0)
ZWWW URUMQI/Diwopu
RNAV(VARMI/KEXAB)
BEARINGS ARE MAGNETIC
ALTITUDES, ELEVATIONS AND HEIGHTS IN METERS
DME DISTANCES IN NAUTICAL MILES
DISTANCES IN KM
APP01 120.25(119.9)
APP02 126.05(119.9)
APP03 123.8(119.9)
APP04 127.9(119.9)
1. RNAV 1
2. GNSS REQUIRED
3. RADAR REQUIRED
TL 3600
TA 3000
3300(QNH≥1031hPa)
2700(QNH≤979hPa)
N
NOT TO SCALE
VARMI
2400
WW542
1800
055°
34
VARMI-19D
006°
34
VARMI-09D
WW412
1300
WW602
WW604
WW511
WW512
3600
WW513
4800
KEXAB
071°
17
KEXAB-09D
13
052°
10
105°
26
105° KEXAB-09D,19D
119°
87
WW501
MAX390km/h
251°
4.0%
7
071°
4.0%
WW410
MAX390km/h
9
26
KEXAB-19D
WW623
3300
049°
23
WW621
2400
URUMQI
115.3 WUR
CH 100X
N43 54.8E087 30.5
Notes:
1. KEXAB-09D: Climb straight ahead to WW410 with climb gradient 4.0% or above, then climb to enroute ALT with climb gradient 5.2% or above.
2. KEXAB-19D: Climb straight ahead to WW501 with climb gradient 4.0% or above, then climb to enroute ALT with climb gradient 5.2% or above.
3. Under radar control service, actual flight ALT instructed by ATC.
1500
100°
235°
WUR
5000
3400
310°
MSA 46km
Changes: Procedure.
2019-10-1 EFF1911061600
中国民用航空局CAAC
ZWWW AD2.24-7C

附图 6.3 ZWWW PBN 离场

附录 7　仪表进近图示例

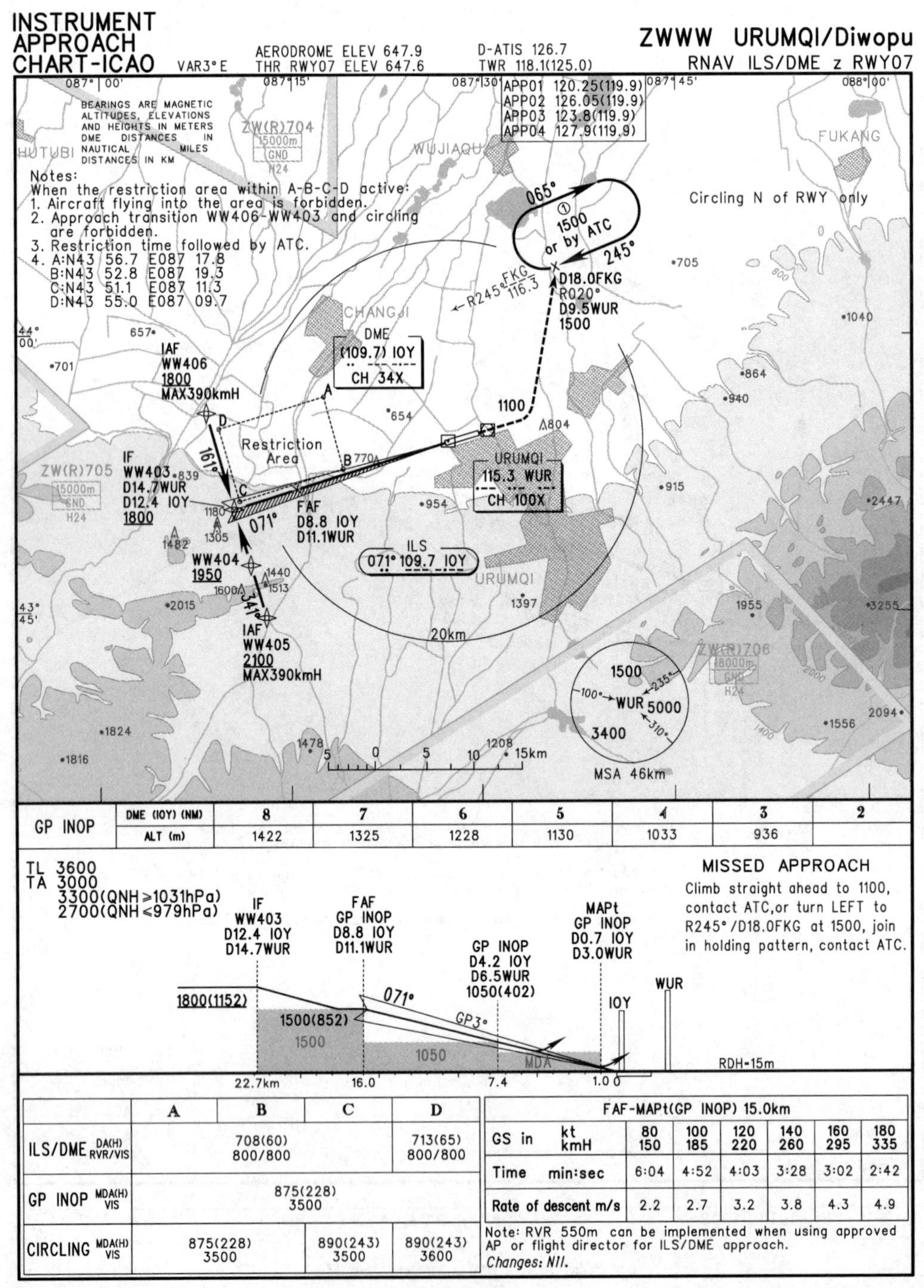

GP INOP	DME (IOY) (NM)	8	7	6	5	4	3	2
	ALT (m)	1422	1325	1228	1130	1033	936	

	A	B	C	D
ILS/DME DA(H) RVR/VIS	708(60) 800/800			713(65) 800/800
GP INOP MDA(H) VIS	875(228) 3500			
CIRCLING MDA(H) VIS	875(228) 3500		890(243) 3500	890(243) 3600

FAF-MAPt(GP INOP) 15.0km						
GS in kt / kmH	80 / 150	100 / 185	120 / 220	140 / 260	160 / 295	180 / 335
Time min:sec	6:04	4:52	4:03	3:28	3:02	2:42
Rate of descent m/s	2.2	2.7	3.2	3.8	4.3	4.9

附图 7.1　ZWWW RNAV ILS/DME z RWY 07

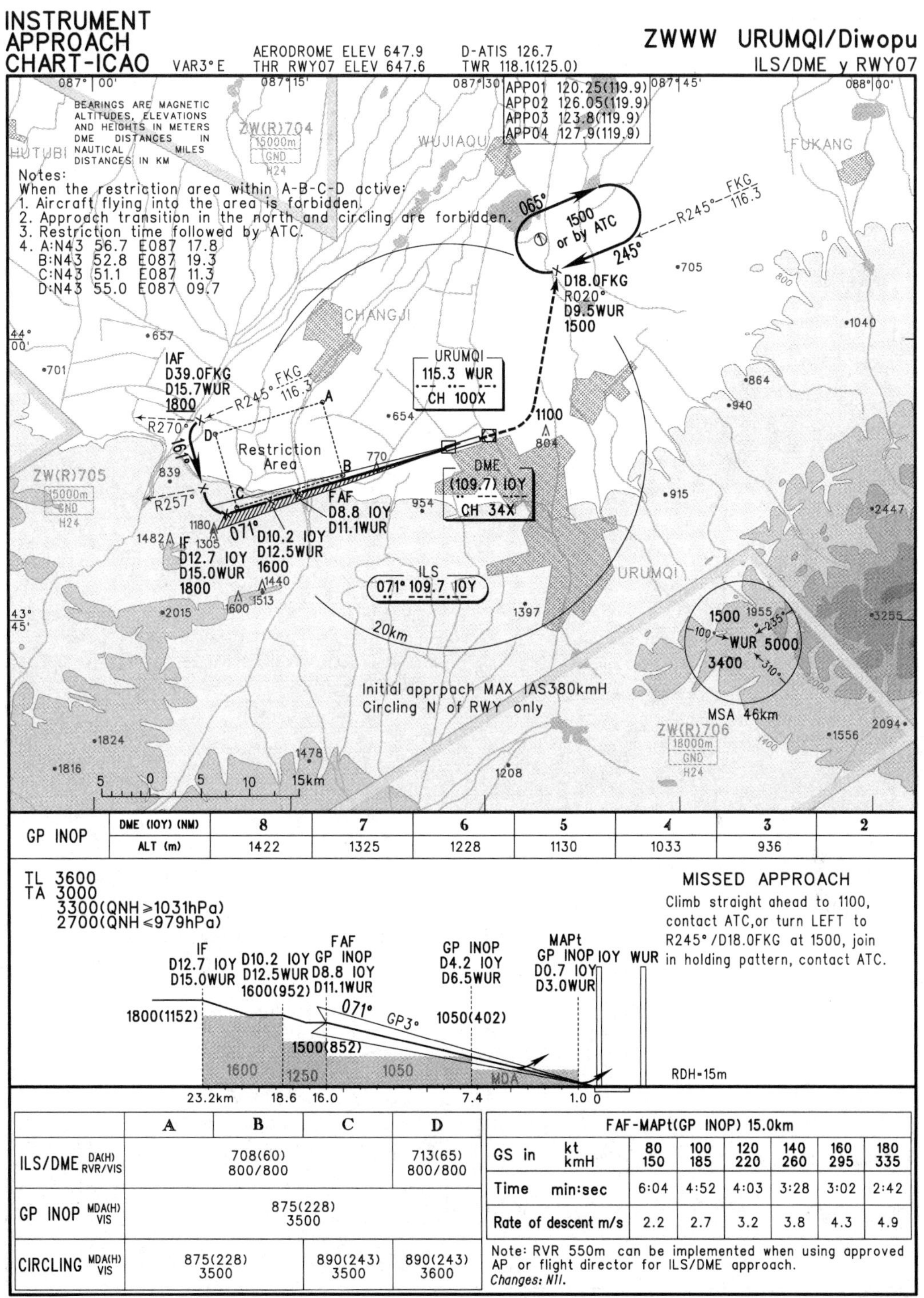

GP INOP	DME (IOY) (NM)	8	7	6	5	4	3	2
	ALT (m)	1422	1325	1228	1130	1033	936	

	A	B	C	D
ILS/DME DA(H) RVR/VIS	708(60) 800/800			713(65) 800/800
GP INOP MDA(H) VIS	875(228) 3500			
CIRCLING MDA(H) VIS	875(228) 3500		890(243) 3500	890(243) 3600

FAF-MAPt(GP INOP) 15.0km						
GS in kt / kmH	80 / 150	100 / 185	120 / 220	140 / 260	160 / 295	180 / 335
Time min:sec	6:04	4:52	4:03	3:28	3:02	2:42
Rate of descent m/s	2.2	2.7	3.2	3.8	4.3	4.9

附图 7.2　ZWWW ILS/DME y RWY 07

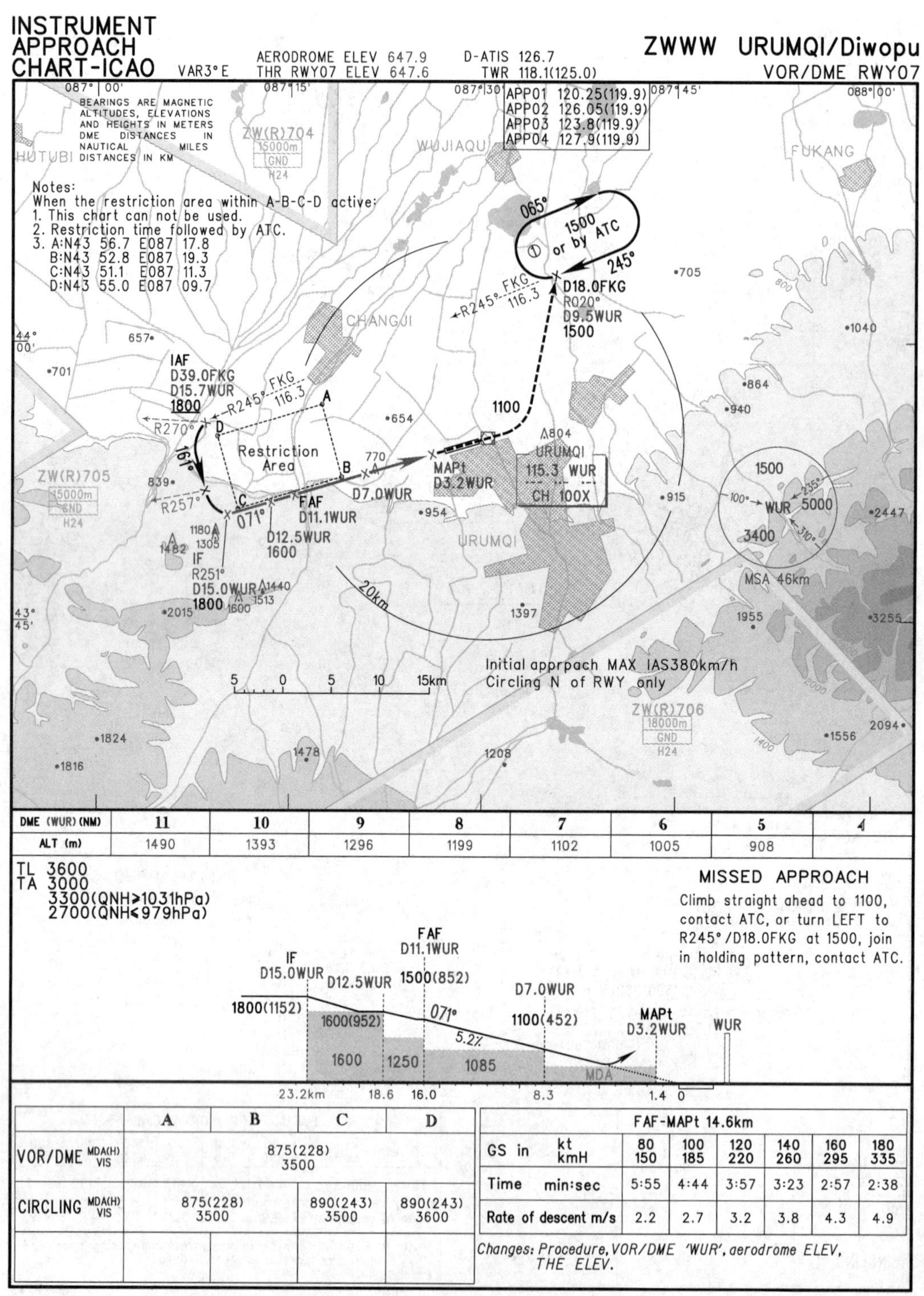

DME (WUR) (NM)	11	10	9	8	7	6	5	4
ALT (m)	1490	1393	1296	1199	1102	1005	908	

	A	B	C	D
VOR/DME MDA(H) VIS	875(228) 3500			
CIRCLING MDA(H) VIS	875(228) 3500		890(243) 3500	890(243) 3600

FAF-MAPt 14.6km						
GS in kt / kmH	80 / 150	100 / 185	120 / 220	140 / 260	160 / 295	180 / 335
Time min:sec	5:55	4:44	3:57	3:23	2:57	2:38
Rate of descent m/s	2.2	2.7	3.2	3.8	4.3	4.9

2019-2-15 EFF1903271600　　中国民用航空局CAAC　　ZWWW AD2.24-10D

附图 7.3　ZWWW VOR/DME RWY 07

附表 7.1　仪表进近图中常用无线电导航设施表

名　称	图　例	说　明	名　称	图　例	说　明
NDB		平面图	VOR		平面图
	PK	剖面图			剖面图
DME		平面图	VOR/DME		平面图
		剖面图		SHA IHQ 0	剖面图
MKR		平面图	NDB/MKR		平面图
	MM	剖面图		MAPt Q	剖面图
VOR/DME/MKR		平面图	仪表着陆系统航向台下滑台		平面图
		剖面图		181°　GP3°	剖面图

附表 7.2　仪表进近图中常用无线电导航设施注记表

NAIP：	AIP：
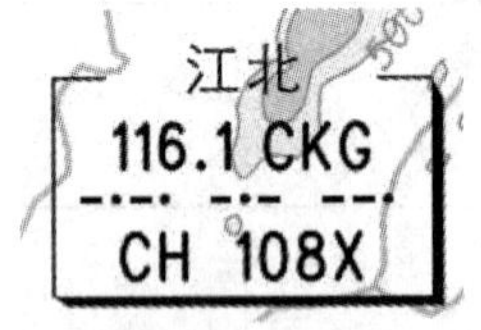 江北 116.1 CKG CH 108X VOR/DME 注记框	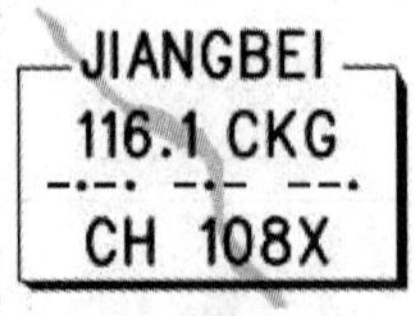 JIANGBEI 116.1 CKG CH 108X VOR/DME 注记框
 统景场 241 OS NDB 注记框	 TONGJINGCHANG 241 OS NDB 注记框
 ILS 199° 108.1 IOS ILS 注记框	 ILS 199° 108.1 IOS ILS 注记框
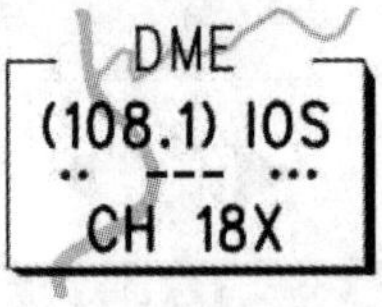 DME (108.1) IOS CH 18X 与 GP 合装的 DME 注记框	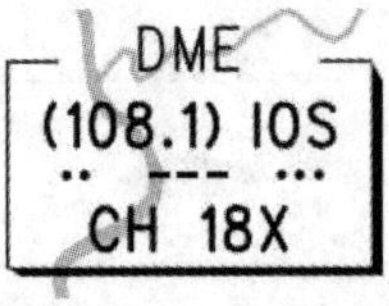 DME (108.1) IOS CH 18X 与 GP 合装的 DME 注记框
 LMM 220 L NDB 与 MM 合装注记框	 LMM 220 L NDB 与 MM 合装注记框
 LOM 417 MJ NDB 与 OM 合装注记框	 LOM 417 MJ NDB 与 OM 合装注记框
 平洲 114.1 POU CH 88X 353 XK VOR/DME/NDB 注记框	 PINGZHOU 114.1 POU CH 88X 353 XK VOR/DME/NDB 注记框

附录 8　最低监视引导高度图示例

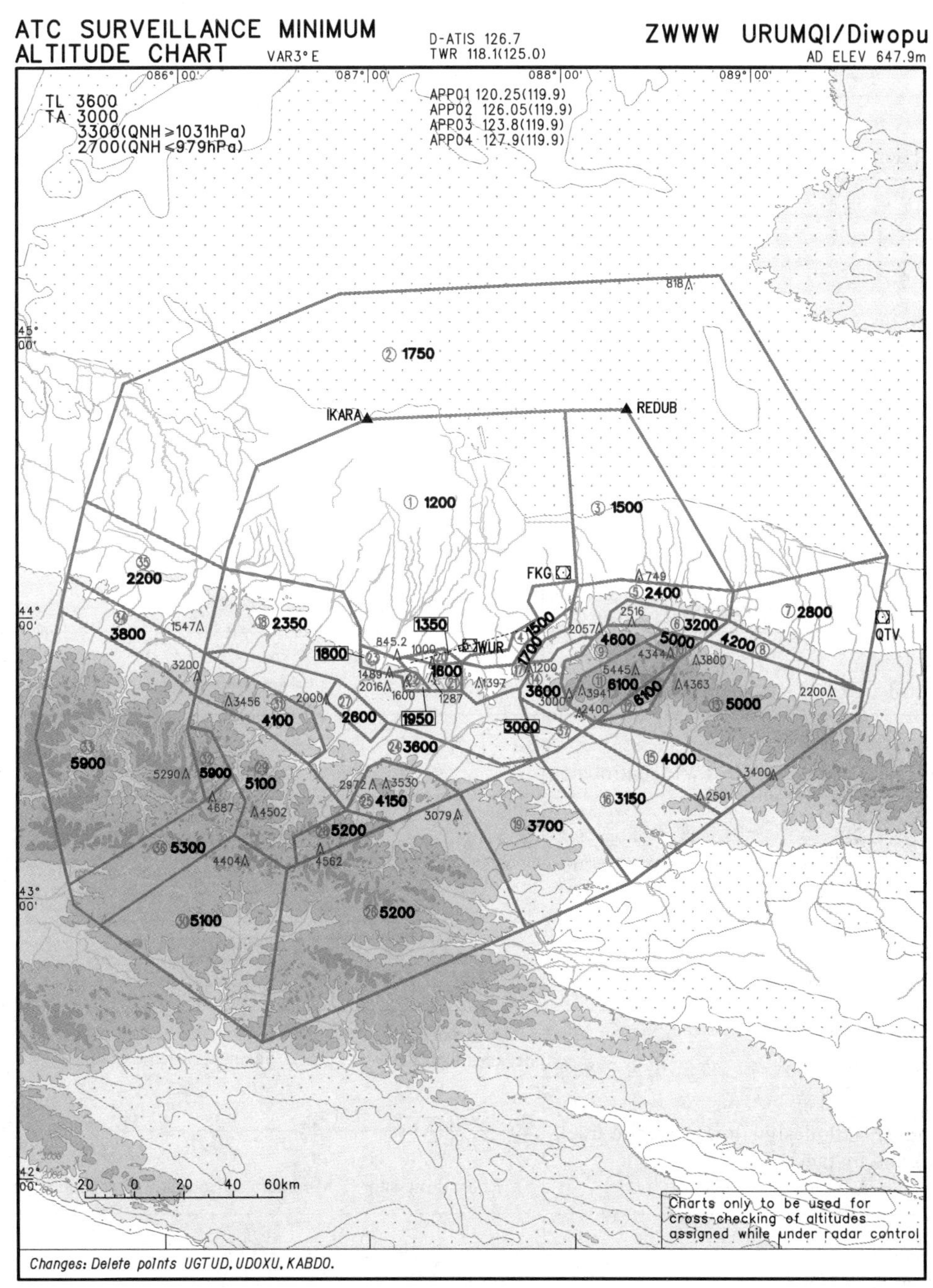

附图 8.1　ZWWW 最低监视引导高度图

附录 9　航路图图例

附表 9.1　航路图常用航图符号（AIP 图）

民用机场 Civil aerodrome	
民用直升机场 Civil heliport	H
城市名/机场名 机场标高（米） City/Aerodrome elevation(M)	BEIJING/Capital 36
国界线 National border	
飞行情报区 Flight information region	
飞行情报区（未定界） Provisional information region	
管制区 Control area (CTA)	
终端区，进近管制区，塔台管制区域 TMA, APP control area or TWR control area	
管制区域扇区或机坪通信频率扇区边界 CTA, APP, TWR sector boundary or ramp frequency boundary	
空中走廊（标有编号、宽度） Air corridor with designator and width	4　10
航路（标有航路代号、磁航线角、最低安全高度、距离） Air route with designator, magnetic track, MSA and distance	Distance in km between facilities; Segment distance in km; 210; A595; 2 200; 091°; 271°; 138; 096°; 2 151; 112; 1 659; 276°; Route designator; Minimum safe altitude; magnetic track
单向航路 One-way air route	212°　124　H12　2 689
脱离航线 Diversionary route	

目视航线 VFR route	·································
该航路不使用此报告点 Report point unusable at this route	
等待航线（标有航向、出航时间、最低等待高度） Holding pattern with heading, outbound time and MHA	090° ① 2 400 270°
报告点 Reporting point	▲ 强制 Compulsory △ 要求 On request
定位点 Fix/Turning point	×
VOR, VOR/DME 罗盘 Compass-card for VOR, VOR/DME	
VHF 全向信标台 VHF omnidirectional radio range (VOR)	
测距仪 Distance measuring equipment (DME)	
全向信标台和测距仪在同一位置 Co-located VOR and DME	
无方向性无线电信标台 Non-directional radio beacon (NDB)	
无线电设施通用符号 General symbol for radio facilities	⊙
导航台数据框 NAVAIDS information box	NANKANG — Name 117.1 BHY — VOR frequency and identification Morse code CH 118X — Channel of DME N21 35.0E109 26.2 — Coordinates 341 YI — NDB frequency and identification N21 35.6E109 26.3

管制区通信频率数据框 CTA information box	KUNMING CONTROL — CTA call sign AR01 | 124.55(125.35) — VHF(MHz) AR02 | 134.35(125.35) HT COMMUNICA UNS 10 066 kHz 0001-1200 — HF and operation time 3 491 kJz 1201-2400 (6 556)kHz H24 — Alternate frequency
禁区、危险区、限制区、放油区 Prohibited area, danger area, restricted area or tuel dumping area	
限制空域的编号、限制高度和时间 Prohibited area with number, verticallimits and operation time	ZG(D)156 — (P)prohibited / (R)Restricted / (D)Danger 1 000 m~20 000 m — Vertical limits 0030-1400 — Operation time
区域图范围 Area chart region	
等磁差线 Isogonic line	--- 1°W ---
网格最低安全高度（单位：10 m） Area minimum altitude(in tens of meter)	188
注记编号 Note number	24
城镇 City/town	Nanjing
障碍物（标有海压高度，括号内为场压高度） Obstructions with elevation AMSL and AGL in brackets	180 (75) 无灯光 Unlighted 180 (75) 有灯光 Lighted

续表

高度 Altitude	$\overline{7\ 500}$ $\underline{7\ 000}$ Altitude “window” $\underline{7\ 000}$ “at or above” Altitude $\overline{7\ 000}$ “at or below” Altitude $\overline{\underline{7\ 000}}$ “mandatory” Altitude 7 000 “Recommended” procedure altitude
区域导航飞越点 RNAV fly-over waypoint(also used for start point and end point of a controlled turn)	
区域导航旁切点 RNAV fly-by waypoint	

参考文献

[1]　国际民航组织. 航图[R]. 国际民用航空公约附件 14，2013.

[2]　中国民用航空局. 民用航空图编绘规范[S]. MH/T 4019—2012.

[3]　中国民用航空局. 民用航空图编绘图式[R]. IB-TM-2015-004.

[4]　中国民用航空局. 中华人民共和国航空资料汇编[G]. MH/T 4047—2017.